职业教育机电类专业课程改革创新规划教材

电子电路安装与调试

主　编　杨杰忠　　陈振成　　邹火军
副主编　李仁芝　　潘协龙　　王　喆
参　编　姚天晓　　刘朝林　　黄　波　　甘梓坚
　　　　冯春楠　　覃承艺　　赵月辉　　秦　惠

电子工业出版社
Publishing House of Electronics Industry
北京·BEIJING

内 容 简 介

本书以任务驱动教学法为主线，以应用为目的，以具体的任务为载体，介绍了半导体二极管、稳压管、晶体管等的结构和主要参数，及其选择、识别与检测方法；基本放大电路与反馈放大电路、功率放大电路等电路的组成、工作原理分析、安装、检测与调试；门电路、触发器、计数器、定时器等的应用与检测等内容。本书的主要项目有：直流稳压电源的装配与调试、功率放大器的装配与调试、集成运算应用电路的装配与调试、晶闸管应用电路的装配与调试、异地控制照明灯电路的装配与调试、抢答器电路的装配与调试、交通灯控制电路的装配与调试、555 定时器及其应用电路的装配与调试。

本书可作为技工院校、职业院校及成人高等院校、民办高校的电气运行与控制、电气自动化、机电一体化等专业师生的教学用书，也可供从事自动化控制的工程技术人员参考。

图书在版编目 (CIP) 数据

电子电路安装与调试 / 杨杰忠，陈振成，邹火军主编 . —北京：电子工业出版社，2016.3
职业教育机电类专业课程改革创新规划教材
ISBN 978-7-121-27934-8

I. ①电…　II. ①杨…　②陈…　③邹…　III. ①电子电路－安装－职业教育－教材　②电子电路－调试方法－职业教育－教材　IV. ①TN710

中国版本图书馆 CIP 数据核字（2015）第 309764 号

策划编辑：张　凌
责任编辑：张　凌　　　特约编辑：王　纲
印　　刷：三河市华成印务有限公司
装　　订：三河市华成印务有限公司
出版发行：电子工业出版社
　　　　　北京市海淀区万寿路 173 信箱　　邮编：100036
开　　本：787×1 092　1/16　印张：17.75　字数：621 千字　黑插：52
版　　次：2016 年 3 月第 1 版
印　　次：2024 年 8 月第 8 次印刷
定　　价：44.50 元（含工作页）

凡所购买电子工业出版社图书有缺损问题，请向购买书店调换。若书店售缺，请与本社发行部联系，联系及邮购电话：（010）88254888，88258888。

质量投诉请发邮件至 zlts@phei.com.cn，盗版侵权举报请发邮件至 dbqq@phei.com.cn。

本书咨询联系方式：（010）88254583，zling@phei.com.cn。

序

　　"十二五"期间，加速转变生产方式，调整产业结构，是我国国民经济和社会发展的重中之重。而要完成这种转变和调整，就必须有一大批高素质的技能型人才作为坚实的后盾。根据《国家中长期人才发展规划纲要（2010—2020 年）》的要求，至 2020 年，我国高技能人才占技能劳动者的比例将由 2008 年的 24.4%上升到 28%（目前，一些经济发达国家的这个比例已达 40%）。可以预见，作为高技能人才培养重要组成部分的高级技工教育，在未来的 10 年必将迎来一个高速发展的黄金期。近几年来，各职业院校都在积极开展高级工培养的试点工作，并取得了较好的效果。但由于起步较晚，课程体系、教学模式都还有待完善和提高，教材建设也相对滞后，至今还没有一套适合高级技工教育快速发展需要的成体系、高质量的教材。即使一些专业（工种）有高级工教材也不是很完善，或是内容陈旧、实用性不强，或是形式单一、无法突出高技能人才培养的特色，更没有形成合理的体系。因此，开发一套体系完整、特色鲜明、适合理论实践一体化教学、反映企业最新技术与工艺的高级工教材，就成为高级技工教育亟待解决的课题。

　　鉴于高级技工短缺的现状，广西机电技师学院与电子工业出版社从 2012 年 6 月开始，组织相关人员，采用走访、问卷调查、座谈会等方式，对全国具有代表性的机电行业企业、部分省市的职业院校进行了调研，对目前企业对高级工的知识、技能要求，学校高级工教育教学现状、教学和课程改革情况以及对教材的需求等有了比较清晰的认识。在此基础上，紧紧依托行业优势，以为企业输送满足其岗位需求的合格人才为最终目标，组织了行业和技能教育方面的专家对编写内容、编写模式等进行了深入探讨，形成了本系列教材的编写框架。

　　本系列教材的编写指导思想明确，坚持以达到国家职业技能鉴定标准和就业能力为目标，以专业（工种）的工作内容为主线，以工作任务为引领，由浅入深，循序渐进，精简理论，突出核心技能与实操能力，使理论与实践融为一体，充分体现"教"、"学"、"做"合一的教学思想，致力于构建符合当前教学改革方向的，以培养应用型、技术型和创新型人才为目标的教材体系。

　　本系列教材重点突出三个特色：一是"新"字当头，即体系新、模式新、内容新。体系新是把教材以学科体系为主转变为以专业技术体系为主，模式新是把教材传统章节模式转变为以工作过程的项目任务为主，内容新是教材充分反映了新材料、新工艺、新技术、新方法这"四新"知识。二是注重科学性。教材从体系、模式到内容符合教学规律，符合国内外制造技术水平的实际情况。在具体任务和实例的选取上，突出先进性、实用性和典型性，便于组织教学，以提高学生的学习效率。三是体现普适性。由于当前高级工生源既有中职毕业生，又有高中生，各自学制也不同，还要考虑到在职员工，教材内容安排上尽量照顾到了不同的求学者，适用面比较广泛。

　　此外，本系列教材还配备了电子教学数字化资源库，以及相应的工作页、习题集，实习教程和现场操作视频等，初步实现教材的立体化。

我相信，本系列教材的出版，对深化职业技术教育改革，提高高级工培养的质量，都会起到积极的作用。在此，我谨向各位作者和为这套教材出力的学者和单位表示衷心的感谢。

向金林
广西机电技师学院院长
广西机械高级技工学校校长

前　言

为贯彻全国职业技术学校坚持以就业为导向的办学方针，实现以课程对接岗位、教材对接技能的目的，更好地适应"工学结合、任务驱动模式"教学的要求，满足项目教学法的需要，特编写了本书。

在本书编写过程中，主要体现了以下原则：

（1）坚持以应用为目的，精选项目内容。这些内容均按照教学要求精心编写而成，有利于对学生的全面训练。

（2）教学内容切实本着以"够用、适用"为度的指导思想，体现了理论与技能训练一体化的教学模式，有利于提高学生分析问题和解决问题的能力，有利于提高学生的动手能力和工作的适应能力。

（3）根据集成电路的发展，尽可能地在教材中充实新知识、新技术等方面的内容。同时，为方便学生查阅，本书给出了常用的半导体二极管、晶体管、集成电路的规格、型号、性能指标、逻辑功能表、引脚排列图、使用方法等资料，同时还介绍了常用的普通的半导体二极管、发光二极管、稳压二极管、晶体管等引脚的识别与检测方法等。

（4）在编写过程中，采用大量的图片、实物照片将知识点直观展示出来，以降低学生的学习难度，提高其学习兴趣。

（5）各学习任务的习题全面覆盖了中、高级工国家职业资格考试内容，为方便教学需要，还配有电子课件。

由于编者水平有限，书中若有疏漏和不妥之处，恳请读者批评指正。

编　者

目　　录

项目 1 直流稳压电源的装配与调试

任务 1　半导体二极管的识别、检测与选用

学习目标

知识目标：

1. 了解二极管的结构、符号和类型。
2. 掌握二极管的功能和用途。
3. 熟悉二极管的伏安特性和主要参数。

能力目标：

能熟练识别和检测半导体二极管。

工作任务

用半导体材料制成的半导体器件是 20 世纪中期发展起来的新型电子器件。其中半导体二极管是电子技术中最常用的器件，由于它们具有体积小、质量轻、工作可靠、使用寿命长、耗电量小等特点，在电子技术中得到了广泛应用。如图 1-1-1 所示是常用二极管的外形图。

本任务的主要内容是了解二极管的相关知识，并对二极管进行识别和检测。

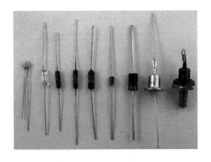

图 1-1-1　常用二极管的外形图

任务分析

二极管是最简单的半导体器件，具有单向导电性，常用于电子电路中的整流、限幅、检波、开关等，是许多电子电路中不可缺少的基本半导体元器件。因此，在进行本次任务

的学习时，首先必须了解半导体的基础知识和二极管的结构、符号以及类型，熟悉二极管的电压、电流特性和主要参数，掌握二极管的功能和用途，进而掌握二极管的识别和检测方法，为后续电子电路的学习奠定基础。

 **相关知识**

一、半导体的基础知识

自然界中的物质按其导电能力的不同分为导体、半导体和绝缘体三大类，其中半导体是指导电能力介于导体和绝缘体之间的物质。

纯净的半导体导电能力较差，但当半导体的环境温度上升、受光热或掺入杂质时，其导电能力会大大增强，即半导体具有光敏特性、热敏特性和掺杂特性。

掺入了杂质的半导体称为杂质半导体，分为 N 型半导体和 P 型半导体。N 型半导体的多数载流子是带负电的自由电子，P 型半导体的多数载流子是带正电的空穴。

通过特殊工艺将 N 型半导体和 P 型半导体紧密结合在一起，在其交界面处形成一个特殊的带电薄层，称为 PN 结。

二、半导体二极管

1. 半导体二极管的结构、符号、外形和类型

1）二极管的结构和符号

二极管实质上就是一个 PN 结，从 P 区和 N 区各引出一条引线，然后再用一个外壳封装起来，就制成了一个二极管，如图 1-1-2(a)所示。由 P 区引出的电极称为正极（或称阳极），由 N 区引出的电极称为负极（或称阴极）。二极管在电路图中的文字符号用"VD"表示，其图形符号如图 1-1-2(b)所示，箭头指向为 PN 结正向电流的方向，即表示通过二极管正向电流的方向。

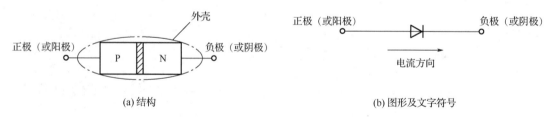

(a) 结构　　　　　　　　　　　　　　(b) 图形及文字符号

图 1-1-2　二极管的结构及图形符号

2）二极管的外形

由于功能和用途的不同，二极管的大小、外形和封装各异。小电流的二极管常用玻璃壳或塑料壳封装。电流大的二极管，工作时温度较高，因此常用金属外壳封装，且外壳就是一个电极，并制成螺栓形状，以便与散热器连成一体。二极管外壳上一般印有符号表示极性，正、负极的符号和引线一致。有的在外壳一端印有色圈表示负极，还有一些其他的表示方法，在使用时要注意。如图 1-1-3 所示是几种常见的二极管外形。

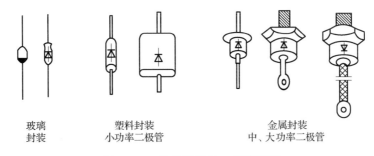

玻璃
封装

塑料封装
小功率二极管

金属封装
中、大功率二极管

图 1-1-3　几种常见的二极管外形

3）二极管的类型

按二极管制造工艺的不同，二极管可分为点接触型、面接触型和平面型三种，如图 1-1-4 所示。

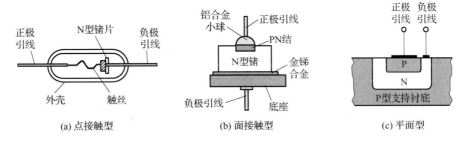

(a) 点接触型　　　　　　　(b) 面接触型　　　　　　　(c) 平面型

图 1-1-4　二极管的结构类型

点接触型二极管的特点：PN 结面积小，因而结电容小，通过的电流小，常用于高频、检波等。

面接触型二极管的特点：PN 结面积大，因而结电容较大，只能在低频下工作，允许通过的电流较大，常用于整流等。

平面型二极管的特点：PN 结面积较小时，结电容小，可用于脉冲数字电路中；PN 结面积较大时，通过电流较大，可用于大功率整流。

除此之外，二极管根据材料、用途和外壳封装材料的不同又可分成各种类型，见表 1-1-1。

表 1-1-1　半导体二极管的分类及作用

分类方法	种类	说明
按材料不同分	硅二极管	硅材料二极管，常用二极管
	锗二极管	锗材料二极管
按用途不同分	普通二极管	常用二极管
	整流二极管	主要用于整流
	稳压二极管	常用于直流电源
	开关二极管	专门用于开关的二极管，常用于数字电路
	发光二极管	能发出可见光，常用于指示电路
	光敏二极管	对光有敏感作用的二极管
	变容二极管	常用于高频电路
按外壳封装材料不同分	玻璃封装二极管	检波二极管采用这种封装材料
	塑料封装二极管	大量使用的二极管采用这种封装材料
	金属封装二极管	大功率整流二极管采用这种封装材料

2．二极管的伏安特性

演示实验：当二极管正极 A 接低电位，负极 K 接高电位时，如图 1-1-5 所示，指示灯不能发光，说明电路中没有电流通过或电流极小。此时二极管两端施加的电压是反向电压，二极管处于反向偏置状态，简称反偏。二极管反偏时，内部呈现很大的电阻值，几乎没有电流通过，二极管的这种状态称为反向截止状态。

如图 1-1-6 所示，当二极管的正极 A 接高电位，而负极 K 接低电位，指示灯就能够发光。此时二极管两端施加的是正向电压，二极管处于正向偏置状态，简称正偏。二极管正偏时，当正向电压达到某一数值时会使二极管导通，电流随电压的上升迅速增大，二极管内部的电阻值变得很小，进入正向导通状态。导通后二极管两端的正向电压称为正向压降，这个电压比较稳定，几乎不随流过的电流大小而变化。一般硅二极管的正向压降约为 0.7V，锗二极管的正向压降约为 0.3V。

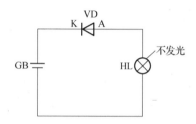

图 1-1-5　二极管加反向电压

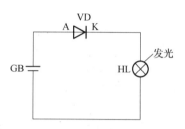

图 1-1-6　二极管加正向电压

结论：二极管只能在正向电压的作用下才能工作，即二极管具有单向导电性。

描述二极管的电流随其两端电压变化的特性就是二极管的伏安特性，通常用伏安特性曲线来表示，如图 1-1-7 所示。

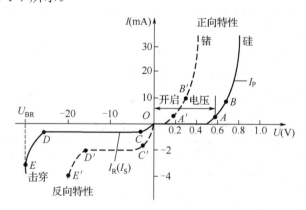

图 1-1-7　二极管的伏安特性

1）正向特性

图 1-1-7 中第一象限的图形就是二极管正偏时的伏安特性曲线，简称正向特性。由图可见，当外加电压较小时，外电场还不足克服 PN 结内电场对多数载流子的阻力，这一范围称为"死区"，相应的电压称为死区电压。一般硅二极管的死区电压为 0.5V（特性曲线的 OA 段），锗二极管的死区电压为 0.2V。

当正向电压上升到大于死区电压时，PN 结内电场被削弱，因而电流增加很快（图中的

AB 段），二极管正向导通。导通后，正向电压的微小增加都会引起正向电流的急剧增大。在 AB 段曲线陡直，电压和电流关系近似成正比（线性关系）。导通后二极管的正向电压称为正向压降（或称为管压降），用 U_F 表示。U_F 的变化不大，硅管为 0.6～0.8V，锗管为 0.2～0.3V。

> **提示** 在电路分析时，一般正常工作时硅管的正向导通压降取 0.7V，锗管的正向导通压降取 0.3V。

2）反向特性

当二极管承受反向电压时，加强了 PN 结的内电场，使二极管呈现很大的电阻。但在反向电压作用下，少数载流子很容易通过 PN 结形成反向电流。由于少数载流子是有限的，使这种反向电流在外加反向电压增高时无明显增大，故通常称它为反向饱和电流（图中的 OC 段）。通常硅管的反向电流是几微安到几十微安，锗管则可达到几百微安。

> **提示** 反向电流是衡量二极管优劣的重要参数，其值越小，二极管的质量越好。

3）反向击穿特性

当反向电压增大到超过某一值时（图中的 E 点），反向电流会突然增大，这种现象称为反向击穿。与 E 点对应的电压叫反向击穿电压 U_{BR}。此时若有适当的限流措施，把电流限制在二极管承受的范围内，二极管就不会损坏。如果没有适当的限流措施，流过二极管的电流过大而导致过热——热击穿，则二极管将永久损坏。

由图 1-1-7 所示的二极管的伏安特性曲线可知，不同材料、不同结构的二极管伏安特性曲线虽然有些区别，但形状基本相似，都不是一条直线，所以说二极管是非线性元件。

4）防止二极管反向击穿的措施

在如图 1-1-8 所示的电路中，电源电压为 30V，二极管的反向击穿电压 $U_{BR} = 20$V，电源电压反向加在二极管上并高于击穿电压，结果二极管被击穿。二极管的击穿电压为 20V，其余 10V 降在限流电阻 R 上，此时反向电流 $I = (30-20)/R = 10/R$。若 $R = 10\text{k}\Omega$，$I = 1\text{mA}$；若 $R = 100\Omega$，$I = 100\text{mA}$。由此可见，如果选择适当的限流电阻 R，在二极

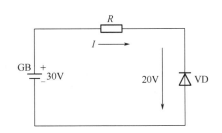

图 1-1-8　计算反向击穿电压的电流电路图

管反向击穿后，能把电流限制在二极管能承受的范围内，二极管不会损坏。

3．二极管的主要参数

二极管的参数是反映其性能和质量的一些数据。由于各种二极管具体的功能不同，应用场合不同，因此通常用一些有代表性的数据来反映二极管的具体特性和使用中受到的限制，这些数据就是二极管的参数。二极管参数较多，但应用时最主要的是下面几个参数。

1）最大整流电流 I_{FM}

二极管长时间连续工作时允许通过的最大正向平均电流为最大整流电流，通常称为额定工作电流。它由 PN 结面积和散热条件决定。这个电流与二极管两端的正向压降的乘积，就是二极管发热的耗散功率。应用时，二极管的实际工作电流要低于规定的最大整流电流值。

2）最大反向工作电压 U_{RM}

最大反向工作电压是保证二极管不被击穿而规定的最高反向电压，通常称为额定工作电压。一般手册上给出的最大反向工作电压约为击穿电压的一半，以确保二极管安全工作。

3）最大反向电流 I_{RM}

最大反向电流是最大反向工作电压下的反向电流，此值越小，二极管的单向导电性越好。

> **提示**　二极管的参数在出厂时都必须在规定的条件下测试，在使用时可以根据实际需要在晶体管手册中选取。

 **任务实施**

一、任务准备

实施本任务教学所使用的实训设备及工具材料可参考表 1-1-2。

表 1-1-2　实训设备及工具材料

序号	分类	名称	型号规格	数量	单位	备注
1	工具	万用表	MF47 型	1	套	
2		二极管	2AP1	1	个	
3		二极管	2AP7	1	个	
4	设备器材	二极管	IN4001	1	个	
5		二极管	IN4003	1	个	
6		二极管	IN4004	1	个	
7		二极管	2CZ52B	1	个	
8		二极管	损坏的（击穿或断路）	若干	个	

二、二极管的极性判别

1．用观察法识别二极管的极性

二极管的正、负极一般都在外壳上标注出来，因此可以用观察法，通过对二极管的外形、引脚的长短、标志环等特征进行极性判别，如图 1-1-9 所示。图中标有色环的一端是负极，铜辫子的电极是金属封装二极管的负极，对于发光二极管来说，引脚较短的电极是负极。

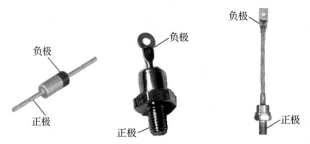

图 1-1-9　常用二极管的外形及正负极的识别

2．用万用表检测判别二极管的极性

用万用表检测判别二极管极性的方法及步骤如下。

（1）万用表调零。将万用表的红表笔（正端）接表内电池的负极，黑表笔（负端）接表内电池的正极。测试前，先将万用表的量程选择到"R×100"或"R×1k"挡，并将两表笔短接调零，如图 1-1-10 所示。

(a)对接表笔　　　　　　　　　　(b)电位器调零

图 1-1-10　万用表调零

（2）将万用表的红表笔和黑表笔分别与二极管的两个引脚相接，记录下万用表的电阻指示值，如图 1-1-11 所示。

（3）对调与红表笔和黑表笔相接的二极管引脚，记录下万用表的电阻值，如图 1-1-12 所示。

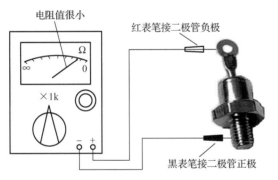
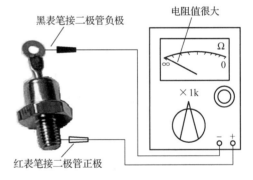

图 1-1-11　二极管正向电阻的测量　　　　　图 1-1-12　二极管反向电阻的测量

（4）比较两次测量的阻值大小，以测得的电阻值较小的一次为准，与黑表笔相接的引脚是二极管的正极，与红表笔相接的引脚是二极管的负极，该阻值称为二极管的正向阻值，如图 1-1-11 所示。相反，较大的电阻值称为二极管的反向电阻，如图 1-1-12 所示。

提示　由于二极管正向特性曲线起始端的非线性，PN 结的正向电阻是随着外加电压的变化而变化的，所以同一二极管用"R×100"和"R×1k"挡时测得的正向电阻读数是不一样的。

3．用万用表检测二极管的质量好坏

用万用表检测二极管的质量好坏与用万用表检测二极管的极性的方法与步骤相同。不同的是，将两次测量的结果进行比较，正、反向电阻值相差越大，说明二极管的质量就越好。若两次测量的结果相差很小，趋近于零，则说明二极管已击穿；若两次测量的结果很大，趋近于∞，则说明二极管已断路。

三、二极管的识别与检测

教师根据表 1-1-2 中的材料清单准备好各种类型的二极管，让学生分组通过万用表对二极管的正、反向电阻值进行测量，将测量的结果填入表 1-1-3 中，并通过所测量二极管正、反向电阻值的比较来确定二极管的引脚极性，同时判断二极管质量的好坏，找出二极管损坏的原因。

表 1-1-3　二极管正、反向电阻值

二极管型号	正向电阻值/kΩ	反向电阻值/kΩ	质量	损坏原因
2AP1				
2AP7				
IN4001				
IN4003				
IN4004				
2CZ52B				

 操作提示

（1）使用指针式万用表对二极管的极性进行测量判别时，切忌将红表笔插到万用表的"–"极孔，黑表笔插到"+"极孔，否则会使判断出的二极管极性与真实二极管的极性刚好相反。

（2）在使用万用表测量二极管的正、反向电阻时，两只手同时触及二极管的两个引脚，会将人体电阻并联进去，导致测量结果的误差，影响判断的准确性。因此，在使用万用表测量二极管的正、反向电阻时，两只手不能同时触及二极管的两个引脚。

任务测评

对任务实施的完成情况进行检查，并将结果填入表 1-1-4。

表 1-1-4　任务测评表

序号	项目内容	评分标准	配分	扣分	得分
1	学习态度	（1）对学习不感兴趣，扣 5 分 （2）观察不认真，扣 5 分	10		
2	协作精神	协作意识不强，扣 10 分	10		
3	二极管的识别与检测	（1）极性判别错误，扣 20 分 （2）质量判断结果错误，扣 20 分	40		
4	万用表的使用	（1）不会读数，扣 10 分 （2）万用表使用不正确，扣 10 分	20		
5	安全文明生产	（1）违反安全文明生产，扣 10 分 （2）损坏元器件及仪表，扣 20 分	20		
6	合计				
7	开始时间		结束时间		

知识拓展

一、二极管的型号命名方法

1. 我国二极管型号的命名方法

按国家标准 GB/T 249—1989 的规定，我国二极管的型号命名由五部分组成。组成部分的符号与意义见表 1-1-5。

表 1-1-5　二极管型号组成部分的符号及意义

第一部分（数字）		第二部分（拼音）		第三部分（拼音）		第四部分（数字）	第五部分（拼音）
表示器件的电极数目		表示器件的材料和极数		表示器件的类型			
符号	意义	符号	意义	符号	意义		
2	二极管	A	N 型锗材料	P	小信号管	表示器件的序号	表示器件规格号
		B	P 型锗材料	Z	整流二极管		
		C	N 型硅材料	W	稳压管		
		D	P 型硅材料	K	开关管		
		E	化合物	C	变容管		
				L	整流堆		
				S	隧道管		

【例 1-1-1】

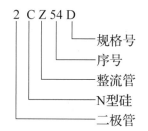

2. 国外二极管型号的意义

【例 1-1-2】

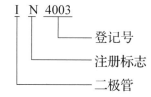

二、常用二极管的参数

常用普通二极管、整流二极管、发光二极管的参数分别见表 1-1-6、表 1-1-7 和表 1-1-8。

表 1-1-6　常用普通二极管的参数

型号	最大整流电流/mA	最高反向工作电压（峰值）/V	最高反向击穿电压（反向电流为400μA）/V	正向电流（正向电压为1V）/mA	反向电流（反向电压分别为10V、100V）/μA	最高工作频率/MHz
2AP1	16	20	≥40	≥2.5	≤250	150
2AP2	16	30	≥45	≥1.0	≤250	150
2AP3	25	30	≥45	≥7.5	≤250	150
2AP7	12	100	≥150	≥5	≤250	150

表 1-1-7　常用整流二极管的参数

型号	最大正向电流（平均值）/A	最高反向工作电压（峰值）/V	最高反向工作电压下的反向电流/mA		最大正向电流下的正向压降/V
			20℃	125℃	
2CZ12	3	50			≤0.8
2CZ12A	3	100			≤0.8
2CZ13	5	50	≤0.01		≤0.8
2CZ13J	5	1000	≤0.01	≤1	≤0.8
2CZ53B	0.1	50	≤0.05	≤1	≤0.8
IN4001	1	50	≤0.05	≤1.5	≤1
IN4002	1	100		≤1.5	≤1
IN4003	1	200			≤1
IN4004	1	400			≤1

表 1-1-8　常用发光二极管的参数

颜色	波长/m	基本材料	正向压降（10mA时）/V
红	650	磷砷化镓	1.6～1.8
黄	590	磷砷化镓	2～2.2
绿	555	磷化镓	2.2～2.4

巩固与提高

一、判断题（正确的打"√"，错误的打"×"）

1．二极管外加正向电压一定导通。　　　　　　　　　　　　　　　　（　　）

2．二极管具有单向导电性。　　　　　　　　　　　　　　　　　　　（　　）

3．二极管一旦反向击穿就一定损坏。　　　　　　　　　　　　　　　（　　）

4．二极管具有开关特性。　　　　　　　　　　　　　　　　　　　　（　　）

5．二极管外加正向电压也有稳压作用。　　　　　　　　　　　　　　（　　）

6．二极管正向电阻很小，反向电阻很大。　　　　　　　　　　　　　（　　）

7．测量二极管正、反向电阻时要用万用表的R×1k挡。　　　　　　　（　　）

8．二极管的反向饱和电流越大，二极管的质量越好。　　　　　　　　（　　）

9．当反向电压小于反向击穿电压时，二极管的反向电流很小；当反向电压大于反向击穿电压后，其反向电流迅速增加。　　　　　　　　　　　　　　　　　　（　　）

10．用数字式万用表测试二极管时显示000，说明该二极管内部开路。　　（　　）

11．PN 结正向偏置时电阻小，反向偏置时电阻大。 （   ）

12．二极管反向偏置时，反向电流随反向电压增大而增大。 （   ）

13．二极管是线性元件。 （   ）

14．不论是哪种类型的二极管，其正向电压都为 0.3V 左右。 （   ）

15．硅二极管的正向压降比锗二极管的正向压降大。 （   ）

16．有两个电极的元件称为二极管。 （   ）

17．二极管加反向电压一定截止。 （   ）

二、选择题（请将正确答案的序号填入括号内）

1．当二极管外加反向电压时，反向电流很小，且不随（   ）变化。

  A．正向电流   B．正向电压   C．电压   D．反向电压

2．选择二极管时，二极管的最大正向电流 I_{FM} 应（   ）。

  A．小于负载电流 B．大于负载电流 C．随意   D．等于负载电流

3．PN 结的最大特点是具有（   ）。

  A．导电性   B．绝缘性   C．单向导电性 D．光敏特性

4．当硅二极管加上 0.4V 正向电压时，该二极管相当于（   ）。

  A．很小的电阻 B．很大的电阻 C．短路   D．开路

5．当环境温度升高时，二极管的反向电流将（   ）。

  A．增大   B．减小   C．不变   D．先变大后变小

6．二极管导通时其管压降（   ）。

  A．基本不变   B．随外加电压变化 C．没有电压   D．不定

7．二极管导通时相当于一个（   ）。

  A．可变电阻   B．闭合开关   C．断开的开关 D．非常大的电阻

8．二极管测得的正、反向电阻都很小，说明二极管内部（   ）。

  A．完好   B．短路   C．开路   D．坏了

9．发光二极管工作时，应加（   ）。

  A．正向电压   B．反向电压

  C．正向或反向电压   D．无法确定

10．测量小功率二极管的好坏时，一般把万用表欧姆挡拨到（   ）挡。

  A．R×100   B．R×10   C．R×10k   D．R×1

11．不能用"R×10k"挡测量二极管的主要原因是该挡位（   ）。

  A．电源电压过大，易使二极管击穿

  B．电流过大，易使二极管烧毁

  C．内阻太小，使二极管烧毁

12．在测量二极管正向电阻时，若用两手把两引脚捏紧，电阻值将会（   ）。

  A．变大   B．变小   C．不变化   D．不能确定

13．半导体中传导电流的载流子是（   ）。

  A．电子   B．空穴   C．电子和空穴

14．P 型半导体是（   ）。

A．纯净半导体 　　B．掺杂半导体 　　C．带正电

15．PN 结的主要特性为（ 　　 ）。

A．正向导电特性 　　B．单向导电特性 　　C．反向击穿特性

16．把一个二极管直接同一个电动势为 1.5V，内阻为 0 的电池正向连接，该二极管（ 　　 ）。

A．击穿 　　　　　　　　　　　B．电流为 0

C．电流正常 　　　　　　　　　D．电流过大使管子烧坏

17．用万用表直流电压挡分别测出 VD_1，VD_2 和 VD_3 正极与负极对地的电位如图 1-1-13 所示，VD_1，VD_2 和 VD_3 的状态为（ 　　 ）。

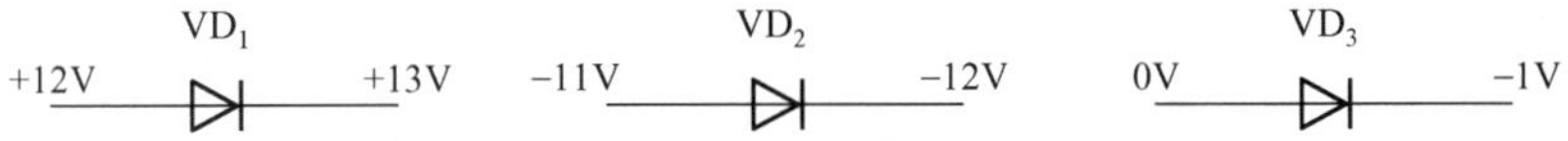

图 1-1-13

A．VD_1、VD_2 和 VD_3 均正偏 　　　　B．VD_1 反偏，VD_2 和 VD_3 正偏

C．VD_1、VD_2 反偏，VD_3 正偏

18．当加在硅二极管两端的正向电压从 0 开始逐渐增加时，硅二极管（ 　　 ）。

A．立即导通 　　　　　　　　　B．到 0.3V 才开始导通

C．超过门限电压时才能导通 　　D．不导通

19．二极管反偏时，以下说法正确的是（ 　　 ）。

A．在达到反向击穿电压之前通过电流很小，称为反向饱和电流

B．在达到门限电压之前，反向电流很小

C．二极管反偏一定截止

20．用万用表 R×100 挡来测试二极管，如果二极管（ 　　 ）说明二极管是好的。

A．正、反向电阻都为零

B．正、反向电阻都为无穷大

C．正向电阻为几百欧，反向电阻为几百千欧

21．在测量二极管正向电阻时，用不同的电阻挡测一个正常二极管的正向电阻，结果正确的是（ 　　 ）。

A．相同 　　　　　　　　　　　B．不同

C．可能相同也可能不同 　　　　D．以上都不正确

22．用数字式万用表测试二极管时，显示 0.150～0.300V，则该二极管（ 　　 ）。

A．是正常的 　　B．短路 　　C．开路 　　D．是硅管

23．用数字式万用表测试二极管时，显示 0.550～0.700V，则该二极管（ 　　 ）。

A．是锗管 　　B．短路 　　C．开路 　　D．是硅管

三、综合题

1．写出下列二极管型号所表示的含义。

2CZ83：_____

2CW55：_____

2DK14：_____

2. 查阅相关资料，写出表 1-1-9 中所列二极管的主要参数。

表 1-1-9

序号	型号	所用材料	I_F(mA)	U_{RM} (V)	I_R (μA)
1	2AP9				
2	IN4148				
3	2CZ56A				

3. 假设用万用表的 R×1k 挡测得某二极管的正向电阻为 200Ω，若改用 R×100 挡测量同一个二极管，则测得的结果将比 200Ω 大还是小，还是正好相等？为什么？

提示 使用万用表的欧姆挡时，表内电路为 1.5V 电池与一个电阻串联。但不同量程时这个串联电阻的值不同，R×10 挡时的串联电阻值较 R×100 挡时小。

任务2 单相整流电路的装配与测试

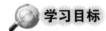 **学习目标**

知识目标：

1. 掌握单相整流电路的组成、工作原理及简单计算。

2. 能正确识读单相桥式整流电路的原理图、接线图和布置图。

能力目标：

1. 掌握手工焊接操作技能，能按照工艺要求正确焊装单相桥式整流电路。

2. 会进行单相桥式电路的测试，并能独立排除调试过程中出现的故障。

 工作任务

整流电路是直流稳压电源的一部分，其作用是将交流电转换成脉动的直流电。小功率直流稳压电源常用的是单相整流电路，其形式有单相半波整流电路和单相桥式整流电路。其中，单相桥式整流电路的原理图如图 1-2-1 所示，其焊接装配示意图如图 1-2-2 所示。

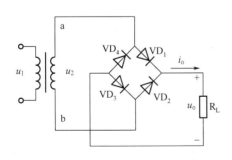

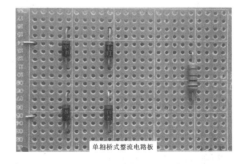

图 1-2-1 单相桥式整流电路原理图   图 1-2-2 单相桥式整流电路的焊接装配示意图

本次任务的主要内容是，根据给定的技术指标，按照单相桥式整流电路原理图装配并调试出满足工艺要求和技术要求的合格电路，并能独立解决调试过程中出现的故障。

 任务分析

本任务的电路既是电子技术应用电路中最典型和最基础的电路之一，也是整流稳压电源的一部分。因此，在进行本次任务的学习时，必须首先了解单相整流电路的组成、工作原理及简单的计算，熟悉电子电路的装配与测试方法，进而能独立按照工艺要求装配和调试电路，并能独立解决调试过程中出现的故障，提高动手能力、分析问题和解决问题的能力，为后续电子电路的学习奠定坚实的基础。

 相关知识

一、单相半波整流电路

1．电路组成

单相半波整流电路如图 1-2-3 所示。从图中可以看出，该电路主要由电源变压器 T、整流二极管 VD 和负载电阻 R_L 组成。其中，电源变压器 T 主要用来将电网 220V 交流电压变换为整流电路所需要的交流低电压，同时保证直流电源与电网有良好的隔离。二极管 VD 是整流器件，利用其单相导电的作用来完成将交流电变换成脉动的直流电。

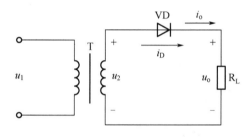

图 1-2-3　单相半波整流电路

2．工作原理分析

在图 1-2-3 所示的电路中，假设电源变压器 T 的二次电压 $u_2 = \sqrt{2}U_2 \sin\omega t$ 。在 u_2 的正半周（ $0 \leqslant \omega t \leqslant \pi$ ）时，二极管 VD 因正偏而导通，流过二极管的电流 i_D 同时流过负载电阻 R_L ，即 $i_D = i_o$ ，负载电阻上的电压 $u_o = u_2$ 。在 u_2 的负半周（ $\pi \leqslant \omega t \leqslant 2\pi$ ）时，二极管 VD 因反偏而截止， $i_o = 0$ ，因此，输出电压 $u_o = 0$ ，此时 u_2 全部加在二极管两端，即二极管承受反向电压 $u_D = u_2$ 。

单相半波整流电路电压、电流的波形如图 1-2-4 所示，负载上的电压是单方向脉动的电压。由于该电路只在 u_2 的正半周有输出电压，所以称为半波整流电路。

单相半波整流电路输出脉动直流电压的平均值 U_o 为

$$U_o = 0.45U_2$$

负载电流平均值 I_o 为

$$I_o = \frac{U_o}{R_L} = 0.45\frac{U_o}{R_L}$$

二极管的平均电流 I_D 为

$$I_D = I_o$$

二极管承受的反向峰值电压 U_{Rm} 为

$$U_{Rm} = \sqrt{2}U_2$$

3. 整流二极管的选择

实践应用中选择整流二极管时应满足：$I_{FM} \geq I_D$，$U_{RM} \geq U_{Rm}$。

半波整流电路结构简单，使用元器件少，但整流效率低，输出电压脉动较大，因此，它只适用于要求不高的场合。

二、单相桥式整流电路

1. 电路组成

单相桥式整流电路如图 1-2-1 所示。从图中可以看出，该电路主要除了电源变压器 T 和负载电阻 R_L 之外，电路主要由四个二极管接成四臂电桥的形式完成整流，故称为桥式整流电路。

2. 工作原理分析

在图 1-2-1 所示的电路中，假设电源变压器 T 的二次电压 $u_2 = \sqrt{2}U_2 \sin\omega t$，其输入、输出波形如图 1-2-5 所示。在 u_2 的正半周，即 a 点为正，b 点

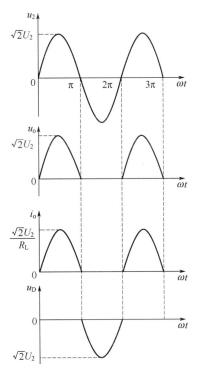

图 1-2-4 单相半波整流电路电压、电流波形

为负时，整流二极管 VD_1、VD_3 正偏导通，VD_2、VD_4 反偏截止，此时流过负载的电流方向如图 1-2-6(a)所示，电流通过的路径为 a→VD_1→R_L→VD_3→b，在负载 R_L 上得到一个半波电压，如图 1-2-5(b)中 0～π 所示。若忽略二极管的正向压降，则 $u_o = u_2$。

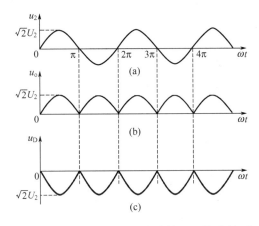

图 1-2-5 单相桥式整流电路输入、输出波形

在 u_2 的负半周，即 a 点为负，b 点为正时，整流二极管 VD_1、VD_3 反偏截止，VD_2、VD_4 正偏导通，此时流过负载的电流方向如图 1-2-6(b)所示，电流通过的路径为 b→VD_2→R_L→VD_4→a，在负载 R_L 上也得到一个半波电压，如图 1-2-5(b)中 π～2π 所示。若忽略二极管的正向压降，则 $u_o = -u_2$。

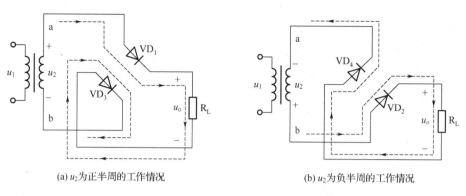

(a) u_2为正半周的工作情况　　　　　　　　(b) u_2为负半周的工作情况

图 1-2-6　单相桥式整流电路电流通道

综上所述，在交流电压 u_2 的整个周期始终有同方向的电流流过负载电阻 R_L，故 R_L 上得到单方向全波脉动的直流电压。因此，单相桥式整流电路输出电压为单相半波整流电路输出电压的 2 倍，所以单相桥式整流电路输出电压的平均值为

$$U_o = 2 \times 0.45U_2 = 0.9U_2$$

单相桥式整流电路中，由于每两个二极管只导通半个周期，所以流过每个二极管的平均电流仅为负载电流的 1/2，即

$$I_D = \frac{1}{2}I_o = \frac{U_o}{2R_L} = 0.45\frac{U_2}{R_L}$$

在 u_2 的正半周，整流二极管 VD_1、VD_3 正偏导通时，可将它们看成短路，这样 VD_2、VD_4 就并联在 u_2 上，其承受的反向峰值电压与半波整流电路相同，仍为 $U_{Rm} = \sqrt{2}U_2$。同理，VD_2、VD_4 导通时，VD_1、VD_3 截止，其承受的反向峰值电压也为 $U_{Rm} = \sqrt{2}U_2$。二极管承受的电压波形如图 1-2-5(c)所示。

3．整流二极管的选择

实践应用中选择整流二极管时应满足：$I_{FM} \geqslant I_D$，$U_{RM} \geqslant U_{Rm}$。

通过以上分析可知，单相桥式整流电路与单相半波整流电路相比较，其输出电压 U_o 得到了提高，脉动成分减少了。值得一提的是，在工程实际应用中，单相桥式整流电路常用习惯画法和简化画法来表示，如图 1-2-7 所示。

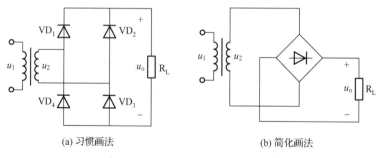

(a) 习惯画法　　　　　　　　　　　(b) 简化画法

图 1-2-7　单相桥式整流电路的习惯画法和简化画法

三、焊接的基本操作工艺

1. 焊接工具

1) 电烙铁的结构和种类

常用的电烙铁按其加热的方式不同分为外热式和内热式两大类。电烙铁的规格是用功率来表示的,常用的规格有 15W、20W、25W、30W、45W、75W 和 100W。

（1）外热式电烙铁。

外热式电烙铁的实物如图 1-2-8 所示,它由烙铁头、烙铁芯、外壳、木柄、电源引线、插头等部分组成。因烙铁芯装在烙铁头外面,故称为外热式电烙铁。烙铁芯是电烙铁的关键部件,它是指将电热丝平行地绕制在一根空心磁管上,中间用云母片绝缘,并引出两根导线与 220V 交流电源连接。

常用的外热式电烙铁的规格有 25W、45W、75W 和 100W 等。其功率不同,烙铁芯也不同。25W 的阻值约为 2kΩ,45W 的阻值约为 1kΩ,75W 的阻值约为 0.6kΩ,100W 的阻值约为 0.5kΩ。因此我们可以用万用表欧姆挡初步判断电烙铁的好坏及功率的大小。

烙铁头是用紫铜制成的,其作用是储存热量和传导热量。烙铁的温度与烙铁头的体积、形状、长短等都有一定的关系。当烙铁头的体积比较大时,则保持温度的时间就长些。另外,为适应不同焊接物的要求,烙铁头的形状有所不同,常见的有锥形、凿形、圆斜面形等,常见的形状如图 1-2-9 所示。

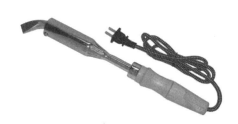

图 1-2-8　外热式电烙铁　　　　　　图 1-2-9　常见烙铁头的形状

（2）内热式电烙铁。

内热式电烙铁具有升温快、质量轻、耗电省、体积小、热效率高的特点,应用非常普遍。内热式电烙铁的实物如图 1-2-10 所示。

内热式电烙铁主要由手柄、连接杆、弹簧夹、烙铁芯和烙铁头组成。由于烙铁芯安装在烙铁头里面,因而发热快,热利用率高,故称为内热式电烙铁。

内热式电烙铁的后端是空心的,用于套接在连接杆上,并且用弹簧夹固定。当需要更换烙铁头时,必须先将弹簧夹退出,同时用钳子夹住烙铁头的前端,慢慢地拔出,切记不能用力过猛,以免损坏连接杆。另外,内热式电烙铁的烙铁芯是用比较细的镍铬电阻丝绕在瓷管上制成的,其电阻约为 2.5kΩ（20W）,烙铁的温度一般可达 350℃左右。

内热式电烙铁的常用规格有 20W、25W、50W 等几种。由于它的热效率高,20W 内热式电烙铁就相当于 40W 左右的外热式电烙铁。

（3）恒温电烙铁。

在恒温电烙铁的烙铁头内，装有带磁铁头的温度控制器，通过控制通电时间而实现温度控制。其工作原理是，电烙铁通电时，温度上升，当达到预定温度时，因强磁体传感器达到了居里点而磁性消失，从而使磁芯触点断开，这时便停止向电烙铁供电；当温度低于强磁体传感器的居里点时，强磁体便恢复磁性，并吸动磁芯开关中的永久磁铁，使控制开关的触点接通，继续向电烙铁供电。如此循环往复，便能达到恒温的效果。恒温电烙铁的实物图如图 1-2-11 所示。

图 1-2-10　内热式电烙铁　　　　　　　　图 1-2-11　恒温电烙铁

提示　在焊接集成电路、晶体管元器件时，常用到恒温电烙铁，这是因为半导体器件的焊接温度不能太高，焊接时间不能过长，否则会因过热而损坏元器件。

2）电烙铁的选用

根据手工焊接工艺要求，选用电烙铁的主要依据如下。

（1）必须满足焊接所需的热量，并能在操作中保持一定的温度。

（2）温升快，热效率高。

（3）质量小，操作方便，工作寿命长。

（4）烙铁头的形状适应焊接物体形状空间的要求。

3）电烙铁的使用方法与注意事项

（1）电烙铁的握法。电烙铁的握法有三种，如图 1-2-12 所示。反握法就是用五个手指把电烙铁的手柄握在手掌内。此握法适用于大功率的电烙铁，焊接散热量较大的被焊件。正握法使用的电烙铁的功率也比较大，且多为弯烙铁头。握笔法适用于小功率的电烙铁，焊接散热量小的被焊件，如收音机、电视机电路的焊接和维修等。

(a) 反握法　　　　　 (b) 正握法　　　　　 (c) 握笔法

图 1-2-12　电烙铁的握法

（2）新电烙铁使用前的处理。新电烙铁使用前必须先给电烙铁头挂上一层焊锡。具体方法是，首先把烙铁头锉成需要的形状，然后接上电源，当烙铁头温度升至能熔化焊锡时，将松香涂在烙铁头上，再涂上一层焊锡，直至烙铁头的刃面部挂上一层锡，便可使用。

（3）电烙铁不使用时不宜长时间通电。因为这样容易使电热丝加速氧化而烧断，同时也将使烙铁头因长时间加热而氧化，甚至被"烧死"，不再"吃锡"。

（4）电烙铁在焊接时，最好选用松香焊剂，以保护烙铁头不被腐蚀。电烙铁应放在烙铁架上，轻拿轻放，不要将烙铁头上的焊锡乱甩。

（5）更换烙铁芯时要注意引线不要接错，因为电烙铁有三个接线柱，而其中一个是接地的，它直接与外壳相连。若接错引线，可能使电烙铁外壳带电，被焊件也会带电，这样就会发生触电事故。

（6）为延长烙铁头的使用寿命，首先应经常用湿布、浸水海绵擦拭烙铁头，以保持烙铁头良好的挂锡状态，并可防止残留助焊剂对烙铁头的腐蚀。其次，在进行焊接时，应常用松香或弱酸性助焊剂。最后，在焊接完毕时，烙铁头上的残留焊锡应该继续保留，以防止再次加热时出现氧化层。

2．手工焊接工艺

手工焊接的基本条件如下。

1）保持清洁的焊接表面是保证焊接质量的先决条件

如果元器件的引线、各种导线、焊接片、接线柱、印制电路板等表面被氧化或有杂物，一般可用锯条片、小刀或镊子反复刮净被焊面的氧化层，而对于印制电路板的氧化层则可用细砂纸轻轻磨去，对于较少的氧化层则用工业酒精反复涂擦氧化层使其熔化。

2）选择合适的焊锡、助焊剂及电烙铁

通常根据被焊接金属的氧化程度、焊接点大小等来选择不同种类的助焊剂。如果被焊接金属氧化层较为严重或焊接点较大则选用松香酒精助焊剂，而如果氧化程度较小或焊点较小则选用中性助焊剂。

另外，根据被焊点的形状、不同热容量选用不同功率的电烙铁或烙铁头。对于各种导线、焊接片、接线柱间的焊接及印制电路板上焊盘等较大的焊点一般选用较大功率的电烙铁；而对于一般焊点则选用较小功率的电烙铁，如 25W、30W 等。

3）焊接时要有一定的焊接温度

热量是进行焊接不可缺少的条件，适当的焊接温度对形成一个好的焊点是非常关键的。焊接时温度过高则焊点发白、无金属光泽、表面粗糙；温度过低则焊锡未流满焊盘，容易造成虚焊。

4）焊接的时间要适当

焊接时间的长短对于焊接也很重要。加热时间过长则可能造成元器件损坏、焊接缺陷、印制电路板箔脱离；加热时间过短则容易产生冷焊、焊点表面裂缝和元器件松动等达不到焊接要求。所以，应根据被焊件的形状、大小和性质来确定焊接时间。

3．手工焊接的基本步骤

一个合格焊的形成须经过以下过程。

（1）浸润。焊接部位达到焊接的工作温度，助焊剂首先熔化，然后焊锡熔化并与被焊件和焊盘接触。

（2）流淌。液态的焊锡在毛细现象的作用下充满了整个焊盘和焊缝，将助焊剂排出。

（3）合金。流淌的焊锡与被焊件和焊盘表面产生合金（只发生在表面）。

（4）凝结。移开电烙铁，温度下降，液态焊锡冷却凝固变成固态从而将被焊件固定在焊盘上。

由此可见，焊接质量离不开一个好的焊接流程。为了保证焊接质量，手工焊接的步骤一般要根据被焊件的热容量大小来决定，通常用五步焊接法，如图 1-2-13 所示。

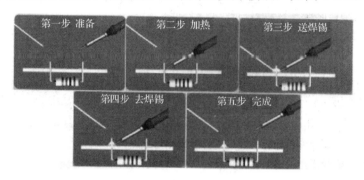

图 1-2-13　焊接五步操作法

4．焊接操作手法

1）采用正确的加热方法

根据焊件形状选用不同的烙铁头，尽量要让烙铁头与焊件形成面接触而不是点接触或线接触，这样能大大提高效率。不要用烙铁头对焊件加力，这样会加速烙铁头的损耗和造成元件损坏。

2）加热要靠焊锡桥

所谓焊锡桥就是靠烙铁上保留少量焊锡作为加热时烙铁头与焊件之间传热的桥梁，但作为焊接桥的锡保留量不可过多。

3）采用正确的撤离烙铁方式

烙铁撤离要及时，而且撤离时的角度和方向对焊点的成形有一定的影响。

4）焊锡量要合适

焊锡量过多容易造成焊点上焊锡堆积并容易造成短路，且浪费材料。焊锡量过少，容易焊接不牢，使焊件脱落。焊锡量的掌握如图 1-2-14 所示。

另外，在焊锡凝固之前不要使焊件移动或震动，不要使用过量的焊剂和用已热的烙铁头作为焊料的运载工具。

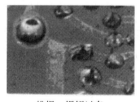

堆焊：焊锡过多，　　　　缺焊：焊锡过少，　　　　合格的焊点
堆积在一起　　　　　　　焊接不牢靠

图 1-2-14　焊锡量的掌握

5．焊点要求

高质量的焊点应具备以下几方面的技术要求。

1）具有一定的机械强度

为保证被焊件在受到震动或冲击时，不出现松动，要求焊点有足够的机械强度。但不能使用过多焊锡来加强机械强度，否则很容易出现焊点之间的短路或桥焊现象。

2）保证其良好、可靠的电气性能

由于电流要流经焊点，为保证焊点有良好的导电性，必须防止虚焊。因为虚焊的出现，一方面会使焊点的机械强度降低；另一方面会使该焊点时通时断从而造成电路的隐性故障，增加了调试、维修的难度。

3）具有一定的大小、光滑和清洁美观的表面

焊点的外观应美观光滑、圆润、整齐、均匀，焊锡应充满整个焊盘并与焊盘大小比例适中。

综上所述，一个合格的焊点从外观上看，必须达到以下要求：

（1）形状以焊点的中心为界，左右对称，呈半弓形凹面。

（2）焊料量均匀适当，表面光亮平滑，无毛刺和针孔。

（3）润湿角小于 30°。

 **任务实施**

一、任务准备

实施本任务教学所使用的实训设备及工具材料可参考表 1-2-1。

表 1-2-1　实训设备及工具材料

序号	分类	名称	型号规格	数量	单位	备注
1	工具仪表	万用表	MF47 型	1	套	
2		常用电子组装工具		1	套	
3		双踪示波器		1	台	
4	设备器材	整流二极管	IN4001	4	只	
5		碳膜电阻	1kΩ	1	只	
6		电源变压器	AC 220V/7.5V×2	1	个	
7		万能电路板		1	块	
8		镀锡铜丝	$\phi 0.5mm$	若干	米	
9		焊料、助焊剂		若干		
10		带插头的电源线		1	条	
11		绝缘胶布		若干	个	

二、电路装配

1．绘制电路的元器件排列接线图

元器件布置时，必须按照电路原理图和元器件的外形尺寸、封装形式在万能电路板上均匀布置元器件，避免安装时相互影响，应做到使元器件排布疏密均匀；电路走向基本与电路

原理图一致，一般由输入端开始向输出端"一字形排列"，逐步确定元器件的位置，互相连接的元器件应就近安放；每个安装孔只能插入一个元器件引脚，元器件水平或垂直放置，不能斜放。大多数情况下元器件都安装在电路板的同一个面上，通常把安装元器件的面称为电路板元器件面。根据如图 1-2-1 所示的电路原理图，可画出本任务的元器件排列接线图，如图 1-2-15 所示。

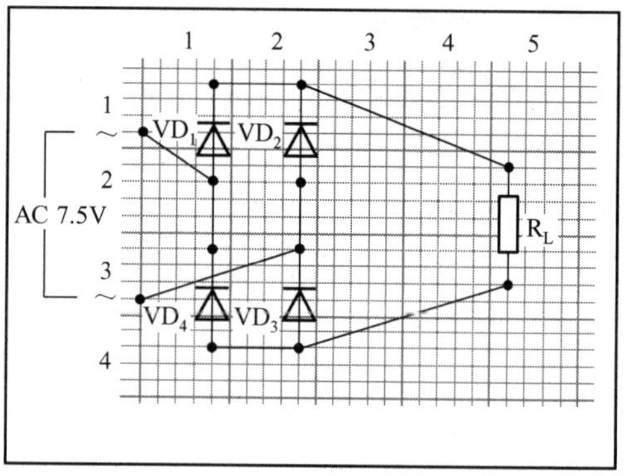

图 1-2-15　元器件排列接线图

2．元器件的检测

1）整流二极管的检测

运用前一任务的检测方法，用万用表相应挡位测量选用的整流二极管，确认二极管的极性和质量好坏，分类固定存放，以方便使用。

2）负载电阻的测量

用万用表相应的挡位，测量选用的电阻，确认电阻的大小，要注意电阻的材质、类型和功率。

提示　正确检测电路使用的元器件，查清和确认参数并做好标记，分类存放，即使是新的元器件，也要经过相应的仪表检测后才可使用。因为如果安装完以后才发现元器件损坏，将会带来很多麻烦。在元器件检测中也应当特别注意各种仪器、工具、材料和器件的摆放应有序，场地要整洁干净。在进行电子产品装接和检测工作时，养成良好的习惯将会减少许多麻烦。

3．元器件的成形

所用的元器件在插装前都要按插装工艺要求进行成形。

1）电阻成形

立式插装电阻在成形时，先用镊子将电阻两引线拉直，然后再用镊子弯成两处直角即可，注意阻值色环向上，如图 1-2-16(a)所示。卧式插装电阻在成形时，同样先用镊子将电阻两引线拉直，然后根据插装的孔距利用镊子将电阻本体两侧引线均等弯成直角，注意折弯处与电阻本体距离不得小于 1mm，如图 1-2-16(b)所示。

2）二极管成形

立式插装二极管在成形时，先用镊子将二极管两引线拉直，然后再用镊子将塑封二极管的负极（标记向上）引线弯成两处 90° 即可；玻璃封装二极管成形时，须距离二极管本体（标记向上）约 2mm 处，将其引线弯成形，如图 1-2-17(a)所示。

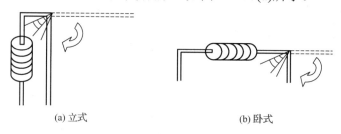

(a) 立式　　　　　　　　　　　(b) 卧式

图 1-2-16　电阻的成形

卧式插装二极管在成形时，先用镊子将二极管两引线拉直，然后根据插装的孔距利用镊子将电阻本体两侧引线均等弯成直角，注意折弯处与电阻本体距离不得小于 1mm，如图 1-2-17(b)所示。

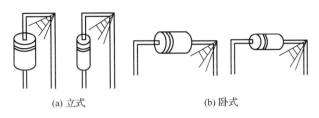

(a) 立式   (b) 卧式

图 1-2-17　二极管的成形

4．元器件的插装焊接

依据图 1-2-15 所示的元器件排列接线图，按照装配工艺要求进行元器件的插装焊接。具体插装焊接的方法如下。

1）二极管插装焊接

二极管卧式插装焊接时，应使二极管离开电路板 3～5mm。注意二极管正、负极不能搞错，同规格的二极管标记方向应一致。

二极管立式插装焊接时，应使二极管离开电路板 2～4mm。注意二极管正、负极不能搞错，标记一般向上。

2）电阻插装焊接

电阻卧式插装焊接时应紧贴电路板，并注意电阻的阻值色环或直标法的标志应向外，同规格电阻色环方向应排列一致。

电阻立式插装焊接时，应使电阻离开多孔电路板 1～2mm。注意电阻的阻值色环或直标法的标志应向上，同规格电阻色环方向应排列一致。

5．镀锡裸铜丝的焊接

根据电路原理图和元器件布置图进行镀锡裸铜丝的焊接。焊接时，镀锡裸铜丝紧贴电路板插装焊接，不得拱起、弯曲，对于较长尺寸的镀锡裸铜丝在多孔电路板上应每隔 10mm加焊一个焊点。

6．焊接检查

焊接结束，首先检查电路有无漏焊、错焊、虚焊等问题。检查时可用尖嘴钳或镊子将每个元器件拉动一下，看有无松动，如果发现有松动现象，应重新焊接。

三、通电前的检查

电路安装完毕后，必须在不通电的情况下，对电路板进行认真细致的检查，以便纠正安装错误。检查中应注意以下问题：

（1）元器件引脚之间有无短路。

（2）输入交流电源有无短路。

（3）二极管极性有无接反。

提示 检查中，可借助指针式万用表"R×1k"挡或数字式万用表"Ω挡"的蜂鸣器来测量。测量时应直接测量元器件引脚，这样可以同时发现接触不良的地方。

四、电路测试

1. 测试结果

使用示波器和万用表分别测量单相半波整流电路和单相桥式整流电路的输入、输出电压波形和幅值，将结果记录在表 1-2-2 中。

表 1-2-2　测试结果（1）

整流电路形式	输入电压			输出电压		
	万用表挡位	U_o / V	波形	万用表挡位	U_o / V	波形
半波整流						
桥式整流						

2. 故障检测

单相桥式整流电路中，已知电源变压器二次电压有效值 U_2 =10V，R_L =50Ω，分别测试：

（1）电路中有一个二极管开路时的输出电压值。

（2）电路中有两个二极管同时开路时的输出电压值。

（3）负载电阻 R_L 开路时的输出电压值。

将上述测量的结果填入表 1-2-3 中。

表 1-2-3　测试结果（2）

故障现象	输出电压		
	万用表挡位	U_o / V	波形
二极管 VD$_1$ 开路			
二极管 VD$_1$、VD$_2$ 同时开路			
二极管 VD$_1$、VD$_3$ 同时开路			
负载电阻 R$_L$ 开路			

操作提示

（1）焊接二极管引脚时，电烙铁在焊点处停留的时间应控制在 2～3s，防止时间过长、温度过高烫坏二极管。也可左手用尖嘴钳或镊子夹持元器件或导线以帮助散热。

（2）焊接操作中要注意电烙铁上焊锡不能乱甩，以免烫伤他人。

任务测评

对任务实施的完成情况进行检查，并将结果填入表 1-2-4 中。

表 1-2-4　任务测评表

序号	项目内容	评分标准	配分	扣分	得分
1	学习态度、协作精神	（1）对学习不感兴趣，扣 5 分 （2）观察不认真，扣 5 分 （3）协作意识不强，扣 10 分	10		
2	导线连接	（1）导线弯曲、拱起，每处扣 2 分 （2）安装位置错误，每处扣 2 分	10		
3	元器件成形及插装焊接	（1）元器件成形不符合要求，每处扣 3 分 （2）插装位置、极性错误，每处扣 3 分 （3）元器件参差不齐，标记方向混乱，扣 5 分 （4）焊点不符合要求，每处扣 2 分 （5）损坏元器件，每个扣 5 分	40		
4	仪表使用情况	（1）仪表使用不正确，扣 10 分 （2）测量错误，扣 10 分	10		
5	故障排除	（1）不会分析故障，扣 10 分 （2）不会查找故障，扣 10 分	20		
6	安全文明生产	（1）违反安全文明生产，扣 10 分 （2）损坏元器件及仪表，扣 10 分 （3）工作台上工具未按要求排列整齐，每错误一处扣 2 分	10		
7	合计				
8	开始时间	结束时间			

知识拓展

整流桥简介

整流桥有半桥和全桥两种形式。全桥是将整流电路的四个二极管制作在一起，封装成一个器件，有四个引脚，两个二极管负极的连接点是全桥直流输出端的正极，两个二极管正极的连接点是全桥直流输出端的负极，如图 1-2-18 所示。

1．整流桥的主要参数

1）额定反峰值电压

整流桥的额定反峰值电压有 25V、50V、100V、200V、300V、400V、500V、600V、800V、1000V 等多种规格。

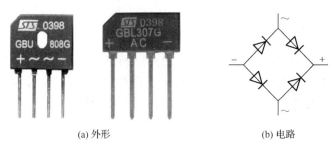

(a) 外形   (b) 电路

图 1-2-18　整流桥

2）正向平均整流电流

全桥的正向平均整流电流有 0.5A、1A、1.5A、2A、2.5A、3A、5A、10A、20A、35A、50A 等多种规格。

2．整流桥的命名规则

一般整流桥命名中有 3 个数字，第一个数字代表额定电流（A），后两个数字代表额定电压（数字×100V）。

例如：GBU808G 其额定电流为 8A，额定反向峰值电压为 800V。

3．整流桥引脚的识别方法

整流桥外壳上各引脚对应位置上标有"～"（或 AC）符号，表示该引脚为交流输入端；"＋"、"－"符号，表示该引脚分别为输出直流电压的正极和负极。

4．整流桥的选择

整流桥的选择主要考虑整流电路的形式、工作电压和输出电流。

5．整流桥的检测

整流桥的检测方法与二极管的检测方法一样，主要是利用万用表通过测试内部二极管的正、反向电阻来检测其好坏。检测方法如图 1-2-19 和图 1-2-20 所示。正向电阻越小越好，反向电阻越大越好。

测量这两个引脚后，再顺时针依次测量下一个二极管的两个引脚，测量结果应与上述测量一样，直至将四个二极管全部测量完为止。

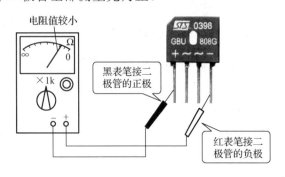

图 1-2-19　正向电阻的测量

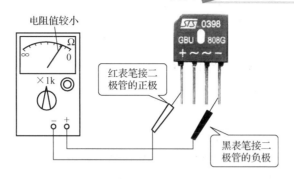

图 1-2-20　反向电阻的测量

测量中若有一个二极管的正、反向电阻值相同，或都非常大，或都非常小，说明此整流桥已损坏。

巩固与提高

一、判断题（正确的打"√"，错误的打"×"）

1．单相桥式整流电路中，通过整流二极管电流的平均值等于负载中流过的平均电流。
（　　）

2．直流负载电压相同时，单相桥式整流电路中二极管所承受的反向电压比单相半波整流电路高一倍。（　　）

3．在单相整流电路中，输出直流电压的大小与负载大小无关。（　　）

4．单相桥式整流电路在输入交流电每个半周内都要两个二极管导通。（　　）

5．在桥式整流电路中可以允许有一个二极管极性接反。（　　）

6．在半波整流电路中二极管的极性可以反接。（　　）

7．单相半波整流电路中，只要把变压器二次绕组的端钮对调，就能使输出直流电压的极性改变。（　　）

8．单相桥式整流电路其整流二极管承受的最大反向电压为变压器二次电压的 $2\sqrt{2}$ 倍。
（　　）

9．直流负载电压相同时，单相桥式整流电路中二极管所承受的反向电压比单相半波整流高 1 倍。（　　）

二、选择题（请将正确答案的序号填入括号内）

1．单相整流电路中，二极管承受的反向电压最大值出现在二极管（　　）。
　　A．截止时　　　　B．导通时　　　　C．由导通转截止时　　D．由截止转导通时

2．单相半波整流电路输出电压平均值为变压器二次电压有效值的（　　）倍。
　　A．0.9　　　　　B．0.45　　　　　C．0.707　　　　　D．1

3．单相整流电路中，二极管承受的最小电压是在二极管（　　）。
　　A．截止时　　　　B．导通时　　　　C．由导通转截止时　　D．由截止转导通时

4．整流的目的是（　　）。
　　A．将交流变为直流　　　　B．将高频变为低频　　　　C．将正弦波变为方波

5. 整流电路输出的电压应属于（　　）。

    A. 平直直流电压　B. 交流电压　　　C. 脉动直流电压　　D. 稳恒直流电压

6. 某单相半波整流电路，若变压器次级电压 $U_2=100V$，则负载两端电压及二极管承受的反向电压分别为（　　）。

    A. 45V 和 141V　B. 90V 和 141V　C. 90V 和 282V　　D. 45V 和 282V

7. 某单相桥式整流电路中有一只二极管断路，则该电路（　　）。

    A. 不能工作　　　B. 仍能工作　　C. 输出电压降低　　D. 输出电压升高

8. 某单相桥式整流电路，变压器二次侧电压为 U_2，当负载开路时，整流输出电压为（　　）。

    A. $0.9U_2$　　　　B. U_2　　　　　　C. $\sqrt{2}U_2$　　　　　D. $1.2U_2$

9. 单相桥式整流电路中，通过二极管的平均电流等于（　　）。

    A. 输出平均电流的 1/4　　　　　B. 输出平均电流的 1/2

    C. 输出平均电流　　　　　　　　D. 输出平均电流的 1/3

10. 若单相桥式整流电路中某只二极管被击穿短路，则电路（　　）。

    A. 仍可正常工作　　　　　　　B. 不能正常工作

    C. 输出电压下降　　　　　　　D. 输出电压升高

11. 安装单相桥式整流电路时，误将某只二极管接反了，产生的后果是（　　）。

    A. 输出电压是原来的一半　　　B. 输出电压的极性改变

    C. 只有接反的二极管烧毁　　　D. 可能四只二极管均烧毁

12. 某单相半波整流电路，变压器次级电压为 U_2，若改成单相桥式整流电路，负载上仍得到原有的直流电压，则改成桥式整流后，变压器次级电压为（　　）。

    A. $0.5U_2$　　　　B. U_2　　　　　C. $2\sqrt{2}U_2$　　　　D. $2U_2$

13. 在单相桥式整流电路中，如果电源变压器次级电压有效值是 U_2，则每只整流二极管所承受的最高反向电压是（　　）。

    A. U_2　　　　　B. $\sqrt{2}U_2$　　　C. $2\sqrt{2}U_2$　　　D. $3\sqrt{2}U_2$

14. 单相桥式整流电路在输入交流电压的每个半周内都有（　　）只二极管导通。

    A. 两　　　　　　B. 一　　　　　C. 三　　　　　　D. 四

15. 在输出电压平均值相等时，单相桥式整流电路中的二极管所承受的最高反向电压为 12V，则单相半波整流电路中的二极管所承受的最高反向电压为（　　）。

    A. 12V　　　　　B. 6V　　　　　C. 24V　　　　　D. 8V

16. 单相桥式整流电路，若变压器二次电压为 $u_2 = 10\sqrt{2}\sin\omega t\,V$，则每个整流管所承受的最大反向电压为（　　）。

    A. $10\sqrt{2}V$　　　B. $20\sqrt{2}V$　　C. $20V$　　　　　D. $\sqrt{2}V$

17. 每个整流元件中流过负载电流平均值的 1/3 的电路是（　　）。

    A. 三相桥式整流　　　　B. 单相半波整流　　　　　C. 单相桥式整流

18. 下列电路中，输出电压脉动最小的是（　　）。

    A. 单相半波整流　　　　　　　B. 单相桥式波整流

    C. 三相半波整流　　　　　　　D. 三相桥式整流

三、简答题

1．在桥式整流电路中出现下列故障，会出现什么现象？

（1）负载电阻短路；（2）有一个二极管击穿；（3）有一个二极管接反；（4）负载电阻开路。

2．单相桥式整流电路中有 4 只整流二极管，所以每只二极管中电流的平均值等于负载电流的 1/4，这种说法对吗？为什么？

3．电路板上元件布局如图 1-2-21 所示，试将它们接成桥式整流电路，要求接线简洁整齐。

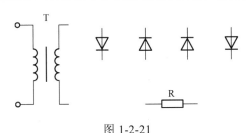

图 1-2-21

四、计算题

1．有一个单相半波整流电路，交流电压 U_i=220V，R_L=100Ω，电源变压器的匝数比 n=10，试求：整流输出电压 U_o。

2．在单相桥式整流电路中，要求输出直流电压为 25V，输出直流电流为 200mA，试分析二极管的电压、电流应满足什么要求。

任务 3 滤波电路的装配与测试

 学习目标

知识目标：

1．掌握滤波电路的组成、工作原理及简单计算。

2．能正确识读滤波电路的原理图、接线图和布置图。

能力目标：

1．能够掌握手工焊接操作技能，会按照工艺要求正确焊装滤波电路。

2．会进行滤波电路的测试，并能独立排除调试过程中出现的故障。

 工作任务

滤波电路是直流稳压电源的一部分，其作用是将整流输出的脉动直流电转换成平滑的直流电。整流电路输出的脉动直流电中，含有大量的交流成分。为了获得平滑的直流电，应在整流电路后面加接滤波电路，滤除交流成分，以获得较为平滑的直流电。小功率直流稳压电源常用的滤波电路有电容滤波电路、电感滤波电路以及复式滤波电路等。其中，单相桥式整流滤波电路的原理图如图 1-3-1 所示，其焊接装配的示意图如图 1-3-2 所示。

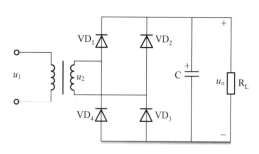

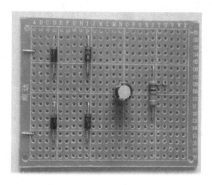

图 1-3-1　单相桥式整流滤波电路原理图

图 1-3-2　单相桥式整流滤波电路的
焊接装配示意图

本次任务的主要内容是，根据给定的技术指标，按照单相桥式整流滤波电路原理图装配并调试出满足工艺要求和技术要求的合格电路，并能独立解决调试过程中出现的故障。

 **任务分析**

本任务的电路既是电子技术应用电路中最典型和最基础的电路之一，也是整流稳压电源的一部分。因此，在进行本次任务的学习时，必须首先了解单相滤波电路的组成、工作原理及简单的计算，熟悉滤波电容的选择，掌握滤波电路的外特性，进而能独立按照工艺要求装配和调试电路，并能独立解决调试过程中出现的故障，提高动手能力、分析问题和解决问题的能力，为后续电子电路的学习奠定坚实的基础。

 **相关知识**

一、电容滤波电路

1. 单相半波整流电容滤波电路

1）电路组成

在整流电路输出端与负载电阻 R_L 并联一个较大电容 C，则此并联的电容 C 便构成电容滤波电路，如图 1-3-3 所示。

2）工作原理分析

设图 1-3-3 中电容两端初始电压为零，并假设在 $t=0$ 时接通电路，u_2 为正半周，当 u_2 由 0 上升时，二极管 VD 导通，电容 C 被放电，同时电流经二极管 VD 向负载电阻供电。如果忽略二极管正向压降和变压器内阻压降，则 $u_o = u_C = u_2$，在 u_2 达到最大值时，u_C 也达到最大值，如图 1-3-3(b)中 a 点所示；然后 u_2 按正弦规律下降，此时 $u_C > u_2$，二极管 VD 截止，电容 C 向负载电阻 R_L 放电，由于放电电路电阻较大，电容放电较慢，u_C 近似以直线规律缓慢下降，波形如图 1-3-3(b)中的 a、b 段所示；当 u_C 下降到 b 点后，$u_2 > u_C$，二极管 VD 再次导通，电容 C 再次被充电，输出电压 u_o 随输入电压 u_2 的增加而增加，到 c 点以后，电容 C 再次经负载电阻 R_L 放电，通过这种周期性的充放电，可以达到滤波的效果，工作波形如图 1-3-3(b)所示。

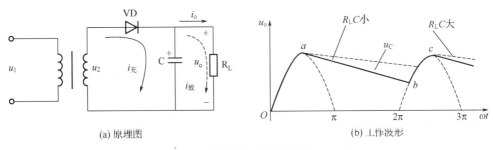

(a) 原理图　　　　　　　　　　(b) 工作波形

图 1-3-3　单相半波整流电容滤波电路

由以上分析可知，由于电容的不断充、放电，使得输出电压的脉动程度减小，而其输出电压的平均值有所提高。输出电压的平均值 U_o 与 $R_L C$ 的值有关，$R_L C$ 值越大，电容 C 放电越慢，U_o 越大，滤波效果越好。当 $R_L = \infty$ 时，即负载开路时，电容 C 无放电电路，$U_o = U_C = \sqrt{2} U_2$。$R_L C$ 对输出电压的影响如图 1-3-3(b) 中虚线所示。由此可见，电容滤波电路适用于负载电流较小的场合。

为了获得良好的滤波效果，一般取

$$R_L C \geqslant (3 \sim 5) T / 2$$

式中，T 为整流电路输入交流电压的周期。此时，输出电压的近似值为

$$U_o = U_2$$

2．单相桥式整流电容滤波电路

单相桥式整流电容滤波电路如图 1-3-4(a) 所示，其工作波形如图 1-3-4(b) 所示。

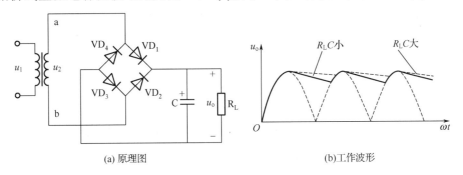

(a) 原理图　　　　　　　　　(b) 工作波形

图 1-3-4　单相桥式整流电容滤波电路

由图可知，单相桥式整流电容滤波电路在 u_2 的一个周期内电容充、放电各两次，输出电压的波形更加平滑，输出电压的平均值进一步得到提高，滤波效果更加理想。

单相桥式整流电容滤波电路输出电压平均值为

$$U_o = 1.2 U_2$$

二、电感滤波及复式滤波电路

1．电感滤波电路

由于通过电感的电流不能突变，用一个大电感与负载串联，使流过负载的电流因不能突变而变得平滑，输出电压的波形平稳，从而实现滤波。电感滤波的实质是因为电感对交

流成分呈现很大的阻抗，频率越高，感抗越大，则交流成分电压绝大部分降到电感上，电感对直流没有压降，若忽略导线电阻，直流都落在负载上，以达到滤波的目的。桥式整流电感滤波电路如图 1-3-5 所示。

由于电感压降的影响，使输出电压平均值 U_o 略小于整流电路输出电压的平均值。如果忽略电感线圈的电阻，则 $U_o \approx 0.9U_2$。为了提高滤波效果，要求电感的感抗 $\omega L \gg R_L$，所以滤波电感一般采用带铁芯的电感。

2. 复式滤波电路

为了进一步减小输出电压的脉动程度，可以用电容和带铁芯电感组成各种形式的复式滤波电路。电感型 LC 滤波电路如图 1-3-6 所示。整流输出电压中的交流成分绝大部分降落在电感上，电容 C 又对交流成分进行二次滤波，故输出电压中交流成分很小，几乎是一个平滑的直流电压。

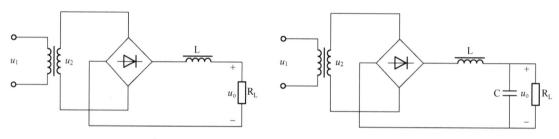

图 1-3-5　桥式整流电感滤波电路　　　　图 1-3-6　电感型 LC 滤波电路

由于整流后先经电感 L 滤波，总特性与电感滤波电路相近，所以称为电感型 LC 滤波电路，该电路输出电压较高，但通过二极管的电流有冲击现象。

 **任务实施**

一、任务准备

实施本任务教学所使用的实训设备及工具材料可参考表 1-3-1。

表 1-3-1　实训设备及工具材料

序号	分类	名称	型号规格	数量	单位	备注
1	工具仪表	万用表	MF47 型	1	套	
2		常用电子组装工具		1	套	
3		双踪示波器		1	台	
4	设备器材	整流二极管	IN4001	4	只	
5		碳膜电阻	1kΩ	1	只	
6		电解电容	47 μF / 50V	1	只	
7		电源变压器	AC 220V/7.5V×2	1	个	
8		万能电路板		1	块	
9		镀锡铜丝	$\phi 0.5mm$	若干	米	
10		焊料、助焊剂		若干		
11		带插头的电源线		1	条	
12		绝缘胶布		若干	个	

二、电路装配

1. 绘制电路的元器件布置图

根据如图 1-3-1 所示的电路原理图，可画出本任务的元器件布置示意图，如图 1-3-7 所示。

2. 元器件的检测

整流二极管和负载电阻的检测在前一任务中已做了介绍，在此仅就电容器的检测进行介绍。

电容器一般常见故障有：击穿短路、断路、漏电或电容量变化等。通常情况下可以用万用表来判别电容器的好坏，并对其质量进行定性分析。

利用万用表的欧姆挡，通过测量电容器两脚

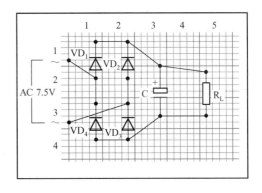

图 1-3-7　元器件布置示意图

之间的漏电阻，根据指针摆动的情况判断其质量。检测中可能出现的情况如图 1-3-8 所示。

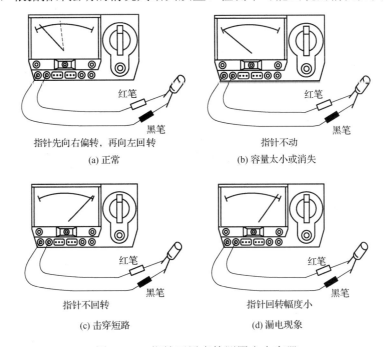

图 1-3-8　指针万用表检测固定电容器

1）检测 0.01μF 以下的小电容器

检测时，可选用万用表的 R×10k 挡，用万用表两表笔分别任意接触电容器的两脚。正常情况下，阻值应为无穷大；若测出阻值小或为零，则说明电容器漏电或短路。

2）检测 0.01μF 以上固定电容器

可用万用表的 R×10k 挡，测试电容器是否有充电过程以及漏电情况，并估计电容器的容量。其具体方法如下。

（1）用两表笔分别任意接触电容器的两个引脚。

（2）调换表笔再接触电容器的两个引脚。

（3）如果电容器的性能良好的话，万用表指针会向右摆动一下，随即迅速向左回转，返回无穷大的位置，如图 1-3-8(a)所示。

3）电解电容器性能判别

电解电容器性能一般可以根据其漏电阻大小来判断，具体方法如下。

（1）针对不同容量的电解电容器选用合适的量程。一般情况下，1～47μF 的电解电容器可选用 R×1k 挡；47～1000μF 的电解电容器可选用 R×100 挡。

（2）将万用表红表笔接电容器负极，黑表笔接正极。在刚接触的瞬间，万用表指针即向右偏转较大幅度，然后逐渐向左回转，直到停在某 位置。此时的阻值便为电解电容器的正向电阻，此值越大，说明漏电电流越小，电容器性能越好。

（3）将红、黑表笔对调，电解电容器的两引脚短接一下，重复刚才测量过程。此时所测阻值为电解电容器的反向漏电阻。

> **提示**　在实际应用中，电解电容器的漏电阻一般应在几百千欧以上，且反向漏电阻略小于正向漏电阻。

3．元器件的成形

所用的元器件在插装前都要按插装工艺要求进行成形。在此仅就电容器的成形进行介绍。

瓷片电容器成形时，先用镊子将电容器的引线拉直，然后再向外弯成 60°倾斜即可；电解电容器成形时，先用镊子将电容器的两根引线拉直即可；体积小的电容器则须根据插装的孔距在离电容器本体约 5mm 处分别将两引线弯成 90°，如图 1-3-9(a)所示。卧式插装电阻在成形时，同样先用镊子将电阻两引线拉直，然后根据插装的孔距利用镊子将电阻本体两侧引线均等弯成直角，注意折弯处与电阻本体距离不得小于 1mm，如图 1-3-9(a)所示。

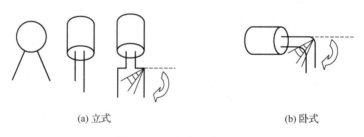

(a) 立式　　　　　　　　　　　　　　(b) 卧式

图 1-3-9　电容器的成形

体积较大的电解电容器一般常用卧式插装。成形时，先用镊子将电容器的引线拉直，然后用镊子或成形钳在离电容器本体约 5mm 处分别将两引线弯成 90°，如图 1-3-9(b)所示。

4．元器件的插装焊接

依据图 1-3-7 所示的元器件布置示意图，按照装配工艺要求进行元器件的插装焊接。二极管和电阻的插装焊接在前一任务已做介绍，电容器的具体插装焊接的方法如下。

（1）插装焊接瓷片电容器时，应使电容器离开多孔印制电路板 4～6mm，并且标记面向外，同规格电容器应排列整齐、高低一致。

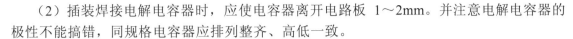

（2）插装焊接电解电容器时，应使电容器离开电路板 1～2mm。并注意电解电容器的极性不能搞错，同规格电容器应排列整齐、高低一致。

5．镀锡裸铜丝的焊接

根据电路原理图和元器件布置图进行镀锡裸铜丝的焊接。

6．焊接检查

焊接结束，首先检查电路有无漏焊、错焊、虚焊等问题。检查时可用尖嘴钳或镊子将每个元器件拉动一下，看有无松动，如果发现有松动现象，应重新焊接。

三、通电前的检查

电路安装完毕后，必须在不通电的情况下，对电路板进行认真细致的检查，以便纠正安装错误。检查中应注意以下问题：

（1）元器件引脚之间有无短路。

（2）输入交流电源有无短路。

（3）二极管极性有无接反。

（4）电解电容器的极性有无接反。

四、电路测试

1．测试结果

使用示波器和万用表分别测量单相半波整流电容滤波电路和单相桥式整流电容滤波电路的输入、输出电压波形和幅值，将结果记录在表 1-3-2 中。

表 1-3-2　测试结果（1）

整流电路形式	输入电压			输出电压		
	万用表挡位	U_o / V	波形	万用表挡位	U_o / V	波形
半波整流电容滤波电路						
桥式整流电容滤波电路						

2．故障检测

单相桥式整流电容电路中，已知电源变压器二次电压有效值 $U_2 = 10V$，$R_L = 50\Omega$，分别测试：

（1）当电路中有一个二极管开路时的输出电压值。

（2）当滤波电容开路时的输出电压值。

（3）当负载电阻 R_L 开路时的输出电压值。

（4）一个二极管和滤波电容器同时开路时的输出电压值。

将上述测量的结果填入表 1-3-3 中。

表 1-3-3　测试结果（2）

故障现象	输出电压		
	万用表挡位	U_o / V	波形
二极管 VD_L 开路			
滤波电容器开路			
负载电阻 R_L 开路			
一个二极管和滤波电容器同时开路			

操作提示

（1）焊接二极管引脚时，电烙铁在焊点处停留的时间应控制在 2～3s，防止时间过长、温度过高烫坏二极管。也可左手用尖嘴钳或镊子夹持元器件或导线以帮助散热。

（2）焊接操作中要注意电烙铁上焊锡不能乱甩，以免烫伤他人。

（3）焊接时注意检查二极管与电解电容的极性，不能接反。

任务测评

对任务实施的完成情况进行检查，并将结果填入任务测评表（参见表 1-3-4）内。

表 1-3-4　任务测评表

序号	项目内容	评分标准	配分	扣分	得分
1	学习态度、协作精神	（1）对学习不感兴趣，扣 5 分 （2）观察不认真的，扣 5 分 （3）协作意识不强，扣 10 分	10		
2	导线连接	（1）导线弯曲、拱起，每处扣 2 分 （2）安装位置错误，每处扣 2 分	10		
3	元器件成型及插装焊接	（1）元器件成型不符合要求，每处扣 3 分 （2）插装位置、极性错误，每处扣 3 分 （3）元器件参差不齐，标记方向混乱，扣 5 分 （4）焊点不符合要求，每处扣 2 分 （5）焊装损坏元器件，每个扣 5 分	40		
4	仪表使用情况	（1）仪表使用不正确，扣 10 分 （2）测量错误，扣 10 分	10		
5	故障排除	（1）不会分析故障，扣 10 分 （2）不会查找故障，扣 10 分	20		
6	安全文明生产	（1）违反安全文明生产扣 10 分 （2）损坏元器件及仪表扣 10 分 （3）工作台上工具为按要求排列整齐，每错误一处扣 2 分	10		
7	合计				
8	开始时间		结束时间		

 知识拓展

一、二极管的选择

电容滤波电路通过二极管的电流有冲击，所以选择二极管参数时必须留有足够的电流裕量。一般取实际负载电流的 2～3 倍。

二、电容器耐压的选择

电容器承受的最高峰值电压为 $\sqrt{2}U_2$，考虑到交流电源电压的波动，滤波电容器的耐压常取（1.5～2）U_2。

巩固与提高

一、判断题（正确的打"√"，错误的打"×"）

1. 整流电路接入电容滤波后，输出直流电压下降。　　　　　　　　　　　（　　）
2. 电容滤波电路带负载的能力比电感滤波电路强。　　　　　　　　　　　（　　）
3. 在单相整流电容滤波电路中，电容器的极性不能接反。　　　　　　　　（　　）
4. 在电容滤波电路中，整流二极管的导通时间缩短了。　　　　　　　　　（　　）
5. 在电容滤波电路中，整流二极管通过的电流有冲击现象。　　　　　　　（　　）
6. 输出电压为 $0.9U_0$ 的电路是电容滤波电路。　　　　　　　　　　　　（　　）
7. 单相桥式整流电路采用电容滤波后，每只二极管承受的最高反向工作电压减小。

　　　　　　　　　　　　　　　　　　　　　　　　　　　　　　　　　　（　　）

8. 复式滤波电路输出的电压波形比一般滤波电路输出的电压波形平直。　（　　）
9. 带有电容滤波的单相桥式整流电路，其输出电压的平均值与所带负载无关。（　　）
10. 电容滤波适用于小负载电流，而电感滤波适用于大负载电流。　　　（　　）
11. 整流电路加接电容滤波以后，使输出电压的波形变得连续而平滑，而对输出电压大小没有影响。　　　　　　　　　　　　　　　　　　　　　　　　　（　　）

二、选择题（请将正确答案的序号填入括号内）

1. 在桥式整流电容滤波电路中若负载电阻开路，则输出电压为（　　）。
   A．$0.9U_2$　　　　B．$0.45U_2$　　　　C．$1.414U_2$　　　　D．U_2

2. 在半波整流电容滤波电路中若负载电阻开路，则输出电压为（　　）。
   A．$0.9U_2$　　　　B．$0.45U_2$　　　　C．$1.414U_2$　　　　D．U_2

3. 在滤波电路中，与负载并联的元器件是（　　）。
   A．电容　　　　　　B．电感　　　　　　C．电阻　　　　　　D．开关

4. 单相桥式整流电路接入滤波电容后，二极管的导通时间（　　）。
   A．变长　　　　　　B．变短　　　　　　C．不变　　　　　　D．变化不一定

5. 电容滤波电路适合于（　　）。
   A．大电流负载　　　B．小电流负载　　　C．一切负载　　　　D．对负载没要求

6. 利用电抗元件的（　　）特性能实现滤波。

    A．延时　　　　　　B．储能　　　　　　C．稳压　　　　　　D．负阻

7. 常用的储能元件有（　　）。

    A．电阻　　　　　　B．电容　　　　　　C．电感　　　　　　D．二极管

8. 在整流电路的负载两端并联一个大电容，其输出电压脉动的大小将随着负载电阻和电容量的增加而（　　）。

    A．增大　　　　　　B．减小　　　　　　C．不变　　　　　　D．都不是

9. 单相桥式整流电容滤波电路中，若要负载得到 45V 的直流电压，变压器二次侧电压的有效值应为（　　）。

    A．45V　　　　　　B．50V　　　　　　C．100V　　　　　　D．37.5V

10. 单相桥式整流电容滤波电路中，如果电源变压器次级电压为 100V，则负载电压为（　　）。

    A．100V　　　　　　B．120V　　　　　　C．90V　　　　　　D．130V

三、简答题

1. 在桥式整流电容滤波电路中出现下列故障，会出现什么现象？

（1）负载电阻短路；（2）有一个二极管击穿；（3）有一个二极管接反。

2. 桥式整流电容滤波电路如图 1-3-10 所示。

（1）在桥臂上画出上四只整流二极管，标出电容 C 的正极。

（2）试问输出电压是正还是负？

（3）若要求输出电压为 24V，u_2 的有效值应为多少？

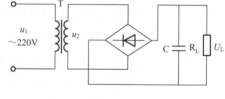

图 1-3-10

（4）电容 C 开路或短路时，试问电路会产生什么后果？

（5）若负载电流为 200mA，滤波电容 C 的容量和耐压为多少？

任务4　半导体三极管的识别、检测与选用

学习目标

知识目标：

1. 了解三极管的结构、符号和类型。

2. 掌握三极管的功能和用途。

3. 熟悉二极管的特性和主要参数。

能力目标：

能熟练掌握半导体三极管的识别和检测方法。

工作任务

半导体三极管也称晶体三极管，它是电子电路中最重要的组成器件。它最主要的功能是

起到电流放大和开关作用。常见三极管的实物外观如图 1-4-1 所示。

本任务的主要内容是了解三极管的相关知识，并对三极管进行识别和检测。

**任务分析**

三极管是最常用的半导体器件，常用于放大、开关等，是许多电子电路中不可缺少的基本半导体元器件。因此，在进行本次任务的学习时，必须首先了解晶体三极管的结构、符号以及类型，熟悉三极管的工作原理、特性和主要参数，进而掌握三极管的识别和检测方法，为后续电子电路的学习奠定坚实的基础。

图 1-4-1　常见三极管的实物外观

**相关知识**

一、晶体三极管的结构、符号和分类

1. 晶体三极管的结构、类型及符号

晶体三极管是一个三层两个 PN 结的半导体器件，外部有三个电极，内部由三块杂质半导体形成两个 PN 结组成。对应的三块半导体分别为发射区、基区和集电区，从三块半导体引出的三个电极分别为发射极、基极和集电极，分别用符号 E、B、C 表示。发射区与基区之间的 PN 结称为发射结，集电区与基区之间的 PN 结称为集电结。因杂质半导体仅有 P 型和 N 型两种，所以晶体三极管只有 NPN 型和 PNP 型两种。其结构与文字图形符号如图 1-4-2 所示。

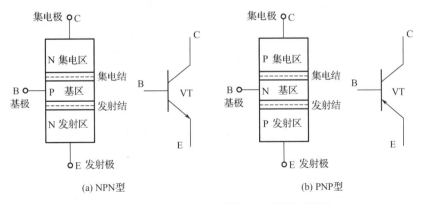

图 1-4-2　晶体管三极管结构与文字图形符号

　　提示　晶体三极管的文字符号用 VT 表示，发射极的箭头方向表示发射结正向偏置时发射极电流的方向，箭头朝里的是 PNP 型晶体管，箭头朝外的是 NPN 型晶体管。虽然发射区和集电区半导体类型一样，但是由于它们的掺杂浓度不同，几何结构不对称，所以晶体三极管的发射极与集电极不能互换使用。

2．晶体三极管分类

按照三极管导电类型不同，可以分为 NPN 型和 PNP 型；按照半导体材料不同，可以分为硅管（多为 NPN 型）和锗管（多为 PNP 型）；按照工作频率不同，可以分为高频管（工作频率不低于 3MHz）和低频管（工作频率低于 3MHz）；按照功率不同，可以分为小功率管（耗散功率小于 1W）和大功率管（耗散功率不小于 1W）；按照用途不同，可以分为普通三极管、开关三极管等；按照封装形式来分，有金属封装和塑料封装等。

二、晶体三极管的电流分配和放大作用

1．晶体三极管的工作电压

晶体三极管具有电流放大作用。要实现电流放大就必须满足一定的外部条件，即发射结外加正向电压（又称正向偏置），集电结外加反向电压（又称反向偏置）。由于 NPN 型和 PNP 型晶体管极性不同，所以外加电压的极性也不同，如图 1-4-3 所示。图中的基极电源 U_{BB} 为三极管发射结提供正向偏置电压，集电极电源 U_{CC} 为三极管集电结提供反向偏置电压。对于 NPN 型晶体管，E、B、C 三个电极的电位必须符合 $U_B > U_E$；而对于 PNP 型晶体管，三个电极的电位必须符合 $U_C < U_B < U_E$。

2．三极管电流分配和放大作用

三极管的基极电流对集电极电流的控制作用称为电流放大作用。我们可以通过以下实验，定量地了解三极管的电流分配关系和放大原理，试验电路如图 1-4-4 所示。

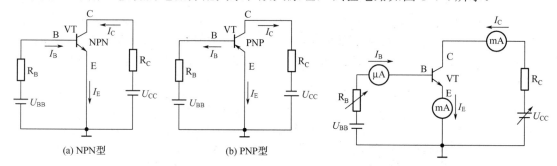

图 1-4-3　晶体三极管的工作电压　　　　图 1-4-4　三极管电流分配关系

通过调节电位器 R_B 的阻值，可调节基极的偏置电压，从而调节基极电流 I_B 的大小。每取一个 I_B 值，从毫安表可读取集电极电流 I_C 和发射极电流 I_E 的相应值，实验数据见表 1-4-1。

表 1-4-1　三极管各极电流实验数据

实验项目	实验次数					
	1	2	3	4	5	6
I_B / mA	0	0.01	0.02	0.03	0.04	0.05
I_C / mA	0.01	0.56	1.14	1.74	2.33	2.91
I_E / mA	0.01	0.57	1.16	1.77	2.37	2.96

将表中数据进行比较分析，可得出如下结论。

（1）三个电流之间的关系符合基尔霍夫电流定律，即

$$I_\mathrm{E} = I_\mathrm{C} + I_\mathrm{B}$$

（2）I_B 很小，$I_\mathrm{C} \approx I_\mathrm{E}$。$I_\mathrm{B}$ 虽很小，但对 I_C 有很强的控制作用，I_C 随 I_B 的变化而变化。例如，I_B 由 0.03mA 增加到 0.04mA，I_C 从 1.74mA 增加到 2.33mA，则

$$\beta = \frac{\Delta I_\mathrm{C}}{\Delta I_\mathrm{B}} = \frac{2.33 - 1.74}{0.04 - 0.03} = 59$$

式中，β 称为三极管电流放大系数。它反映晶体管电流放大的能力，也就是说基极电流 I_B 对集电极电流 I_C 的控制能力，这种电流控制能力称为电流放大作用。

三、三极管的特性及主要参数

1. 三极管的特性

三极管的特性曲线全面反映三极管各电极电压与电流之间的关系，可通过实验测试，测试电路如图 1-4-5 所示。

1）输入特性

在三极管 U_CE 一定的条件下，基极电流 I_B 与加在三极管基极与发射极之间的电压 U_BE 的关系称为输入特性，如图 1-4-6 所示。

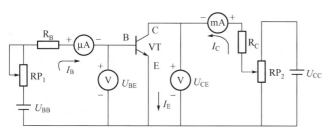

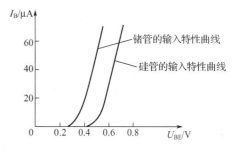

图 1-4-5　三极管的特性测试电路　　　　图 1-4-6　三极管的输入特性曲线

测量输入特性时，先固定 $U_\mathrm{CE} \geq 0$，调节 RP_1，测量出相应的 I_B 和 U_BE 值，便可得到一条输入特性曲线。三极管的输入特性曲线与二极管的正向特性曲线相似，只有当发射结的正向电压 U_BE 大于死区电压（硅管 0.5V，锗管 0.1V）时，才产生基极电流 I_B，三极管才会导通。当三极管工作在放大状态时，发射结两端的电压为常数，硅管为 0.7V，锗管为 0.3V。

2）输出特性

在 I_B 一定的条件下，三极管集电极电流 I_C 与集电极、发射极间电压 U_CE 之间的关系称为输出特性，如图 1-4-7 所示。

在三极管的特性曲线测试电路中，先调节 RP_1 为一定值，例如 $I_\mathrm{B}=40\mu\mathrm{A}$，然后调节 RP_2 使 U_CE 由零开始逐渐增大，就可作出 $I_\mathrm{B}=40\mu\mathrm{A}$ 时的输出特性。同样做法把 I_B 调到 $0\mu\mathrm{A}$，$20\mu\mathrm{A}$，$60\mu\mathrm{A}$，…，就得到如图 1-4-7 所示的一簇输出特性曲线。

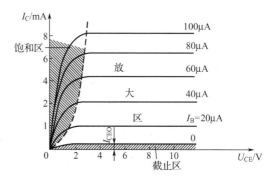

图 1-4-7　三极管的输出特性曲线

由图 1-4-7 可知，三极管的输出特性可分为三个区域，即截止区、放大区和饱和区，不同的区域对应着三极管不同的工作状态，见表 1-4-2。

综上所述，三极管工作在放大区，具有电流放大作用，常用来构成各种放大电路；三极管工作在截止区和饱和区，相当于开关的断开和闭合，常用于开关控制和数字电路。

2. 三极管的主要参数

三极管的参数反映了三极管的性能和安全应用范围，是正确选择和使用三极管的依据。三极管的主要参数见表 1-4-3。

表 1-4-2　输出特性曲线的三个区域

名称	截止区	放大区	饱和区
范围	$I_B = 0$ 曲线以下区域，几乎与横轴重合	平坦部分线性区，几乎与横轴平行	曲线上升和弯曲部分
条件	发射结反偏（或零偏），集电结反偏。即 $U_B \leq U_E$，PNP 型晶体管则相反	发射结正偏，集电结反偏。即对于 NPN 型三极管 $U_C > U_B > U_E$，PNP 型三极管则与之相反	发射结正偏，集电结正偏（或零偏）。即对于 NPN 型三极管 $U_C \leq U_B$，PNP 型三极管则与之相反
特征	$I_B = 0$，$I_C = I_{CEO} \approx 0$	（1）当 I_B 一定时，I_C 的大小与 U_{CE} 基本无关，具有恒流特性 （2）I_B 对 I_C 有很强的控制作用，即 $\Delta I_C = \beta \Delta I_B$，具有电流放大作用	（1）各电极电流都很大，I_C 为一个常数，且不受 I_B 控制，三极管失去放大作用 （2）$U_{CE} = U_{CES}$ 为一个常数，小功率硅管为 0.3V，锗管为 0.1V
工作状态	截止状态，C、E 间相当于开关断开	放大状态	饱和状态，C、E 间相当于开关闭合，无放大作用

表 1-4-3　三极管的主要参数

类型	参数	符号	说明	选用
电流放大系数	共射极直流电流放大系数	β	三极管集电极电流与基极电流的比值，即 $\bar{\beta} = I_C / I_B$，反映三极管的直流电流放大能力	同一个三极管，在相同的工作条件下 $\bar{\beta} = \beta$，应用中不再区分，均用 β 来表示。选管时，β 值应恰当，β 太小，放大作用差；β 太大，性能不稳定。通常选用 β 为 30～100 的管子
	共射极交流电流放大系数	β	三极管集电极电流的变化量与基极电流的变化量之比，即 $\beta = \Delta I_C / \Delta I_B$，反映三极管的交流电流放大能力	
极间反向电流	集电极—基极间的反向饱和电流	I_{CBO}	发射极开路时，C—B 极间的反向饱和电流	I_{CBO} 越小，三极管的温度稳定性越好
	集电极—发射极间的反向饱和电流	I_{CEO}	基极开路时（$I_B = 0$），C—E 极间的反向电流，好像是从集电极直接穿透三极管到达发射极的电流，故又叫做"穿透电流"	$I_{CEO} = (1 + \beta) I_{CBO}$，反映了三极管的温度稳定性。选管子时 I_{CEO} 越小，管子受温度影响越小，工作越稳定
极限参数	集电极最大允许电流	I_{CM}	集电极电流过大时，三极管的 β 值要降低，一般规定 β 值下降到正常值的 2/3 时的集电极电流为集电极的最大允许电流	使用时一般 $I_C < I_{CM}$，否则管子易烧毁。选管时，$I_{CM} \geq I_C$
	集电极—发射极间的反向击穿电压	$U_{(BR)CEO}$	基极开路时，加在 C 与 E 极间的最大允许电压	使用时，一般 $U_{CE} < U_{(BR)CEO}$，否则易造成管子击穿。选管时，$U_{(BR)CEO} \geq U_{CE}$
	集电极最大允许耗散功率	P_{CM}	集电极消耗功率的最大限额 P_{CM} 的大小与环境温度有密切关系，温度升高，P_{CM} 减小。对于大功率三极管，使用时应在管子上加装规定大小的散热器或散热片，以降低管子的温度	工作时，$I_C U_{CE} < P_{CM}$，否则管子会因过热而损坏。选管时，$P_{CM} \geq I_C U_{CE}$

3．三极管的选用与代换

1）三极管的选用

为了保证三极管在使用中的安全，不至于因过电流、过电压、过热而造成损坏，所以必须正确合理地选择三极管。选择三极管时，必须考虑穿透电流、电流放大系数、集电极耗散功率、最大反向击穿电压等参数不能超过规定的最大额定值。其中，电流放大系数选用 30～100，反向击穿电压应大于电源电压的 2 倍，集电极耗散功率应根据不同电路进行合理选择。

2）三极管的代换

代换时一般应采用同型号的管子，没有同型号的管子时，可查手册选用类型相同、特性相近的管子代换（新管子的极限参数应大于或等于原管子的极限参数）。

 **任务实施**

一、任务准备

实施本任务教学所使用的实训设备及工具材料可参考表 1-4-4。

表 1-4-4 实训设备及工具材料

序号	分类	名称	型号规格	数量	单位	备注
1	工具	万用表	MF47 型	1	套	
2	设备器材	晶体三极管	3DG6	2	个	1 好 1 坏
3		晶体三极管	3DG12	2	个	1 好 1 坏
4		晶体三极管	3AX31A	2	个	1 好 1 坏
5	设备器材	晶体三极管	3DD3A	2	个	1 好 1 坏
6		晶体三极管	3AA7	2	个	1 好 1 坏
7		晶体三极管	9012	2	个	1 好 1 坏
8		晶体三极管	9013	2	个	1 好 1 坏

二、三极管的识别与检测

1．用直观法识别三极管的极性

三极管的引脚排列是有规律的，一般在管子外壳上标有标志，使用时可根据外壳上的标志进行三极管的极性识别。其具体方法如下。

（1）9012、9013、9014、9015、9018 系列小功率三极管，把显示文字平面朝自己，引脚朝下放置，则从左向右依次为 E、B、C，如图 1-4-8 所示。

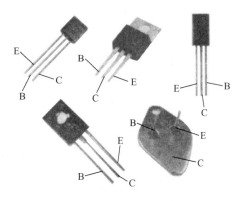

图 1-4-8 常用三极管外形及管极排列

（2）对于中小功率塑料封装三极管，使其平面朝自己，引脚朝下放置，则从左向右依次为 E、B、C，如图 1-4-8 所示。

（3）对于大功率三极管则使其引脚朝上，较大平面部分朝下，则左侧引脚为基极 B，右侧引脚为发射极 E，外壳则为集电极 C，如图 1-4-8 所示。

2. 用万用表对三极管的管型和极性进行判别

1) 确定基极与管型

检测步骤如图 1-4-9(a)所示。万用表置于 R×1k 挡。

(1) 用万用表的第一支表笔一次接三极管的一个引脚，而第二支表笔分别接另两个引脚，以测量三极管 3 个电极中每两个电极之间的正、反向电阻。

(2) 当第一支表笔接某电极，而第二支表笔先后接触另外两个电极均测得较小电阻值时，则第一支表笔所接的那个电极即为基极 B。这时如果红表笔接基极，则可判定三极管为 PNP 型；如果黑表笔接基极，则可判定三极管为 NPN 型。

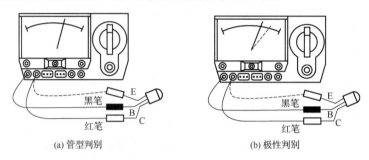

| (a) 管型判别 | (b) 极性判别 |

图 1-4-9 用指针式万用表判别三极管的管型及极性

> **提示** 实际上，小功率管的基极一般排列在三个引脚的中间，可用上述方法，分别将黑、红表笔接基极，即可判定三极管的两个 PN 结是否完好（与二极管 PN 结的测量方法一样），又可确认管型。

2) 确定集电极与发射极

如图 1-4-9(b)所示是 NPN 型三极管集电极、发射极检测步骤，将万用表置于 R×1k 挡。

(1) 黑表笔接基极，用红表笔分别接触另外两个引脚时，所测得的两个电阻值将会是一个大一些，一个小一些。

(2) 在阻值小的一次测量中，红表笔所接的引脚为集电极。那么，在另一次测量中，红表笔所接引脚为发射极。

(3) 如果是 PNP 型三极管，检测时，只要将红表笔固定接三极管的基极，用黑表笔分别接触其余两个引脚进行测量，同样可以得出结论：在阻值小的一次测量中，黑表笔所接的引脚为集电极；在另一次测量中，黑表笔所接的引脚为发射极。

三、检测三极管的质量

三极管质量的检测，可通过测量三极管极间电阻的方法进行，当测得正向电阻近似无限大时，表明管子内部开路，测得反向电阻很小时，说明管子已击穿或短路，正、反向电阻相差越大越好。具体情况如下。

(1) 对于 NPN 型三极管，当黑表笔接集电极，红表笔接发射极时，所测得的电阻越大，说明穿透电流越小，质量越好。

(2) 对于 PNP 型三极管，当红表笔接集电极，黑表笔接发射极时，所测得的电阻越大，说明穿透电流越小，质量越好。

四、三极管的识别和判别

1. 三极管的识别

将准备好的 5 只三极管编号，识别其型号、类型和作用，并将结果填入表 1-4-5。

表 1-4-5 三极管的识别

序号	型号	类型	极性（NPN、PNP）
1			
2			
3			
4			
5			

2. 三极管的判别

利用指针式万用表再次逐个检测并判别每个三极管的引脚极性和质量，将结果填入表 1-4-6。

表 1-4-6 三极管的判别

序号	集电结（PN 结）正向电阻值	发射结（PN 结）正向电阻值	质量	标注各引脚
1				
2				
3				
4				
5				

 **操作提示**

（1）在测量三极管极间电阻时，要注意万用表的量程选择，否则将产生误判或损坏三极管。测量小功率三极管时，应选 R×1k 或 R×100 挡；测量大功率晶体管时，应选 R×1 或 R×10k 挡。

（2）确定集电极与发射极的测量过程中，基极与集电极不能直接相连，以免引起误判。

 **任务测评**

对任务实施的完成情况进行检查，并将结果填入表 1-4-7。

表 1-4-7 评分标准

序号	项目内容	评分标准	配分	扣分	得分
1	学习态度	（1）对学习不感兴趣，扣 5 分 （2）观察不认真，扣 5 分	10		
2	协作精神	协作意识不强，扣 10 分	10		
3	三极管的识别与检测	（1）管型、极性判别错误，每个扣 10 分 （2）质量判断结果错误，每个扣 5 分	60		
4	万用表的使用	（1）不会读数，扣 10 分 （2）万用表使用不正确，扣 10 分	10		

（续表）

序号	项目内容	评分标准	配分	扣分	得分
5	安全文明生产	（1）违反安全文明生产，扣 10 分 （2）损坏元器件及仪表，扣 10 分	10		
6	合计				
7	开始时间		结束时间		

知识拓展

用数字式万用表测试三极管极性的小技巧

首先将数字式万用表置于测试二极管挡，用数字式万用表的红表笔接触三极管的其中一个引脚，而用万用表黑表笔去测试其余的引脚，直到测试出如下结果：

（1）如果三极管的黑表笔接其中一个引脚，而红表笔测其他两个引脚都导通并有电压显示，那么此三极管为 PNP 型三极管，且黑表笔所接的引脚为三极管的基极 B，用上述方法测试时数字式万用表的红表笔接其中一个引脚的电压稍高，那么此引脚为三极管的发射极 E 极，剩下的电压偏低的那个引脚为集电极 C。

（2）如果三极管的红表笔接其中一个引脚，而黑表笔测其他两个引脚都导通并有电压显示，那么此三极管为 NPN 型三极管，且红表笔所接的引脚为三极管的基极 B，用上述方法测试时数字式万用表的黑表笔接其中一个引脚的电压稍高，那么此引脚为三极管的发射极 E，剩下的电压偏低的那个引脚为集电极 C。

巩固与提高

一、判断题（正确的打"√"，错误的打"×"）

1．三极管有两个 PN 结，因此它具有单向导电性。 （　　）

2．三极管的集电极和发射极可以互换使用。 （　　）

3．NPN 型三极管和 PNP 型三极管可以互换使用。 （　　）

4．NPN 型三极管和 PNP 型三极管的工作电压极性相同。 （　　）

5．当三极管的发射结正向偏置，集电结反向偏置时，三极管有电流放大作用。
 （　　）

6．三极管工作在放大区时，其基极电流可以无限增加。 （　　）

7．三极管集电极电流与集电极、发射极间的电压无关。 （　　）

8．三极管集电极电流可以无限增加。 （　　）

9．三极管的电流放大系数越大越好。 （　　）

10．三极管有电压放大作用，可以实现电压放大。 （　　）

11．温度升高，三极管穿透电流增大，管子工作稳定性变差。 （　　）

12．选择三极管时，只要考虑其 $P_{CM} < I_C U_{CE}$ 即可。 （　　）

二、选择题（请将正确答案的序号填入括号内）

1．NPN 型硅三极管工作在放大区，其发射结电压为（　　）。

　　A．0.7V　　　　　　B．0.5V　　　　　　C．0.3V　　　　　　D．1V

2. NPN 型硅三极管工作在放大区，其集电极电位（　　）。

    A．最高　　　　　B．居中　　　　　C．最低　　　　　D．不定

3. NPN 型硅三极管工作在饱和区，其集电极电位（　　）。

    A．高于基极电位　B．低于基极电位　C．等于基极电位　D．不定

4. 集电极最大允许电流 I_{CM} 一般规定为 β 值下降到正常值的（　　）时的集电极电流。

    A．3/4　　　　　B．1/2　　　　　C．1/3　　　　　D．2/3

5. P_{CM} 的大小与环境温度有密切关系，温度升高，P_{CM}（　　）。

    A．增大　　　　　　　　　　　　B．减小

    C．与温度成正比变化　　　　　　D．与温度成反比变化

6. 三极管工作在饱和区相当于（　　）。

    A．一个放大元件　B．一个断开的开关　C．一个电阻　　D．一个闭合的开关

7. 三极管三个电极的电流关系是（　　）。

    A．$I_E = I_B + I_C$　B．$I_E = I_B - I_C$　C．$I_C = I_E + I_B$　D．$I_B = I_C + I_E$

8. 三极管的集电极和发射极互换使用后其电路放大系数（　　）。

    A．很大　　　　　B．不变　　　　　C．不定　　　　　D．很小

9. 关于三极管，下面说法错误的是（　　）。

    A．有 NPN 型和 PNP 型两种　　　　B．有电流放大作用

    C．发射极和集电极不能互换使用　　D．等于两个二极管的简单组合

10. 三极管的输出特性曲线可分为三个区，其中不包括（　　）。

    A．截止区　　　　B．饱和区　　　　C．放大区　　　　D．击穿区

11. 三极管电流放大的实质是（　　）。

    A．把小能量换成大能量　　　　　　B．把低电压放大成高电压

    C．把小电流放大成大电流　　　　　D．用较小的电流控制较大的电流

12. 在三极管放大器中，三极管各引脚电位最高的是（　　）。

    A．NPN 管的集电极　　　　　　　　B．PNP 管的集电极

    C．NPN 管的发射极　　　　　　　　D．PNP 管的基极

13. 三极管的伏安特性是指它的（　　）。

    A．输入特性　　　　　　　　　　　B．输出特性

    C．输入特性和输出特性　　　　　　D．正向特性

14. 三极管可分为（　　）种工作状态。

    A．一　　　　　　B．两　　　　　　C．三　　　　　　D．四

15. 三极管的穿透电流 I_{CEO} 大，说明其（　　）。

    A．工作电流大　B．击穿电压高　　C．寿命长　　　　D．热稳定性差

16. 用万用表 R×1k 挡测量一只正常的三极管，若用红表笔接触一只引脚，黑表笔分别接触另外两只引脚时，测得的电阻都很大，则该三极管是（　　）。

    A．PNP 型　　　　B．NPN 型　　　　C．无法确定

17. 用万用表的电阻挡测得三极管任意两引脚间的电阻均很小，说明该管（　　）。

    A．两个 PN 结均击穿　　　　　　　B．两个 PN 结均开路

    C．发射结击穿，集电结正常　　　　D．发射结正常，集电结击穿

18. 三极管（　　）说明坏了。

A．B、E 极间 PN 结正向电阻很小　　　　B．B、C 极间 PN 结反向电阻很大

C．B、C 极间 PN 结正向电阻很小　　　　D．B、C 极间 PN 结正反向电阻差别不大

19. 用万用表的红表笔接触三极管的一只引脚，黑表笔接触另两只引脚，测得电阻均较小，则说明该三极管是（　　）。

A．PNP 管　　　　B．NPN 管　　　　C．晶闸管　　　　D．无法确定

20. 用万用表的电阻挡来判断三极管三个脚的方法是（　　）。

A．先找 E，再找 C 和 B 及判定类型

B．先找 C 并判定类型，再找 B 和 E

C．先找 B 并判定类型，再找 E 和 C

21. 锗低频小功率三极管的型号为（　　）。

A．3ZC　　　　B．3AD　　　　C．3AX　　　　D．3DD

22. 满足 $I_C=\beta I_B$ 的关系时，三极管工作在（　　）。

A．饱和区　　　　B．放大区　　　　C．截止区　　　　D．击穿区

23. 在一块正常放大的电路板上，测得三极管 1、2、3 脚对地电压分别为 -10V、-10.3V、-14V，下列符合该三极管的有（　　）。

A．NPN 型三极管　　　　　　　B．硅三极管　　　　C．1 脚是发射极

24. 三极管各极对地电位如图 1-4-10 所示，工作于饱和状态的三极管是（　　）。

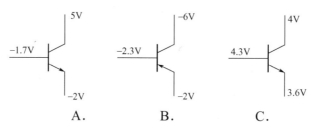

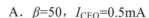

图 1-4-10

25. 如图 1-4-11 所示电路，电源电压为 9V，三极管 C、E 极间电压为 4V，E 极电压为 1V，说明该三极管处于（　　）状态。

A．放大　　　　B．截止

C．饱和　　　　D．短路

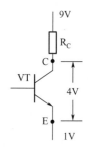

图 1-4-11

26. 有三只三极管，除 β 和 I_{CEO} 不同外，其他参数一样，用做放大器件时，应选用（　　）。

A．β=50，I_{CEO}=0.5mA

B．β=140，I_{CEO}=2.5mA

C．β=10，I_{CEO}=0.5mA

27. 三极管的穿透电流 I_{CEO} 大，说明其（　　）。

A．工作电流大　　　　B．击穿电压高　　　　C．寿命长　　　　D．热稳定性差

28. 某三极管的 P_{CM}=100mW，I_{CM}=20mA，$U_{BR(CEO)}$=30V，如果将它接在 I_C=15mA，U_{CE}=20V 的电路中，则该管（　　）。

A．被击穿 　　　　　　 B．工作正常 　　　　　　 C．功耗太大，过热甚至烧坏

三、简答题

1．三极管是由两个 PN 结组成的，是否可以由两个二极管连接组成一个三极管使用？

2．三极管的主要功能是什么？放大的实质是什么？放大能力用什么来衡量？

3．电路中接有一个三极管，不知其型号，测出它的三个引脚的电位分别为 10.5V、6V、6.7V，试判别管子的三个电极，并说明这个三极管是哪种类型的，是硅管还是锗管？

4．有两个三极管，第一个管子的 $\beta = 50$，$I_{CEO} = 10\mu A$；第二个管子的 $\beta = 150$，$I_{CEO} = 200\mu A$，其他参数相同，用于放大时，哪一个管子更合适？

 # 任务 5　　串联型直流稳压电源的装配与调试

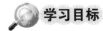 **学习目标**

知识目标：

1．掌握串联型直流稳压电源的组成、工作原理。

2．能正确识读串联型直流稳压电源的原理图、接线图和布置图。

能力目标：

1．掌握手工焊接操作技能，能按照工艺要求正确焊装串联型直流稳压电源。

2．会进行串联型直流稳压电源的测试，并能独立排除调试过程中出现的故障。

 工作任务

电子设备一般都需要直流电源供电。这些直流电除了少数直接利用干电池和直流发电机外，大多数是采用把交流电（市电）转变为直流电的直流稳压电源。如图 1-5-1 所示就是一种串联型直流稳压电源电路的原理图，其焊接装配的实物图如图 1-5-2 所示。

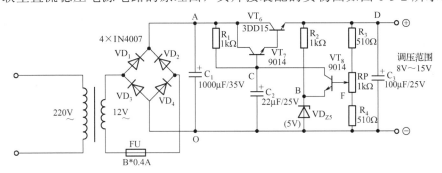

图 1-5-1　串联型直流稳压电源电路的原理图

图 1-5-2　串联型直流稳压电源电路的焊接实物图

本次任务的主要内容是，根据给定的技术指标，按照原理图装配并调试出一个输出电压稳定，并能在一定范围内连续可调，满足工艺要求的串联型直流稳压电路；同时能独立解决调试过程中出现的故障。

 任务分析

串联型直流稳压电源电路主要由整流滤波、基准电压、取样电路、比较放大电路和调整电路五部分构成。因此，在进行本次任务的学习时，必须首先了解稳压二极管的结构、符号以及主要参数，熟悉串联型直流稳压电源电路，进而掌握串联型直流稳压电源电路的装配和调试方法。

 **相关知识**

一、稳压二极管及主要参数

1. 稳压二极管

稳压二极管是采用硅半导体材料通过特殊工艺制造的，专门工作在反向击穿区的一个平面型二极管。由于能稳压，所以称为稳压二极管。其伏安特性和图形符号如图 1-5-3 所示。

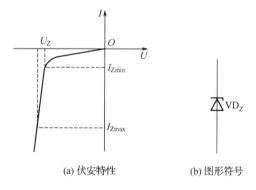

(a) 伏安特性   (b) 图形符号

图 1-5-3   稳压二极管工作伏安特性和图形符号

由伏安特性可知，当稳压二极管工作在反向击穿区时，由于反向特性曲线很陡，反向电流在很大范围变化时，其两端电压却基本保持不变，能起到稳压作用。但是，外电路必须有很好的限流措施，保证稳压二极管击穿后通过的电流不超过最大的稳定电流，否则稳压二极管会因过热而损坏。

2. 稳压二极管的主要参数

1）稳定电压 U_Z

稳压二极管的反向击穿电压称为稳定电压，它是稳压二极管正常工作时两端的电压。

2）稳定电流 I_Z

稳定电流是指稳压二极管能稳压的最小电流。

3）最大耗散功率 P_{ZM} 和最大稳定电流 I_{ZM}

P_{ZM} 和 I_{ZM} 是为了保证管子不被热击穿而规定的极限参数，由管子允许的最高结温决定，即 $P_{ZM} = U_Z I_{ZM}$。

4）动态电阻 r_Z

动态电阻是稳压范围内电压变化量与相应的电流变化量之比，即 $r_Z = \Delta U_Z / \Delta I_Z$，该值越小越好。

二、并联型稳压电路

并联型稳压电路（又称稳压二极管稳压电路）如图 1-5-4 所示。它由稳压二极管 VD 和限流电阻 R_1 组成。U_i 是稳压电路的输入电压，稳压电路的输出电压就是稳压二极管的稳定电压，即 $U_o = U_Z$。

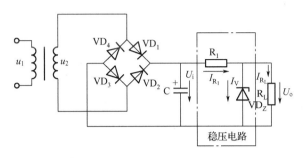

图 1-5-4   并联型稳压电路

其稳压过程如下：

若电网电压上升 $\to U_i \uparrow \to U_o \uparrow \to I_V \uparrow \to I_{R_1} \uparrow \to U_{R1} \uparrow \to U_o \downarrow$

结果使输出电压基本稳定。

若负载电阻 $R_L \downarrow \to U_o \downarrow \to I_V \downarrow \to I_{R_1} \downarrow \to U_{R_1} \downarrow \to U_o \uparrow$

结果也使输出电压基本稳定。

上述过程说明稳压二极管起到了稳压作用，同时可以看到，电阻 R_1 在稳压过程中既起到了限流作用又起到了电压的调整作用，只有稳压二极管的稳压作用与 R_1 的调压作用相配合，才能使稳压电路具有良好的稳压效果。

并联型稳压电路可以使输出电压稳定，但稳压值不能随意调节，而且输出电流很小，一般只有 20～40mA。为了加大输出电流，并使输出电压可调节，常使用串联型稳压电路。

三、并联型稳压电源的应用

并联型稳压电源适用于输出电压固定、输出电流不大，且负载变动不大的场合。

四、串联型稳压电路

1. 电路的主要环节

1）整流滤波

整流滤波电路的作用是 220V 交流电经降压、整流、滤波后，获得电压约为 16V、输出比较平滑的直流电源供电路工作。

2）基准电压

其一般由稳压二极管串联限流电阻而获得，为电路提供一个稳定的比较电压。

3）取样电路

取样电路主要由电阻器串联分压构成，其作用是将输出电压的变化量的一部分取出，加到比较放大器和基准电压进行比较。

4）比较放大电路

比较放大电路主要由三极管组成的放大电路构成，其作用是将取样电压与基准电压进行比较、放大，输出误差电压。

5）调整电路

调整电路是稳压电路的核心环节，一般采用工作在放大状态的功率三极管完成输出电源电压的调整，其基极电流受比较放大电路输出的误差信号所控制。

2．稳压原理

由图 1-5-1 所示电路原理图可知，串联型稳压电路的稳压原理如下：

当电网电压 $U_\mathrm{i}\uparrow\rightarrow U_\mathrm{o}\uparrow\rightarrow U_\mathrm{F}\uparrow\rightarrow U_\mathrm{BE8}\uparrow\rightarrow U_\mathrm{C}\downarrow\rightarrow U_\mathrm{D}\downarrow$

同理，当 U_i 下降时，U_o 应随之下降，采样电压 U_F 也随之减小，它与基准电压 U_Z 比较放大后，使调整管基极电位升高，调整管的集电极电流增大，U_CE 减小，从而使输出电压 U_D 保持基本不变。

同理，当负载发生变化，使 U_D 发生波动时，U_F 也随之变化，从而使输出电压 U_D 保持基本不变，达到稳压的目的。

3．输出电压调节范围

改变采样电路电位器 RP 抽头的位置，可以调节输出电压的大小。

从采样电路可知：

$$U_\mathrm{F} = (R_3 + R_{\mathrm{P'}} / R_3 + R_\mathrm{P} + R_4) \times U_\mathrm{D}$$

又因为

$$U_\mathrm{F} = U_\mathrm{Z} + U_\mathrm{BE8}$$

故

$$U_\mathrm{Z} + U_\mathrm{BE8} = (R_3 + R_{\mathrm{P'}} / R_3 + R_\mathrm{P} + R_4) \times U_\mathrm{D}$$

所以

$$U_\mathrm{D} = (R_3 + R_\mathrm{P} + R_4 / R_3 + R_{\mathrm{P'}}) \times (U_\mathrm{Z} + U_\mathrm{BE8})$$

当电位器抽头调至上端时，此时输出电压最小，即

$$U_\mathrm{Dmin} = (R_3 + R_\mathrm{P} + R_4 / R_3 + R_\mathrm{P}) \times (U_\mathrm{Z} + U_\mathrm{BE8})$$

当电位器抽头调至下端时，此时输出电压最大，即

$$U_\mathrm{Dmax} = (R_3 + R_\mathrm{P} + R_4 / R_3) \times (U_\mathrm{Z} + U_\mathrm{BE8})$$

 **任务实施**

一、任务准备

实施本任务教学所使用的实训设备及工具材料可参考表 1-5-1。

表 1-5-1　实训设备及工具材料

序号	分类	名称	型号规格	数量	单位	备注
1	仪表	万用表	MF47 型	1	套	

（续表）

序号	分类	名称	型号规格	数量	单位	备注
2	设备器材	碳膜电阻 R_1、R_2	1kΩ	2	个	
3		碳膜电阻 R_3、R_4	510Ω	2	个	
4		可变电阻器 RP	1kΩ	1	个	
5		电解电容 C_1	1000μF/35V	1	个	
6		电解电容 C_2	22μF/25V	1	个	
7		电解电容 C_3	100μF/25V	1	个	
8		二极管 $VD_1 \sim VD_4$	IN4007	4	个	
9		稳压二极管 VD_{Z5}	稳压 5V	1	个	
10		三极管 VT_6	3DD15	1	个	
11		三极管 VT_7、VT_8	9014	2	个	
12		电源变压器	AC 220V/12V	1	个	
13		万能电路板		1	块	
14		镀锡铜丝	ϕ0.5mm	若干	米	
15		焊料、助焊剂		若干		
16		带插头的电源线		1	条	
17		绝缘胶布		若干	个	

二、电路装配

1．绘制电路的元器件布置图

根据如图 1-5-1 所示的电路原理图，可画出本任务的元器件布置示意图，如图 1-5-5 所示。

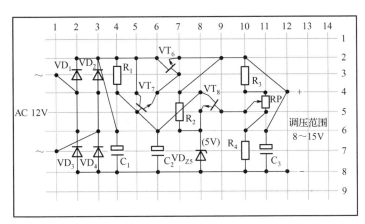

图 1-5-5　元器件布置示意图

2．元器件的检测

其他元器件的检测在前面任务中已做了介绍，在此仅就稳压二极管的检测进行介绍。

稳压二极管一般常见故障有：击穿短路、断路和稳压值不稳定等。通常情况下可以用万用表来判别稳压二极管的好坏，并对其质量进行定性分析。

利用万用表的欧姆挡，通过测量稳压二极管两脚之间的正、反电阻，根据指针摆动的情况判断其质量。

1）稳压二极管极性判别

判别稳压二极管正、负电极的方法，与判别普通二极管电极的方法基本相同，即用万用表 R×1k 挡。

（1）先将红、黑两表笔任意接稳压管的两端，测出一个电阻值。

（2）然后交换表笔再测出一个阻值。

（3）两次测得的阻值应该是 大 小，所测阻值较小的 次，即为正向接法，此时，黑表笔所接一端为稳压二极管的正极，红表笔所接的一端则为负极。好的稳压管，一般正向电阻为 10kΩ 左右，反向电阻为无穷大。

2）稳压二极管好坏判别

用万用表检测稳压二极管的质量好坏与用万用表检测普通二极管质量好坏的方法与步骤相同。若两次测量的结果很小，都趋近于零，则说明二极管已击穿；若两次测量的结果很大，趋近于∞，则说明二极管已断路。

3）判别稳压管与普通二极管的区别

首先利用万用表 R×1k 挡，把被测管的正、负电极判断出来。然后将万用表拨至 R×10k 挡上，黑表笔接被测管的负极，红表笔接被测管的正极，若此时测得的反向电阻值比用 R×1k 挡测量的反向电阻小很多，说明被测管为稳压管；反之，如果测得的反向电阻值仍很大，说明该管为整流二极管或其他二极管。

> **提示** 当被测稳压二极管的稳压值高于万用表 R×10k 挡的电压值 9V 时，用这种方法是无法进行区分鉴别的。

3．元器件的成形

所用的元器件在插装前都要按插装工艺要求进行成形。在此仅就三极管的成形进行介绍。

三极管直排式插装成形时，先用镊子将三极管的 3 根引线拉直，分别将两边引线向外弯成 60° 倾斜即可，如图 1-5-6(a)所示。

三极管跨排式插装成形时，用镊子将三极管的 3 根引线拉直，然后将中间引线向前或向后弯成 60° 倾斜即可，如图 1-5-6(b)所示。

4．元器件的插装焊接

依据图 1-5-5 所示的元器件布置示意图，按照装配工艺要求进行元器件的插装焊接。在此仅就三极管的插装方式进行介绍。

三极管的插装分为直排式和跨排式，如图 1-5-7 所示。

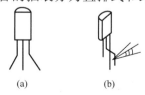

(a)　　　　　　　(b)

图 1-5-6　三极管成形示意图

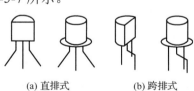

(a) 直排式　　　　(b) 跨排式

图 1-5-7　三极管的插装

三极管一般有两种封装：一种是塑封，另一种是金属封装。直排式为 3 根引线并排插入 3 个孔中，大多为塑封管。跨排式 3 引脚成一定角度插入印制板中，大多为金属封装，但也有塑封管。

提示

（1）晶体管采用垂直安装，晶体管底部离开电路板 5mm，注意引脚应正确。

（2）微调电位器贴紧电路板安装，不能歪斜。

5．镀锡裸铜丝的焊接

根据电路原理图和元器件布置图进行镀锡裸铜丝的焊接。

6．焊接检查

焊接结束，首先检查电路有无漏焊、错焊、虚焊等问题。检查时可用尖嘴钳或镊子将每个元器件拉动一下，看有无松动，如果发现有松动现象，应重新焊接。

三、通电前的检查

电路安装完毕后，必须在不通电的情况下，对电路板进行认真细致的检查，以便纠正安装错误。检查中应注意以下问题：

（1）元器件引脚之间有无短路。

（2）输入交流电源有无短路。

（3）二极管极性有无接反。

（4）电解电容器的极性有无接反。

（5）三极管引脚有无接错。

四、电路测试

1．测试结果

桥式整流电容滤波电路中，已知电源变压器二次电压有效值 U_i =12V，使用示波器和万用表分别测量桥式整流电容滤波电路的输入、输出电压波形和幅值，将结果记录在表 1-5-2 中。

表 1-5-2　测试结果（1）

整流电路形式	输入电压			输出电压		
	万用表挡位	U_i/V	波形	万用表挡位	U_{AO}/V	波形
桥式整流电容滤波电路						

滑动电位器，分别测量一下电压，将输出结果填入表 1-5-3 中。

2．故障现象分析

串联型直流稳压电源电路的常见故障分析见表 1-5-4。

表 1-5-3 测试结果（2）

电位器位置	U_{D0} / V		U_{F0} / V		U_{C0} / V		U_{AD} / V	
	万用表挡位	U_{D0}	万用表挡位	U_{F0}	万用表挡位	U_{C0}	万用表挡位	U_{AD}
电位器滑到上端								
电位器滑到下端								

表 1-5-4 常见故障分析

故障现象	故障原因
无直流输出电压	（1）线路错焊 （2）启动电阻 C 点漏焊 （3）整流桥接错 （4）调整管或激励管反接或虚焊 （5）调整管或激励管损坏 （6）电解电容损坏等
输出电压不可调	（1）取样电路漏焊或虚焊 （2）电位器损坏 （3）比较放大管损坏 （4）激励管、放大管损坏
电压低，可调范围小	（1）取样元件虚焊，造成阻值增大 （2）取样放大管无放大功能 （3）稳压管接反 （4）电阻元件选用有误

3. 故障检测

（1）断开 R_4，$U_{D0}=$？ 输出能否可调？

（2）断开 R_3 或 VT_8 某一引脚，$U_{D0}=$？ 输出能否可调？

（3）断开 R_1 或 VT_6、VT_7 任一引脚，$U_{D0}=$？ 输出能否可调？

将上述测量的结果填入表 1-5-5 中。

表 1-5-5 测试结果（3）

故障现象	万用表挡位	U_{D0} / V	输出能否可调
断开 R_4			
断开 R_3 或 VT_8 某一引脚			
断开 R_1 或 VT_6、VT_7 任一引脚			

操作提示

（1）在测量时应注意万用表的量程选择，否则将损坏万用表。

（2）在调试过程中，如果 U_{D0} 不能跟随电位器 RP 线性变化，这说明稳压电路各反馈环路工作不正常。故障排除思路：分别检查基准电压 U_Z、输出电压 U_{D0}，以及比较放大器和调整管各极的电位，分析它们的工作状态是否都处在线性区，从而找出不正常工作的原因。

任务实施

对任务实施的完成情况进行检查。

知识拓展

稳压管的主要参数

稳压二极管是一个专门工作在反向击穿区的平面型二极管，由击穿到稳压，外电路必须有很好的限流措施，防止稳压二极管因过流而损坏。常用稳压二极管的主要参数见表 1-5-6。

表 1-5-6　常用稳压二极管的主要参数

型号	稳定电压 U_Z / V	稳定电流 I_Z / mA	最大稳定电流 I_{ZM} / mA	最大耗散功率 P_{ZM} / W	动态电阻 r_Z / Ω	温度系数 C_{TV} / ℃$^{-1}$
2CW52	3.2～4.5	10	55	0.25	<70	-0.08%
2CW57	8.5～9.5	5	26	0.25	<20	+0.08%
2CW23A	17～22	4	9	0.2	<80	≤0.08%
2CW21A	4～5.5	30	220	1	<40	-0.0～+0.04
2CW15	7～8.5	10	29	250	≤10	+0.07%
2DW230	5.8～6.6	10	30	<0.2	<25	±0.005%

巩固与提高

一、选择题（请将正确答案的序号填入括号内）

1. 并联型稳压电源稳压二极管工作在伏安特性的（　　）。

　　A．正向特性线性区　　　　　　　　　B．正向特性死区

　　C．反向特性　　　　　　　　　　　　D．反向特性击穿区

2. 并联型稳压电源输出电压（　　）。

　　A．等于输入电压　　　　　　　　　　B．等于稳压二极管的稳定电压

　　C．等于变压器的二次电压　　　　　　D．等于电源电压

3. 并联型稳压电源输出电压调节（　　）。

　　A．不方便　　　　　B．方便　　　　　C．一般　　　　D．随时

4. 串联型稳压电源带负载能力（　　）。

　　A．差　　　　　　　　　　　　　　　B．强

　　C．不如并联型稳压电源　　　　　　　D．一般

5. 串联型稳压电源比较放大电路中的三极管工作在（　　）。

　　A．截止区　　　　　B．饱和区　　　　C．放大区　　　　D．非线性区

6. 串联型稳压电源是一个（　　）。

　　A．闭环放大系统　　　　　　　　　　B．开环系统

　　C．非线性电路

7. 串联型稳压电源输出电阻越大（　　）。

  A．稳压效果越好　　　　　　　　　　B．稳压效果越差

  C．带负载能力越强　　　　　　　　　　D．输出电压越高

8. 串联型稳压电源调整管与负载（　　）。

  A．并联　　　　　　B．串联　　　　　　C．混联　　　　　　D．串并联

9. 串联型稳压电源调整管是（　　）。

  A．非线性器件　　　　　　　　　　　　B．线性器件

  C．工作在饱和区　　　　　　　　　　　D．工作在截止区

10. 稳压管是利用其伏安特性的（　　）特性进行稳压的。

  A．反向　　　　B．反向击穿　　　C．正向起始　　　D．正向导通

11. 有两个 2CW15 稳压二极管，一个稳压值是 8V，另一个稳压值是 7.5V，若把它们用不同的方式组合起来，可组成（　　）种不同的稳压值。

  A．3　　　　　　B．2　　　　　　C．5　　　　　　D．6

12. 在并联型稳压电路中，稳压管与负载（　　）。

  A．串联　　　　　　B．并联　　　　C．有时串联，有时并联　　　D．混联

13. 串联型稳压电路实际上是一种（　　）电路。

  A．电压串联负反馈　　　　　　　　　　B．电压并联负反馈

  C．电流并联负反馈　　　　　　　　　　D．电流串联负反馈

14. 当负载增加时，稳压电路的作用是（　　）。

  A．使输出电压随负载同步增长，保持输出电流不变

  B．使输出电压几乎不随负载的增加而变化

  C．使输出电压适当降低

  D．使输出电压适当升高

15. 串联型稳压电路中取样电路的作用是（　　）。

  A．提供一个基本稳定的直流参考电压　　B．取出输出电压变动量的一部分

  C．自动调整管压降的大小　　　　　　　D．取出输入电压变动量的一部分

16. 稳压二极管（　　），它一般工作在（　　）状态。

  A．不是二极管　　　　B．是特殊的二极管　　　　C．正向导通

  D．反向截止　　　　　　F．反向击穿

17. 某只硅稳压二极管的稳定电压 $U_Z = 4V$，其两端施加的电压分别为 +5V（正向偏置）和 –5V（反向偏置）时，稳压二极管两端的最终电压分别为（　　）。

  A．+5V 和 –5V　　　　　　　　　　　B．–5V 和 +4V

  C．+4V 和 –0.7V　　　　　　　　　　D．+0.7V 和 –4V

18. 两个稳压管的稳压值为 6V 和 9V，正向压降均为 0.7V，则用这两种稳压管串联可以组成（　　）种稳压值的稳压电路。并联可以组成（　　）种稳压值的稳压电路。

  A．2　　　　　　B．3　　　　　　C．4

19. 稳压二极管一般工作在（　　）状态。

  A．正向导通　　　　B．反向截止　　　　C．反向击穿

20. 稳压二极管电路如图 1-5-8 所示，稳压管稳压值 $U_Z=6.3\text{V}$，正向导通压降 $U_D=0.3\text{V}$，其输出电压为（   ）。

　　A．0.3V　　　　　　B．0.7V　　　　　　C．7V　　　　　　D．14V

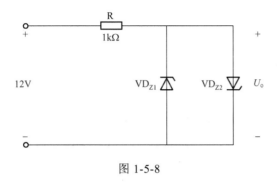

图 1-5-8

21. 并联型稳压电路适用的场合是____。串联型稳压电路适合的场合是____。（   ）
　　A．输出电流较大（几百毫安至几安）；输出电压可调、稳定性能要求较高的场合
　　B．输出电流不大（几毫安至几十毫安）；输出电压固定、稳定性能要求不高的场合
　　C．输出电流不大（几百毫安至几安）；输出电压可调、稳定性能要求较高的场合
　　D．输出电流较大（几百毫安至几安）；输出电压固定、稳定性能要求不高的场合

22. 当负载增加时，稳压电路的作用是（   ）。
　　A．使输出电压随负载同步增长，保持输出电流不变
　　B．使输出电压几乎不随负载的增加而变化
　　C．使输出电压适当降低
　　D．使输出电压适当升高

23. 在串联型稳压电路中，若取样电路中可变电阻 RP 向下滑动时，输出电压（   ）。
　　A．升高　　　　　　B．降低　　　　　　C．不变

24. 串联型稳压电路中的放大环节放大的对象是（   ）。
　　A．基准电压　　　　B．取样电压　　　　C．基准电压与取样电压之差

25. 若把串联型稳压电路中的放大环节换成运放电路，则运放必须工作在（   ）。
　　A．线性区　　　　　B．非线性区

二、简答题

1. 在图 1-5-9 所示硅稳压管稳压电路中，电阻 R 在电路中起什么作用？$R=0$，电路还有稳压作用吗？R 阻值的大小对电路的稳压性能有何影响？若稳压管击穿损坏或断路对输出电压有什么影响？

2. 直流稳压电源主要由哪几部分组成？

3. 串联型稳压电源由哪几部分组成？

4. 某学生设计的稳压电源（要求输出电压极性为下正上负）的原理如图 1-5-10 所示，试指出图中的错误，应如何改正？

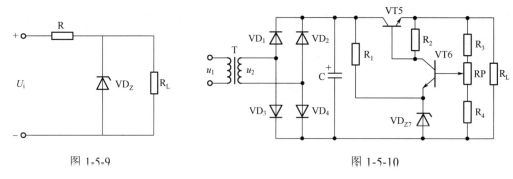

图 1-5-9   图 1-5-10

5．在图 1-5-11 所示电路调试过程中发现如下问题，试分析可能原因。

（1）输出电压为零，调节 RP_1 已无效。

（2）输出电压偏高，调不下来。

（3）输出电压偏低，调不上去。

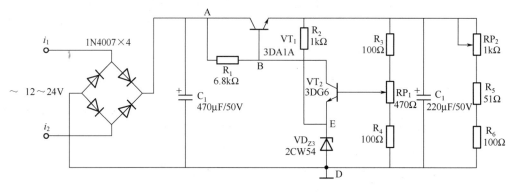

图 1-5-11

三、计算题

1．有一个串联稳压电路，交流电压 $U_i=220V$，变压器的电压比为 10。求：（1）整流输出电压 U_L；（2）若 $U_Z=6V$，分压比为 1.2 时，求 U_o。

2．直流电源如图 1-5-12 所示，已知 $U_o=24\,V$，稳压管稳压值 $U_Z=5.3\,V$，三极管的 $U_{BE}=0.7\,V$。

（1）试估算变压器二次侧电压的有效值；

（2）若 $R_3=R_4=R_P=300\Omega$，试计算 U_L 的可调范围。

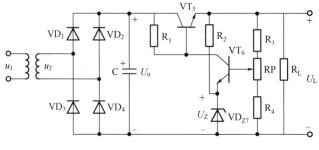

图 1-5-12

任务 6　集成稳压电路的装配与调试

学习目标

知识目标：

1. 掌握集成稳压电路的装配与调试。
2. 能正确识读集成稳压电路的装配与调试的原理图、接线图和布置图。

能力目标：

1. 能够掌握手工焊接操作技能，会按照工艺要求正确焊装集成稳压电路。
2. 会进行集成稳压电路的装配与调试源的测试，并能独立排除调试过程中出现的故障。

工作任务

随着半导体工艺的发展，稳压电路也制成了集成器件。由于集成稳压器具有体积小、外接线路简单、使用方便、工作可靠和通用性好等优点，因此在各种电子设备中应用十分普遍，基本上取代了由分立元件构成的稳压电路。如图 1-6-1 所示是由集成稳压器 7812 构成的输出电流为 100mA 的串联型稳压电源电路原理图，其焊接装配的示意图如图 1-6-2 所示。

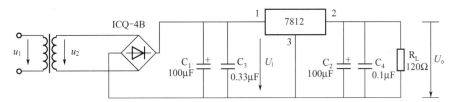

图 1-6-1　由集成稳压器 7812 构成的串联型稳压电源电路原理图

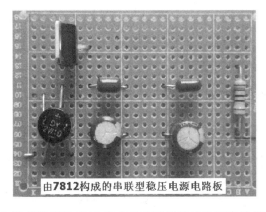

图 1-6-2　由集成稳压器 7812 构成的串联型稳压电源电路的装配示意图

本次任务的主要内容是，根据给定的技术指标，按照电路原理图装配并调试出满足工艺要求和技术要求的合格电路，并能独立解决调试过程中出现的故障。

 **任务分析**

通过对原理图分析可知，图中所用集成稳压器 7812，它的主要参数有输出直流电压 U_o=+12V，输入电压 U_i 为 15～17V。一般 U_i 要比 U_o 大 3～5V，才能保证集成稳压器工作在线性区。因此，在进行本次任务的学习时，必须首先了解集成稳压器的性能指标，熟悉三端稳压器的外形和基本接线图，进而掌握集成稳压器稳压电源的调试方法，具备集成稳压器稳压电源的组装和调试能力。

 **相关知识**

一、CW7800 和 CW7900 系列三端集成稳压器

集成稳压器的种类很多，使用时，应根据电子设备对直流电源的要求来进行选择。对于大多数电子仪器和设备来说，通常选用串联线性集成稳压器，而在这种类型的器件中，又以三端式稳压器应用最为广泛。

CW7800、CW7900 系列三端式稳压器的输出电压是固定的，在使用中不能进行调整。CW7800 系列三端式稳压器输出正极性电压，一般有 5V、6V、9V、12V、15V、18V、24V 七个档次，输出电流最大可达 1.5A（加散热片）。同类型 78M 系列稳压器的输出电流为 0.5A，78L 系列稳压器的输出电流为 0.1A。79 系列三端式稳压器输出负极性电压。如图 1-6-3 所示为 CW7800 系列三端式稳压器的外形和符号。它有三个引出端：输入端（不稳定电压输入端），标以"1"；输出端（稳定电压输出端），标以"2"；公共端，标以"3"。

图 1-6-3 CW7800 系列三端式稳压器的外形及符号

除固定输出三端式稳压器外，还有可调式三端式稳压器，后者可通过外接元件对输出电压进行调整，以适应不同的需要。

二、三端式稳压器的应用

1. 单电源电压输出稳压电路

图 1-6-4 所示是用 CW7800 系列三端式稳压器构成的单电源电压输出串联型稳压电源电路。

其中整流部分采用了由四个二极管组成的桥式整流器（又称桥堆），型号为 ICQ-4B，内部接线和外部引脚如图 1-6-5 所示。滤波电容 C_1、C_2 一般选取几百至几千微法。当稳压器距离整流滤波电路比较远时，在输入端必须接入电容器 C_3，以抵消电路的电感效应，防止产生自激振荡。输出端电容 C_4 用以滤除输出端的高频信号，改善电路的暂态效应。

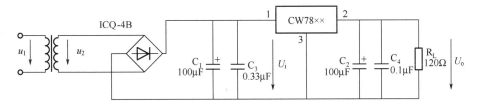

图 1-6-4 由 CW7800 构成的串联型稳压电源电路

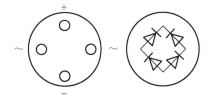

图 1-6-5 ICQ-4B 引脚

2．同时输出正、负电压的稳压电路

同时输出正、负电压的稳压电路如图 1-6-6 所示。

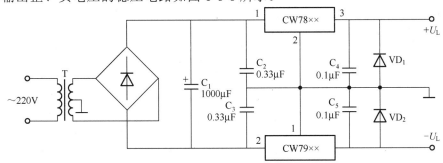

图 1-6-6 同时输出正、负电压的稳压电路

3．三端集成稳压器输出电压、电流扩展电路

当集成稳压器本身的输出电压或输出电流不能满足要求时，可通过外接电路来进行性能扩展。

图 1-6-7 所示是一种简单的输出电压扩展电路。如 CW7812 稳压器的 3、2 端间输出电压为 12V，因此只要适当选择 R_1 的阻值，使稳压二极管 VD_Z 工作在线性区，则输出电压 $U_o =$ 12V$+U_Z$，可以高于稳压电路的输出电压。

图 1-6-8 所示是通过外接三极管 VT 及电阻 R_1 来进行电流扩展的电路。电阻 R_1 的阻值由外接三极管 VT 的发射结导通电压 U_{BE}、三端式稳压器的输入电流 I_i（近似等于三端式稳压器的输出电流 I_{o1}）和三极管 VT 的基极电流 I_B 来决定，即

$$R_1 = \frac{U_{BE}}{I_B} = \frac{U_{BE}}{I_i - I_B} = \frac{U_{BE}}{I_{o1} - \frac{I_C}{\beta}}$$

式中，I_C 为三极管 VT 的集电极电流，其值为 $I_C = I_o - I_{o1}$；β 为三极管 VT 的电流放大倍数；对于锗管 U_{BE} 可按 0.3V 计算，对于硅管 U_{BE} 可按 0.7V 计算。

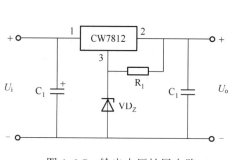

图 1-6-7 输出电压扩展电路

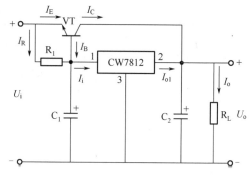

图 1-6-8 输出电流扩展电路

三、CW7800、CW7900 系列集成稳压器的型号及意义

型号中的××表示该电路输出电压值，分别为±5V、±6V、±9V、±12V、±15V、±18V、±24V 共七种。

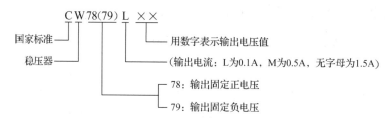

四、可调式三端稳压器

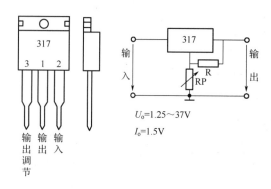

图 1-6-9 三端稳压器 317 的外形及接线

图 1-6-9 所示为可调式三端稳压器 317 的外形及接线。图 1-6-10 所示是由三端稳压器 317 组成的可调式三端稳压电源电路，通过调整电位器 RP 的阻值，可输出连续可调的直流电压，其输出电压为 1.25～37V，最大输出电流为 1.5A，稳压器内部含有过电流、过热保护电路。C_1～C_5 为滤波电容，VD_1、VD_2 为保护二极管，防止稳压器短路而损坏集成电路。$R_1 = 120\Omega$，$C_4 = 10\mu F$，$C_5 = 33\mu F$。

图 1-6-10 可调式三端稳压电源电路

任务实施

一、任务准备

实施本任务教学所使用的实训设备及工具材料可参考表 1-6-1。

表 1-6-1 实训设备及工具材料

序号	分类	名称	型号规格	数量	单位	备注
1	仪表仪器	万用表	MF47 型	1	套	
2		双踪示波器		1	台	
3	设备器材	电解电容器 C_1、C_2	100μF/50V	2	个	
4		无极性电容 C_3	0.33μF/50V	1	个	
5		无极性电容 C_4	0.1μF/50V	1	个	
6		碳膜电阻器 R_L	120	1	个	
7		桥式整流器	ICQ-4B	1	个	
8		三端式稳压器	CW7812	1	个	
9		电源变压器	AC 220V/12V	1	个	
10		万能电路板		1	块	
11		镀锡铜丝	ϕ0.5mm	若干	米	
12		焊料、助焊剂		若干		
13		带插头的电源线		1	条	
14		绝缘胶布		若干	个	

二、电路装配

1. 绘制电路的元器件布置图

根据如图 1-6-1 所示的电路原理图,可画出本任务的元器件布置示意图,如图 1-6-11 所示。

2. 元器件的检测

在此仅就 CW78×× 系列三端固定正压集成稳压器的检测进行介绍。

如图 1-6-12 所示,将万用表拨至 R×1k 挡,红表笔接 CW7812 的散热片(带小圆孔的金属片),黑表笔分别接另外 3 个脚,测得的电阻值分别为 20kΩ、0Ω、8kΩ。

由此判断出:1 脚阻值为 20kΩ,为输入端(阻值最大);2 脚阻值为 0,为公共端(接机壳);3 脚阻值为 8Ω,为输出端。

注意:表 1-6-2 和表 1-6-3 是用 MF47F 型万用表 R×1k 挡实测的 CW7806、CW7809、CW7812、CW7824 和 KA7912 的电阻值,供读者测试时对照参考。

3. 元器件的成形

所用的元器件在插装前都要按插装工艺要求进行成形。

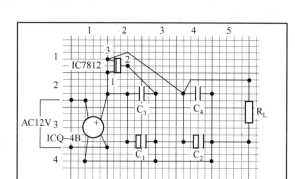

图 1-6-11　元器件布置示意图

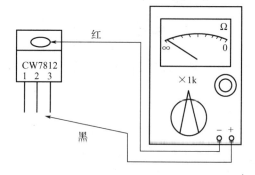

图 1-6-12　CW7812 型稳压管的检测示意图

表 1-6-2　实测 CW78×× 系列稳压器的电阻值

红表笔所接引脚	黑表笔所接引脚	正常阻值（kΩ）	不正常阻值
2	1	14～45	
2	3	4～25	
1	2	3～9	0 或 ∞
3	2	3～9	
3	1	29～60	
1	3	4.5～8	

表 1-6-3　实测 79×× 系列稳压器的电阻值

红表笔所接引脚	黑表笔所接引脚	正常阻值（kΩ）	不正常阻值
2	1	4.5	
3	1	3	
1	2	15.5	0 或 ∞
1	3	3	
2	3	4.5	
3	2	20	

4．元器件的插装焊接

依据图 1-6-11 所示的元器件布置示意图，按照装配工艺要求进行元器件的插装焊接。立式三端稳压器采用垂直安装，稳压器底部离开电路板 5mm，注意引脚应正确。

5．镀锡裸铜丝的焊接

根据电路原理图和元器件布置图进行镀锡裸铜丝的焊接。

6．焊接检查

焊接结束，首先检查电路有无漏焊、错焊、虚焊等问题。检查时可用尖嘴钳或镊子将每个元器件拉动一下，看有无松动，如果发现有松动现象，应重新焊接。

三、通电前的检查

电路安装完毕后，必须在不通电的情况下，对电路板进行认真细致的检查，以便纠正安装错误。检查中应注意以下问题：

（1）元器件引脚之间有无短路。

（2）输入交流电源有无短路。

（3）二极管极性有无接反。

（4）电解电容器的极性有无接反。

（5）CW7812 稳压器有无接反。

四、电路测试

1．初调测试

初调时，接通工频 14V 电源，测量滤波电路输出电压 U_i 和集成稳压器输出电压 U_o，它们的数值应与理论值大致符合，否则说明电路出了故障。设法查找故障并加以排除。

电路初调进入正常工作状态后，才能进行各项性能指标的调试。

2．各项性能指标的调试

（1）输出电压 U_o 和最大输出电流 $I_{o\max}$ 的调试。

在输出端接负载电阻 R_L=120Ω，由于集成稳压器 CW7812 输出电压 U_o=12V，所以流过 R_L 的电流为 $I_{o\max}$=12V/120Ω= 100mA。这时 U_o 应基本保持不变，若变化较大则说明集成电路性能不良。

（2）输出电阻 R_o 的测量 $R_o = \Delta U_o / \Delta I_o$。

（3）调节输入电压在 14～17V 变化，观察输出电压的变化情况。

操作提示

在测量负载电流时应注意万用表的量程选择，否则将损坏仪表。

任务测评

对任务实施的完成情况进行检查，并将结果填入任务测评表内。

巩固与提高

一、判断题（正确的打"√"，错误的打"×"）

1．三端集成稳压器的输出电压有正、负之分。　　　　　　　　　　　（　　）

2．三端集成稳压器型号中的××表示该电路输出电压值。　　　　　　（　　）

3．78 系列三端式稳压器输出正电压。　　　　　　　　　　　　　　　（　　）

4．317 型三端式稳压器，其输出电流为 0.5A。　　　　　　　　　　　（　　）

5．79 系列三端式稳压器的输出电压是可调的。　　　　　　　　　　　（　　）

6. 可以通过外部方式扩大集成稳压器的输出电压和电流。 （   ）

7. 三端式稳压器的 1 端与 2 端可互换使用。 （   ）

8. 三端式稳压器的输入电压 U_i 应比输出电压 U_o 大 3～5V。 （   ）

9. 7905 型三端式稳压器的输出电压是 –5V。 （   ）

10. 三端式稳压器的 1 端与 2 端之间的最小电压不能小于 3V。 （   ）

11. CW×× 系列三端集成稳压器中的调整管必须工作在开关状态。 （   ）

12. 各种集成稳压器输出电压均不可以调整。 （   ）

13. 利用三端集成稳压器组成的稳压电路，输出电压不能高于稳压器的最高输出电压。 （   ）

14. 为获得更大的输出电流，可以把多个三端集成稳压器直接并联使用。 （   ）

15. 由三端集成稳压器组成的稳压电路，输出电流只能小于或等于稳压器的最大输出电流。 （   ）

16. 利用三端集成稳压器能够组成同时输出正负电压的稳压电路。 （   ）

17. CW7800 系列和 CW7900 系列的管子输出电压极性不同，外形相似，引出端也一样。 （   ）

二、选择题（请将正确答案的序号填入括号内）

1. 7805L 型三端式稳压器输出电压为 （   ） V。
   A. 8　　　　　　　B. 5　　　　　　　C. –5　　　　　　D. 7

2. 7805L 型三端式稳压器输出电流为 （   ） A。
   A. 0.5　　　　　　B. 1.5　　　　　　C. 0.1　　　　　　D. 0.3

3. 317 型三端式稳压器，其输出电压的调整范围是 （   ） V。
   A. 1.25～37　　　B. 1～5　　　　　C. 2～7　　　　　D. 10～15

4. 79M05 型三端式稳压器的输出电流是 （   ）。
   A. 0.1A　　　　　B. 1.5A　　　　　C. 0.5mA　　　　D. 0.5A

5. 317 型三端式稳压器，其输出电流是 （   ）。
   A. 0.1A　　　　　B. 1.5A　　　　　C. 0.5mA　　　　D. 0.5A

6. 三端式稳压器的 1 端是 （   ）。
   A. 输入端　　　　B. 输出端　　　　C. 公共端　　　　D. 交流输入端

7. CW7800、CW7900 系列三端式稳压器的输出电压是 （   ）。
   A. 可调的　　　　B. 固定的　　　　C. 负电压　　　　D. 正电压

8. CW7800、CW7900 系列三端式稳压器输出电压有 （   ） 挡。
   A. 5　　　　　　　B. 8　　　　　　　C. 9　　　　　　　D. 7

9. 三端集成稳压器其扩展后的输出电压为 （   ） V。
   A. U_o　　　　　B. U_o+U_Z　　　C. U_o+10　　　D. U_o+5

10. 三端集成稳压器输出电压扩展电路中的稳压二极管应工作在 （   ）。
    A. 非线性区　　　　　　　　B. 正向特性
    C. 反向击穿区　　　　　　　D. 反向特性

11. CW7812 集成稳压器为 （   ）。

A．三端可调集成稳压器

B．三端固定式集成稳压器，输出电压为 12V

C．三端固定式集成稳压器，输出电压为–12V

12．CW317（　　）。

    A．是三端可调式集成稳压器　　　　B．输出电流为 0.1A

    C．输出电流为 0.5A　　　　　　　　D．为负压输出

13．CW337M（　　）。

    A．可调负压输出　　　　　　　　　B．可调正压输出

    C．固定负压输出　　　　　　　　　D．固定正压输出

14．三端稳压器电路如图 1-6-13 所示，这是一个扩展输出（　　）的电路。

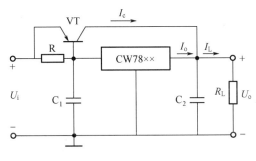

图 1-6-13

    A．电流　　　　　B．电压　　　　　C．电流和电压

15．CW117、CW217、CW317 中的 17 表示输出为（　　）系列。

    A．正电压　　　B．负电压　　　C．正电流　　　D．负电流

16．CW317 的输出电压为（　　）连续可调。

    A．5～24V　　　　　B．1.25～37V　　C．–37～–1.25V

三、简答题

1．电路元器件如图 1-6-14 所示，试将其连接成输出 5V 的直流电源（设 U_i 足够大）。

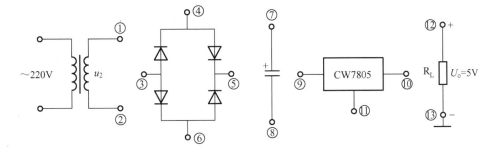

图 1-6-14

2．如图 1-6-15 所示，这是一个用三端集成稳压器组成的直流稳压电路。试说明各元器件的作用，并指出电路在正常工作时的输出电压值。

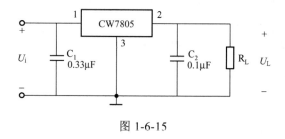

图 1-6-15

四、计算题

1. 由三端集成稳压器组成的稳压电路如图 1-6-16 所示，已知电流 $I_Q = 5mA$，试求输出电压 U_L。

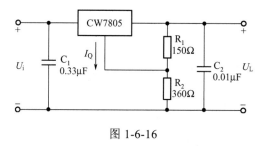

图 1-6-16

2. 已知图 1-6-17 所示电路，求输出电压 U_L 的可调范围。

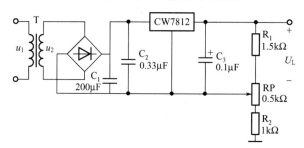

图 1-6-17

项目 2 功率放大器的装配与调试

 ## 任务 1　共发射极放大电路的装配与调试

 **学习目标**

知识目标：

1. 了解放大电路的功能，掌握三极管共发射极放大电路的组成、工作原理、主要指标、主要参数计算。

2. 掌握分压式共发射极放大电路静态工作点的稳定原理。

3. 能正确识读分压式共发射极放大电路的原理图、接线图和布置图。

能力目标：

1. 能够掌握手工焊接操作技能，会按照工艺要求正确焊装分压式共发射极放大电路。

2. 能熟练掌握电路静态工作点的调整方法和波形失真的改善，使学生能独立排除调试过程中出现的故障。

 工作任务

放大电路简称放大器，是电子设备中最常用的一种基本单元电路。无论日常使用的收音机、扬声器、电子测量仪器还是复杂的自动控制系统，其中都需要各种各样的放大电路。它是以三极管作为能量控制的主要器件，与电阻、电容组成共发射极放大电路，将信号源传来的微小电信号不失真地进行放大，如图 2-1-1 所示就是一个分压式共发射极放大电路的原理图。其焊接电路实物如图 2-1-2 所示。

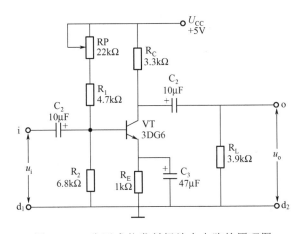

图 2-1-1　分压式共发射极放大电路的原理图

图 2-1-2　分压式共发射极放大电路的实物图

本次任务的主要内容是，根据给定的技术指标，按照原理图装配并调试电路；同时独立解决调试过程中出现的故障。

任务分析

分压式共发射极放大电路是典型的最基本的放大电路。因此，在进行本次任务的学习时，必须首先了解共发射极放大电路各元器件的作用，进而了解放大电路静态工作点的作用及了解分压式共发射极偏置电路静态工作点的稳定原理，最后掌握分压式共发射极放大电路的装配和调试方法。

相关知识

一、共发射极基本放大电路的组成及各器件的作用

共发射极基本放大电路如图 2-1-3 所示，由于输入信号 u_i 加在三极管的基极与发射极之间，输出信号 u_o 取自集电极和发射极之间，所以输入/输出共用三极管的发射极，故称为共发射极放大电路（简称共射极放大电路）。

共发射极基本放大电路中各元器件的作用如下。

（1）三极管 VT：电路中的电流放大器件，利用基极电流对集电极电流的控制作用来实现放大作用。

（2）直流电源 U_{CC}：一是为输入回路与输出回路提供所需能量，二是为电路提供工作电压。通过正确的连接，可以保证三极管 VT 的发射结正向偏置，集电结反向偏置，从而使三极管 VT 工作在放大区。

（3）集电极电阻 R_C：将三极管的电流放大作用转换成集电极电压的放大作用，即使管压降 U_{CE} 产生变化，并作为输出电压，从而实现电压放大。

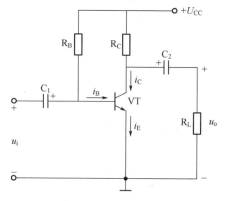

图 2-1-3　共发射极基本放大电路

（4）基极偏置电阻 R_B：为三极管提供一个合适的静态基极电流，使三极管能够不失真地放大输入信号。即，在电源 U_{CC} 一定时，为三极管提供固定的基极偏置电流，使三极管工作在放大区。R_B 通常选用电位器，取值一般为几十千欧至几百千欧。

（5）耦合电容 C_1、C_2：具有"通交隔直"的作用。其中 C_1 用来隔离放大电路与信号源之间的直流通路，使晶体管直流电流与输入端之间互不影响；C_2 用来隔离放大电路与负载之间的直流通路。由于 C_1、C_2 容量选得均较大，它们对交流信号呈现的容抗很小，所以对交流信号将视为短路，这样可以让交流信号顺利通过。

（6）负载电阻 R_L：放大电路的负载，如耳机、扬声器等。

二、电路中电压、电流的符号及正方向的规定

放大电路在信号上的特点是交、直流共存，即在电路中既有直流电信号，又有交流电信号。为了清楚地表示不同的物理量，本书将电路中出现的有关电量做出如下规定，见表 2-1-1。

表 2-1-1　电压、电流符号的规定

物理量	表示符号
直流量	用大写字母带大写下标，如 I_B、I_C、I_E、U_{BE}、U_{CE}
交流量	用小写字母带小写下标，如 i_b、i_c、i_e、u_{be}、u_{ce}、u_k、u_o
交直流叠加量	用小写字母带大写下标，如 i_B、i_C、i_E、u_{BE}、u_{CE}

三、放大电路工作原理分析

放大电路的工作原理分析，分为静态和动态两种工作情况。

1. 静态工作情况分析

当放大电路的外加输入信号 $u_i=0$ 时，电路仅在直流电源 U_{CC} 作用下的工作情况称为静态工作情况，或称直流工作情况。静态工作时，电路中的电流及电压均为直流。当电路中各元器件参数及电源电压确定后，三极管的基极电流 I_B、集电极电流 I_C、集电极与发射极之间的电压 U_{CE} 就被唯一地确定下来，是一个定值，称为静态工作点，用 Q 表示。静态分析的目的就是要分析静态工作点是否合适，若静态工作点不合适，放大电路在放大的过程中将产生失真。

静态工作情况可根据放大电路的直流通路（直流电流通过的路径）进行分析，直流通路如图 2-1-4 所示。

由图可知，即

$$I_{BQ} = \frac{U_{CC} - U_{BEQ}}{R_B} \approx \frac{U_{CC}}{R_B}$$

$$I_{CQ} \approx \beta I_{BQ}$$

$$U_{CEQ} = U_{CC} - I_{CQ}R_C$$

以上三式为计算基本共发射极放大电路静态工作点的常用公式。静态工作点一般表示为（I_{BQ}、I_{CQ}、U_{CEQ}）。

静态工作点是否合适，对放大器的性能和输出波形都有很大影响。如工作点偏高，放

大器在加入交流信号以后易产生饱和失真，此时 u_o 的负半周将被削底，如图 2-1-5(a)所示；若工作点偏低，则易产生截止失真，即 u_o 的正半周被缩顶（一般截止失真不如饱和失真明显），如图 2-1-5(b)所示。这些情况都不符合不失真放大的要求，所以在选定工作点以后还必须进行动态调试，即在放大器的输入端加入一定的输入电压 u_i，检查输出电压 u_o 的大小和波形是否满足要求。若不满足，则应调节静态工作点的位置。小信号放大电路，静态工作点一般取

$$I_{CQ} = 1 \sim 3\text{mA}$$
$$U_{CEQ} = 2 \sim 3\text{V}$$

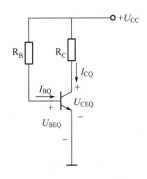

图 2-1-4　直流通路

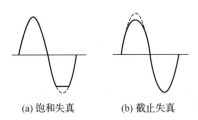

(a) 饱和失真　　　(b) 截止失真

图 2-1-5　放大器的饱和失真与截止失真

改变电路参数 U_{CC}、R_C、R_B 都会引起静态工作点的变化，但通常多采用调节偏置电阻 R_B 的方法来改变静态工作点，若减小 R_B，则可使静态工作点提高。

2．动态工作情况分析

在放大电路输入端加入交流输入信号（$u_i \neq 0$），放大电路在交流输入信号作用下的工作状态称为动态（或称交流）工作情况。

设输入信号 $u_i = U_{im}\sin\omega t$，u_i 通过输入耦合电容 C_1 加到三极管的发射结上，变化的 u_i 将产生变化的基极交流电流 i_b，使基极总电流 $i_B = I_{BQ} + i_b$ 发生变化，集电极电流 $i_C = I_{CQ} + i_c$ 将随之变化，并在集电极电阻 R_C 上产生电压降 $i_c R_C$，使放大器的集电极电压 $U_{CE} = U_{CC} - i_c R_C$，通过 C_2 耦合，输出变化电压 u_o。只要电路参数能使三极管工作在放大区，则 u_o 的变化幅度将比 u_i 的变化幅度大很多倍。由此说明该放大电路对 u_i 进行了放大。电路各处的电流和电压波形如图 2-1-6 所示。

由图 2-1-6 可见，输出电压 u_o 的相位与输入电压 u_i 的相位相反。

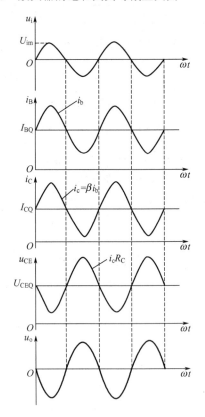

图 2-1-6　放大器动态情况分析

四、放大电路主要指标

描述放大电路性能的优劣，总要用一些指标来衡量，常用的有如下几项。

1．电压放大倍数

输出电压的有效值 U_o 与输入电压的有效值 U_i 之比，称为放大电路的电压放大倍数，用 A_u 表示，即

$$A_u = \frac{U_o}{U_i} = -\frac{\beta R'_L}{r_{be}}$$

式中，负号（−）表示输出电压 u_o 的相位与输入电压 u_i 的相位相反；β 为三极管的电流放大倍数，R'_L 为放大电路的交流等效负载电阻，即

$$R'_L = R_C // R_L = \frac{R_C R_L}{R_C + R_L}$$

r_{be} 为晶体管的输入电阻，其值很小，约为 1000Ω，即

$$r_{be} = 300 + (1+\beta)\frac{26mV}{I_{EQ}}$$

2．输入电阻

放大电路的输入电阻是从放大电路的输入端看进去的交流等效电阻，它相当于信号源的负载电阻，用 r_i 表示，即

$$r_i = R_B // r_{be} \approx r_{be}$$

3．输出电阻

放大电路的输出电阻是从放大电路的输出端看进去的交流等效电阻，用 r_o 表示，即

$$r_o \approx R_C$$

五、放大电路静态工作点的稳定

半导体材料对光、热、电场非常敏感，工作环境温度变化、元器件老化、电源电压波动等都会影响三极管的工作状态，容易造成静态工作点发生偏移，使电路工作不稳定。因此，放大电路不仅要有合适的静态工作点，还必须在电路结构上采取措施来稳定静态工作点，分压式射极偏置电路就是最常见的一种电路，如图 2-1-7 所示。

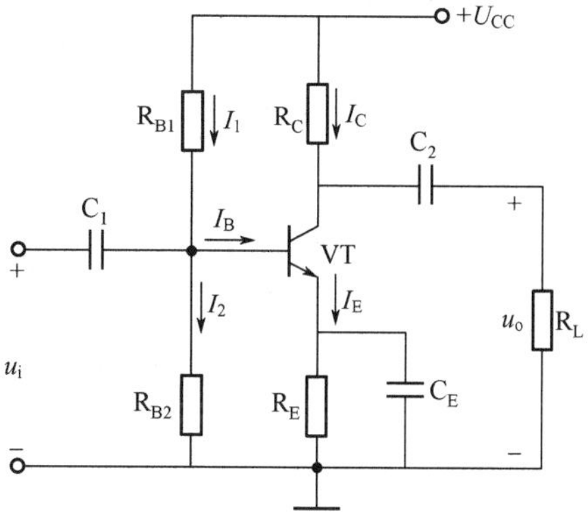

图 2-1-7　分压式射极偏置电路

合理设置静态工作点是保证放大电路正常工作的先决条件，Q 点位置过高或过低都可能使信号产生失真。放大电路的静态工作点除与电路参数 U_{CC}、R_C 和 R_B 有关外，还与环境温度有关。当环境温度变化时，会使设置好的静态工作点 Q 发生移动，使原来合适的静态工作点变得不合适而产生失真。

温度变化对 Q 点的影响集中表现在三极管集电极电流 I_C 随温度的变化而变化。例如，当温度增加时，三极管的 I_{CEQ}、U_{BE} 和 β 等参数都将发生改变，最终结果将使 I_C 增加，Q 点变化。如果在原放大电路基础上改变一下，使在 I_C 上升的同时 I_B 下降，以达到自动稳定工作点的目的。这就是分压式偏置电路（又称工作点稳定电路）的工作原理。

1. 电路的特点

（1）利用上偏置电阻 R_{B1} 和下偏置电阻 R_{B2} 组成分压器，向基极提供稳定的静态电位 U_{BQ}。由图 2-1-7 可知，合理选择 R_{B1}、R_{B2} 的阻值，使 $I_1 \approx I_2 >> I_{BQ}$，即可忽略 I_{BQ} 对 I_1 的分流，则晶体管基极直流电压由 R_{B1} 和 R_{B2} 分压确定，即

$$U_{BQ} = \frac{R_{B2}}{R_{B1} + R_{B2}} U_{CC}$$

可见，U_{BQ} 仅由外电路参数决定，与三极管参数无关，不随温度的变化而变化。

（2）利用发射极电阻 R_E 产生反映 i_c 变化的电位 u_E，u_E 能自动调节 i_b，使 i_c 保持不变。i_c 保持稳定的过程可以表示为：

$$T(℃) \uparrow \rightarrow I_{CQ} \uparrow \rightarrow I_{CE} \uparrow \rightarrow U_{EQ}(=I_{EQ}R_E) \uparrow \rightarrow U_{BEQ}(=U_{BQ}-U_{EQ}) \downarrow \rightarrow I_{BE} \downarrow \rightarrow I_{CQ} \downarrow$$

2. 静态工作点的估算

由于基极偏置电压为

$$U_{BQ} = \frac{R_{B2}}{R_{B1} + R_{B2}} U_{CC}$$

而 $U_{BQ} << U_{BEQ}$，则集电极电流 I_{CQ}、集电极与发射极管压降 U_{CEQ} 和基极电流 I_{BQ} 分别为

$$I_{CQ} \approx I_{EQ} = \frac{U_{BQ} - U_{BEQ}}{R_E} \approx \frac{U_{BQ}}{R_E} = \frac{R_{B2}}{R_E(R_{B1} + R_{B2})} U_{CC}$$

$$U_{CEQ} = U_{CC} - I_{CQ}R_C - I_{EQ}R_E \approx U_{CC} - I_{CQ}(R_C + R_E)$$

$$I_{BQ} \approx \frac{I_{CQ}}{\beta}$$

3. 动态参数的估算

由于发射极旁路电容 C_E 对交流的旁路作用，所以电路的动态参数与基本共射极放大电路相同。

 **任务实施**

一、任务准备

实施本任务教学所使用的实训设备及工具材料可参考表 2-1-2。

表 2-1-2 实训设备及工具材料

序号	分类	名称	型号规格	数量	单位	备注
1	工具仪表	万用表	MF47 型	1	套	
2		常用电子组装工具		1	套	
3		双踪示波器		1	台	
4		毫伏表		1	台	
5		低频信号发生器		1	台	
6	设备器材	直流稳压电源		1	台	
7		电位器 RP	22kΩ	1	只	
8		碳膜电阻 R_1	4.7kΩ	1	只	
9		碳膜电阻 R_2	6.8kΩ	1	只	
10		碳膜电阻 R_C	3.3kΩ	1	只	
11		可变电阻器 R_E	lkΩ	1	只	
12		碳膜电阻器 R_L	3.9kΩ	1	只	
13		电解电容器 $C_1 \sim C_2$	10μF/16V	2	只	
14		电解电容器 C_3	47μF/16V	1	只	
14		三极管 VT	3DG6	1	只	
15		万能电路板		1	块	
16		镀锡铜丝	ϕ 0.5mm	若干	米	
17		焊料、助焊剂		若干		

二、电路装配

1．绘制电路的元器件布置图

根据如图 2-1-1 所示的电路原理图，可画出本任务的元器件布置示意图，如图 2-1-8 所示。

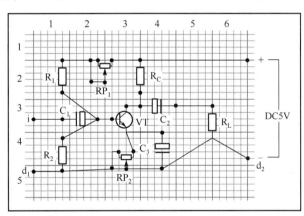

图 2-1-8 元器件布置示意图

2．元器件的检测

对电路中使用的元器件进行检测与筛选。

3．元器件的成形

将所用的元器件在插装前按插装工艺要求进行成形。

4．元器件的插装焊接

（1）电阻器均采用水平安装，要求贴紧电路板，电阻器的色环方向应一致。

（2）电解电容器采用垂直安装，电容器底部应贴近电路板，并注意正、负极的极性应正确。

（3）三极管采用垂直安装，底部离开电路板 5mm，注意引脚应正确。

5．镀锡裸铜丝的焊接

根据电路原理图和元器件布置图进行镀锡裸铜丝的焊接。

6．焊接检查

焊接结束，首先检查电路有无漏焊、错焊、虚焊等问题。检查时可用尖嘴钳或镊子将每个元器件拉动一下，看有无松动，如果发现有松动现象，应重新焊接。

三、通电前的检查

电路安装完毕后，必须在不通电的情况下，对电路板进行认真细致的检查，以便纠正安装错误。检查中应注意以下问题：

（1）元器件引脚之间有无短路。

（2）电解电容器的极性有无接反。

（3）三极管引脚有无接错。

四、电路测试

电路装接完毕，自检无误后，接入电源进行电路调试。

1．最佳静态工作点的调整

（1）选择+5V 稳压电源，用红色导线连接直流电源正极到放大电路的 U_{CC}，用黑色导线连接直流电源负极到公共端。

（2）选择函数信号发生器正弦波输出，用红色导线连接正极到放大电路的输入端，用黑色导线连接负极到放大电路的公共端。

（3）示波器 Y 通道的正极用红色导线连接到放大电路的输出端，负极连接到放大电路的公共端。

（4）最佳静态工作点的调整。调整方法：调节低频信号发生器的频率为 1kHz，输出电压为 10mV。缓慢增大放大电路的输入电压 u_i，同时观察放大电路的输出电压 u_o，当波形出现失真时调整电位器 RP，使波形恢复正常，然后再增大 u_i，重复上述步骤，直到输出电压 u_o 正、负峰值都出现轻微失真为止，这时放大器的工作点即为最佳工作点。缓慢减小 u_i，使正、负峰值都刚好出现轻微失真，这时输出电压 u_o 即为该放大器的最大不失真输出电压。

2．静态工作点的测量

去掉输入信号在 i 点的连接线，并将 i 点用短路元器件连接到地（d_1 点）。然后用万用表测量 U_E、U_{BE} 及 U_{CE}，并计算出 I_C 的值，并填入表 2-1-3 中。

表 2-1-3　静态工作点的测量结果

U_E /V	U_{BE} /V	U_{CE} /V	I_C /mA

注：在操作过程中，电位器 RP 不再调整。

3．测量放大器的电压放大倍数

在放大器输入端加入频率为 1kHz 的正弦信号 u_s，调节低频信号发生器的输出旋钮使放大器输入电压 $u_i \approx 10\text{mV}$，同时用示波器观察放大器输出电压 u_o 波形。在波形不失真的条件下用交流毫伏表测量下述三种情况下的 U_o 值，并用双踪示波器观察 u_o 和 u_i 的相位关系，记入表 2-1-4 中。

表 2-1-4　电压倍数测量

R_C /kΩ	R_L /kΩ	U_o / V	A_u	观察记录一组 u_o 和 u_i 波形
3.3	∞			(波形图 u_i, u_o)
1.5	∞			
3.3	3.9			

4．分析静态工作点对电压放大倍数的影响

设 $R_C = 3.3\text{kΩ}$，$R_L = \infty$，U_i 适当，调节 RP 用示波器监视输出电压波形，在 u_o 不失真的条件下，测量 I_C 和 U_o 值，并记入表 2-1-5 中。

表 2-1-5　静态工作点对电压放大倍数的影响

I_C /mA			
U_o /V			
A_u			

提示　测量 I_C 时，要先将信号源输出旋钮旋至零（使 $u_i = 0$）。

5．观察静态工作点对输出波形的影响

设 $R_C = 3.3\text{kΩ}$，$R_L = 3.9\text{kΩ}$，$u_i = 0$，调节 RP，使 $I_C = 2.0\text{mA}$，测出 U_{CE} 值，再逐步加大输入信号，使输出电压 u_o 足够大但不失真。然后保持输入信号不变，分别增大和减小 RP 的值，使波形出现失真，绘出 u_o 的波形，并测出失真情况下的 I_C 和 U_{CE} 值，记入表 2-1-6 中。每次测 I_C 和 U_{CE} 值时都要将信号源的输出旋钮旋至零（使 $u_i = 0$）。

表 2-1-6　静态工作点对输出波形的影响

I_C /mA	U_{CE} / V	u_o 波形	失真情况	管子工作状态
		(波形图 u_o)		

（续表）

I_C /mA	U_{CE} /V	u_o 波形	失真情况	管子工作状态

五、电路检修

1. 无信号输出故障

（1）首先排除信号源、示波器、探头与连接线的故障。

（2）测量放大电路直流供电电压，若不正常，则检查直流供电电源或连线。

（3）测量三极管 VT 各电极的工作点电压，由测量到的电压值来判断故障部位。

2. 输出信号产生非线性失真故障

测量三极管 VT 各电极的工作点电压，判断三极管是否工作在放大区，一般可通过调整偏置电阻或更换三极管来解决；利用示波器观察放大器的输出波形来判断波形失真的原因，主要检查电容器是否漏电等。

操作提示

（1）在开始使用直流电源和信号源时，要将输出电压调至最低，待接好线后，逐步将电压调至规定值。

（2）示波器探头的接地端与示波器机壳及插头的接地端是相通的，因此示波器的插座应经隔离变压器供电，否则应将示波器插头的接地端除去。

（3）要掌握示波器频率、幅值显示的数值与各种调节开关和旋钮的关系，以保证任务实施过程中顺利测试与分析。

任务测评

对任务实施的完成情况进行检查，并将结果填入表 2-1-7。

表 2-1-7　任务测评表

序号	考核项目	评分标准	配分	扣分	得分
1	元器件安装	（1）元器件不按规定方式安装，扣 10 分 （2）元器件极性安装错误，扣 10 分 （3）布线不合理，一处扣 5 分	30		
2	电路焊接	（1）电路装接后与电路原理图一致，一处不符合扣 10 分 （2）焊点不合格，每处扣 2 分 （3）剪引脚留头长度有一处不合格，扣 2 分	20		

序号	考核项目	评分标准	配分	扣分	得分
3	电路测试	（1）关键点电位不正常，扣 10 分 （2）放大倍数测量错误，扣 10 分 （3）仪器仪表使用错误，每次扣 5 分 （4）仪器仪表损坏，扣 20 分	40		
4	安全文明生产	（1）发生安全事故，扣 10 分 （2）违反管理要求视情况，扣 5～10 分	10		
5	合计		100		
6	工时定额	90min	开始时间		结束时间

知识拓展

波形失真与静态工作点的关系

放大电路的静态工作点设置得是否合适，是放大电路能否正常工作的重要条件。调试过程中调整静态工作点，可以观察到示波器上输出信号主要有两种失真波形：输出信号波形负半周被部分削平，这一现象叫"饱和失真"；输出信号的正半周被部分削平，这一现象叫"截止失真"。

1．产生失真的原因

1）饱和失真

产生饱和失真的原因是静态工作点偏高。如图 2-1-9 所示的 Q' 点，当 I'_{BQ}（I'_{CQ}）偏高时，输入信号有一部分进入三极管的饱和工作区，集电极电流 i_C 进入饱和区的部分被削平，使输出信号 u_o 的负半周被削平（$u'_o = U_{CC} - I'_C R_C$）。

2）截止失真

产生截止失真的原因是静态工作点偏低。如图 2-1-9 所示的 Q'' 点，当 I''_{BQ}（I''_{CQ}）偏低时，输入信号有一部分进入三极管的截止工作区，集电极电流 i_C 进入截止区的部分被削平，使输出信号 u_o 的正半周被削平（$u''_o = U_{CC} - I''_C R_C$）。

2．消除失真的办法

（1）消除饱和失真的办法是增大 R_B，以减小 I_{BQ}，使静态工作点适当下移。

（2）消除截止失真的办法是减小 R_B，以增大 I_{BQ}，使静态工作点适当上移。

为了使输出信号电压最大且不失真，必须使静态工作点在三极管线性区域内变化，要使静态工作点有较大的动态范围，通常将静态工作点设置在三极管输出特性曲线的中间附近，如图 2-1-9 所示的 Q 点。

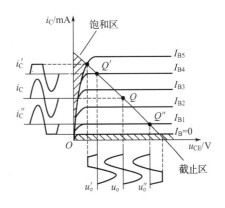

图 2-1-9　波形失真与静态工作点的关系

巩固与提高

一、判断题（正确的打"√"，错误的打"×"）

1. 放大电路的静态是指在交流输入信号作用下的工作状态。（　　）

2. 放大电路的失真与静态工作点有关。（　　）

3. 放大电路实现电压放大的实质是利用电阻 R_c 的电流转换作用。（　　）

4. 放大电路中耦合电容的容量越小越好。（　　）

5. 在阻容耦合放大电路中可将耦合电容换成电感线圈。（　　）

6. 为了提高电压放大倍数，静态工作点设置得越高越好。（　　）

7. 动态检查时，应在电路输入端加入输入信号，用示波器由前级向后级逐级观察有关点的电压波形并测量其大小是否正常。（　　）

8. 当电路不能正常工作时，应关断直流电源，再检查电路是否有接错、掉线、断线，有无接触不良、元器件损坏、元器件用错、元器件引脚接错。（　　）

9. 一般对放大器的失真不做定量测量时，可采用示波器来观察。（　　）

10. 电路安装完毕后，可立即通电测试。（　　）

11. 放大电路的静态，是指未加交流信号以前的起始状态。（　　）

12. 在共射放大电路，输出电压与输入电压同相。（　　）

13. 变压器也能把电压升高，所以变压器也是放大器。（　　）

14. 信号源和负载不是放大电路的组成部分，但它们对放大电路有影响。（　　）

15. 画放大电路的直流通路时，应把电容视为短路，画交流通路时，应把电容和电源视为开路。（　　）

16. 对一个放大电路来说，一般希望输入电阻小些，有利于减轻信号源的负担；输出电阻大些，以提高带负载的能力。（　　）

17. 放大电路带上负载后，放大倍数和输出电压均会上升。（　　）

18. 放大电路的交流负载线比直流负载线陡。（　　）

19. 放大电路的输出端不接负载，则放大电路的交流负载线和直流负载线相重合。（　　）

20. 在放大电路中，若 Q 点设置偏高，易产生饱和失真，输出电压的正半周的顶部会被部分削平。（　　）

21. 要求放大器不产生非线性失真，其静态工作点 Q 应大致选在直流负载线的中点。（　　）

22. 放大电路静态工作点过高时，在 U_{CC} 和 R_C 不变的情况下，可增加基极电阻 R_B。（　　）

23. 造成放大电路工作点不稳定的主要因素是电源电压波动。（　　）

24. 放大电路的静态工作点一经设定后，不会受外界因素的影响。（　　）

25. 稳定静态工作点，主要是稳定三极管的集电极电流 I_C。（　　）

26. 共集电极放大电路的电压放大倍数总小于1，故不能实现功率放大。（　　）

27. 射极输出器输入电阻小，输出电阻大，没有放大作用。（　　）

28. 射极输出器电压放大倍数小于1而接近于1，所以射极输出器不是放大器。（　　）

29．射极输出器输出信号电压 u_o 比输入信号 u_i 相差 U_{BEQ}。　　　　（　　）

30．共基放大器没有电流放大作用。　　　　　　　　　　　　　　　　（　　）

二、选择题（请将正确答案的序号填入括号内）

1．放大电路静态工作点设置得过高会产生（　　）。

    A．饱和失真　　　　　　　　　　　　B．截止失真

    C．使电路正常工作　　　　　　　　　D．较高的电压输出

2．为了减小环境温度对放大电路的影响应采取的措施是（　　）。

    A．设置偏置电压　　　　　　　　　　B．精选电阻

    C．加大耦合电容　　　　　　　　　　D．稳定工作点

3．温度变化对 Q 点的影响，集中表现在三极管（　　）随温度的变化而变化。

    A．集电极电压　　　　　　　　　　　B．发射极电压

    C．集电极电流　　　　　　　　　　　D．发射结电压

4．饱和失真时输出波形会出现（　　）。

    A．负半周将被削底　　　　　　　　　B．正半周将被缩顶

    C．对称　　　　　　　　　　　　　　D．对称性失真

5．放大电路静态工作点的调整主要通过调节（　　）实现。

    A．集电极电阻　　　　　　　　　　　B．基极电阻

    C．电源电压　　　　　　　　　　　　D．集电极电压

6．由于信号源都有一定的内阻，所以测量 u_i 时，必须在被测电路与信号源（　　）后进行测量。

    A．断开　　　　　B．连接　　　　　C．断电　　　　　D．不加信号

7．三极管构成放大电路时，根据公共端不同，可有（　　）种连接方式。

    A．1　　　　　　B．2　　　　　　C．3　　　　　　D．4

8．放大电路的静态工作点是指输入信号（　　）三极管的工作点。

    A．为零时　　　　B．为正时　　　　C．为负时　　　　D．很小时

9．设置静态工作点的目的是（　　）。

    A．使放大电路工作在线性放大状态　　B．使放大电路工作在非线性状态

    C．尽量提高放大电路的放大倍数　　　D．尽量提高放大电路工作的稳定性

10．放大电路的交流通路是指（　　）。

    A．电压回路　　　　　　　　　　　　B．电流通过的路径

    C．交流信号流通的路径　　　　　　　D．直流信号流通的路径

11．在共射放大电路的输入端加入一个正弦波信号，这时基极电流的波形为（　　）。

    A.　　　　　　　　　　B.　　　　　　　　　　C.

12. 对放大电路的要求为（　　）。
　　A．只需要放大倍数很大　　　　　　　B．只需要放大交流信号
　　C．放大倍数要大，且失真要小

13. 有关放大电路的说法，错误的是（　　）。
　　A．放大电路的放大本质是能量控制作用
　　B．放大电路不一定要加直流电源，也能在输出端得到较大能量
　　C．放大电路输出负载上信号变化的规律由输入信号决定
　　D．放大电路输出负载上得到比输入大得多的能量由直流电源提供

14. 判断一个放大电路能否正常放大，主要根据（　　）来判断。
　　A．有无合适的静态，三极管工作在放大区，满足 $U_C > U_B > U_E$
　　B．交流信号是否畅通传送及放大
　　C．三极管是否工作在放大区及交流信号是否畅通传送及放大

15. 电路如图 2-1-10 所示，该电路不能正常放大交流信号的原因是（　　）。
　　A．发射结不能正偏　　　　　　　　　B．集电结不能反偏
　　C．输出无电阻 R_C，u_o 交流对地短路

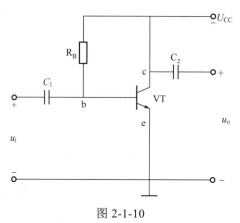

图 2-1-10

16. 某放大电路的电压放大倍数为 $A_u = -100$，其负号表示（　　）。
　　A．衰减　　　　　　　　　　　　B．输出信号与输入信号的相位相同
　　C．放大　　　　　　　　　　　　D．输出信号与输入信号的相位相反

17. 放大电路空载时的放大倍数与负载时放大倍数相比（　　）。
　　A．空载时放大倍数大些　　　　　B．负载时放大倍数大些
　　C．空载与负载时放大倍数一样大

18. 在共射基本放大电路中，R_C 的作用是（　　）。
　　A．三极管集电极的负载电阻　　　B．使三极管工作在放大状态
　　C．减小放大电路的失真　　　　　D．把三极管电流放大作用转变为电压放大作用

19. 在放大电路中，当集电极电流增大时，将使三极管（　　）。
　　A．集电极电压 U_{CE} 上升　　　　B．集电极电压 U_{CE} 下降
　　C．基极电流不变　　　　　　　　D．基极电流也随着增大

20. 放大电路的电压放大倍数在（　　）时增大。

A．负载电阻减小　　　　　　　　　B．负载电阻增大

C．负载电阻不变　　　　　　　　　D．电源电压升高

21．在放大电路中，其他条件不变，当电源电压增大时，直流负载线的斜率（　　）。

A．增大　　　　　　B．减小　　　　　　C．不变

22．放大电路的直流负载线是指（　　）条件下的负载线。

A．$R_L = R_C$　　　B．$R_L = 0$　　　C．$R_L = \infty$　　　D．$R_L = R_B$

23．能正常调整静态工作点的电路是（　　）。

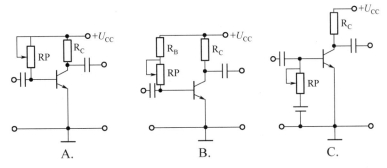

A.　　　　　　　　　　B.　　　　　　　　　　C.

24．在放大电路中，调整静态工作点通常采取调整（　　）的方法。

A．基极电阻　　　　　　B．集电极电阻　　　　　　C．电源　　　　　　D．三极管

25．放大倍数是衡量（　　）的指标。

A．放大电路对信号源影响程度　　　　　　B．放大电路带负载能力

C．放大电路放大信号的能力

26．对放大电路的负载来说，放大电路相当于（　　）。

A．一个理想电压源　　　　B．一个带内阻的电压源　　　　C．一个理想电流源

27．某一个共射放大电路，输入 1kHz，10mV 正弦信号时，$A_u = -50$。此时，若输入 1kHz，20mV 正弦信号（　　）。

A．A_u 不变，仍为 -50　　　　　　B．若输出信号不失真，则 $A_u = -100$

C．若输出信号不失真，则 $A_u = -50$

28．如果放大器接 1kΩ 负载时，输出电压为 2V；当负载电阻为 2kΩ，输出电压为 2.4V，则该放大器空载时的输出电压 U_o 及输出电阻 r_o 分别为（　　）。

A．2V，1kΩ　　　　　　B．2.4V，2kΩ　　　　　　C．3V，0.5kΩ

29．若放大电路的静态工作点设置不合适，可能会引起（　　）。

A．放大系数降低　　　　B．饱和或截止失真　　　　C．短路故障

30．当放大电路设置合适的静态工作点时，如加入交流信号，这时工作点将（　　）。

A．沿直流负载线移动　　　　　　B．沿交流负载线移动

C．不移动　　　　　　　　　　　D．沿坐标轴上下移动

31．有一个共射基本放大电路，在冬天调试时能正常工作，当到了夏天后，发现输出波形失真，这时发生的失真为（　　）。

A．截止失真　　　　B．饱和失真　　　　C．交越失真

32．共射基本放大电路中，当输入信号为正弦电压时，输出电压波形的正半周出现平顶失真，则这种失真为（　　）。

A．截止失真　　　B．饱和失真　　　C．线性失真　　　D．频率失真

33．共射基本放大电路中，当输入信号为正弦电压时，输出电压波形的正半周出现失真，应采取（　　）的措施。

A．减小 R_B　　B．增大 R_B　　C．减小 R_C　　D．增大 R_C

34．放大电路中的饱和失真与截止失真称为（　　）。

A．线性失真　　B．非线性失真　　C．交越失真

35．影响放大电路工作点稳定的主要因素是（　　）变化。

A．β 值　　　B．穿透电流　　C．温度　　　D．频率

36．当温度升高时，会造成放大电路的（　　）。

A．Q 点上移，容易引起饱和失真　B．Q 点下移，容易引起饱和失真

C．Q 点上移，容易引起截止失真　D．Q 点下移，容易引起截止失真

37．分压式偏置电路中，R_E 并联交流旁路电容 C_E 后，其电压放大倍数（　　）。

A．减小　　　　B．增大
C．不变　　　　D．变为零

38．电路如图 2-1-11 所示，当室温升高时，其三极管的 I_{BQ}、I_{CQ}、U_{CEQ} 分别会（　　）。

A．增大，减小，减小
B．减小，不变，不变
C．减小，增大，不变

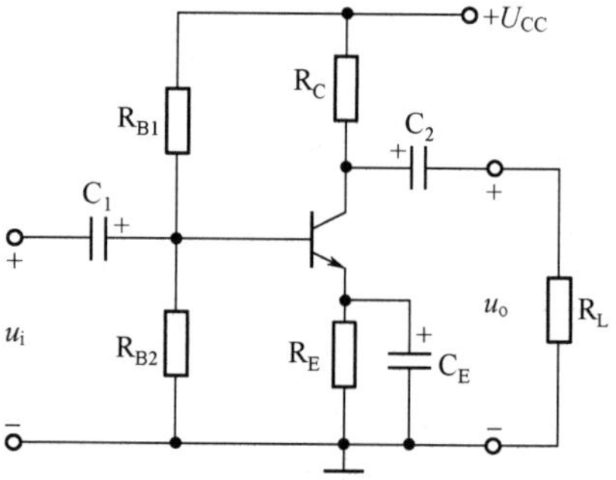

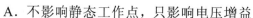

图 2-1-11

39．如图 2-1-11 所示，若不慎将耦合电容 C_2 断开，则（　　）。

A．不影响静态工作点，只影响电压增益
B．影响静态工作点，但不影响电压增益
C．不仅影响静态工作点，而且影响电压增益
D．不影响静态工作点，也不影响电压增益

40．如图 2-1-11 所示，这一电路与共射基本放大电路相比，能够（　　）。

A．确保电路工作在放大区　　　B．提高电压放大倍数
C．稳定静态工作点　　　　　　D．提高输入电阻

41．分压式工作点稳定电路，若换只 β 较小的管子，其他参数不变，U_{CEQ} 和 I_{CQ} 将分别（　　）。

A．增大，减小　　　　　　B．减小，增大
C．不变，不变　　　　　　D．不变，增大

42．射极输出器的特点之一是（　　）。

A．输入电阻大，输出电阻大
B．输入电阻小，输出电阻大
C．输入电阻大，输出电阻小
D．输入电阻小，输出电阻小

43．可以放大电流，但不能放大电压的是（　　）组态放大电路。

A．共射　　　B．共集　　　C．共基　　　D．不确定

44. 既能放大电压，也能放大电流的是（　　）组态放大电路。

    A．共射　　　　　B．共集　　　　　C．共基　　　　　D．不确定

45. 关于共射放大电路，以下说法正确的是（　　）。

    A．只具有放大电压能力，不具备放大电流的能力

    B．既能放大电压又能放大电流

    C．只能放大电流，不能放大电压

46. 可以放大电压，但不能放大电流的是（　　）组态放大电路。

    A．共射　　　　　B．共集　　　　　C．共基　　　　　D．不确定

47. 一般作为多级放大电路中间级，提供较高放大倍数的是（　　）组态。一般作为多级放大电路输入级、输出级，阻抗变换及缓冲（隔离级）的是（　　）组态。

    A．共射　　　　　B．共集　　　　　C．共基

48. 在共射、共集和共基三种基本放大电路组态中，电压放大倍数小于1的是（　　）组态。

    A．共射　　　　　B．共集　　　　　C．共基　　　　　D．不确定

49. 在共射、共集和共基三种基本放大电路组态中，若希望带负载能力强应选用（　　）组态。

    A．共射　　　　　B．共集　　　　　C．共基

50. 在共射、共集和共基三种基本放大电路组态中，输入电阻最小的是（　　）组态。

    A．共射　　　　　B．共集　　　　　C．共基　　　　　D．不确定

51. 在共射、共集和共基三种基本放大电路组态中，输出电阻最小的是（　　）组态。

    A．共射　　　　　B．共集　　　　　C．共基　　　　　D．不确定

三、简答题

1. 什么是放大电路静态工作点？

2. 静态工作点的设置对波形失真有何影响？

3. 一个共射基本放大电路由哪些元件组成？各元件的作用是什么？

4. 共射基本放大电路如图 2-1-12 所示。设 $U_{CC} = 6V$，$R_B = 300k\Omega$，$R_C = 2.5k\Omega$，$R_L = 10k\Omega$，电容 C_1，C_2 对信号可视为短路。三极管的 $\beta=100$。试问：

（1）当输入正弦信号的幅值逐渐增大时，输出信号首先出现什么失真？

（2）改变哪个元件的数值可以减小失真？如何改变？

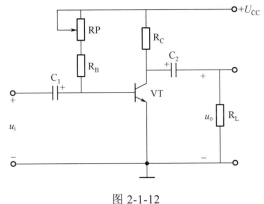

图 2-1-12

任务2　负反馈放大电路的装配与调试

学习目标

知识目标：
1. 掌握负反馈放大电路的组成、负反馈的类型及作用、反馈的判断方法等。
2. 熟悉负反馈对电路性能的影响和负反馈的引入方法。
3. 能正确识读电压串联负反馈放大电路的原理图、接线图和布置图。

能力目标：
1. 能够掌握手工焊接操作技能，会按照工艺要求正确焊装电压串联负反馈放大电路。
2. 能熟练掌握电路负反馈对电路性能的影响和负反馈的引入方法，并能独立排除调试过程中电路出现的故障。

 工作任务

　　反馈是改善放大电路性能的重要手段，也是自动控制系统中的重要环节，在实际应用电路中几乎都要引入各种各样的反馈。直流负反馈可以稳定电路的静态工作点，交流负反馈可以改善放大电路的性能。在本模块任务1中分压式射极偏置电路稳定静态工作点的措施就是为电路引入直流负反馈，大大提高了电路的稳定性。如图 2-2-1 所示就是电压串联负反馈放大电路原理图。其焊接实物如图 2-2-2 所示。

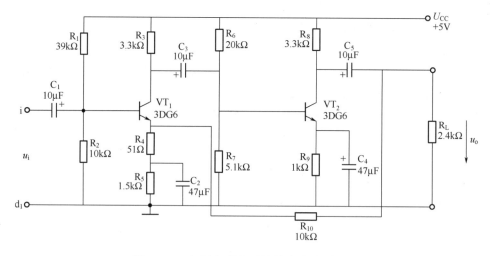

图 2-2-1　电压串联负反馈放大电路原理图

　　本次任务的主要内容是，根据给定的技术指标，按照原理图装配并调试电路；通过电路的调试，掌握负反馈对电路性能影响和负反馈的引入方法，同时能独立解决调试过程中出现的故障。

图 2-2-2　电压串联负反馈放大电路焊接实物图

在放大电路中适当引入不同类型的负反馈，就能满足对放大电路性能改善的要求。负反馈按照连接方式来分，主要分为串联负反馈和并联负反馈；按照反馈信号的取样信号不同又分为电压反馈和电流反馈。本任务是典型的电压串联负反馈放大电路，学习时必须首先了解反馈的基本概念、反馈放大器的组成及分类和反馈极性的判断，进而了解负反馈的类型及作用，负反馈对放大电路性能的影响，然后掌握在放大电路中引入反馈的方法及负反馈放大电路的分析方法，最后掌握电压串联负反馈放大电路的装配和调试方法。

一、反馈的基本概念

1. 反馈的含义

放大器中的反馈是指将放大电路的输出量（电压或电流）的一部分或全部，通过一定的电路形式（称为反馈网络）回送到输入电路中，用来影响其输入量（电压或电流），这种信号的反送过程称为反馈。

2. 反馈放大器的组成及分类

1）反馈放大器的组成

含有反馈网络的放大器称为反馈放大器，其组成框图如图 2-2-3 所示。图中 A 表示没有反馈的放大电路，称为基本放大电路，主要功能是放大信号；F 表示反馈网络，通常是由线性元件组成的，主要功能是传输反馈信号。由图 2-2-3 可见，反馈放大器是由基本放大电路和反馈网络所构成的一个闭环系统，故称为闭环放大电路。同样，把没有反馈的基本放大电路称为开环放大电路。X_i、X_f、X_d 和 X_o 分别表示输入信号、反馈信号、净输入信号和输出信号，它们可以是电压，也可以是电流。箭头表示信号的传输方向，由输入到输出称为正向传输，由输出到输入称为反向传输。基本放大电路的输入信号称为净输入信号，它不但取决于输入信号，还与反馈信号有关。

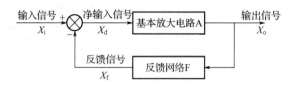

图 2-2-3　反馈放大器的组成框图

2）反馈的种类

根据反馈的作用效果可将反馈分为正反馈和负反馈。如果反馈信号增强了原输入信号，使净输入信号增大，称为正反馈；相反，如果反馈信号削弱了原输入信号，使净输入信号减小，则称为负反馈。

由反馈放大器的组成框图可得，基本放大电路的放大倍数为

$$A = X_o / X_d$$

反馈电路的反馈系数为

$$F = X_f X_o$$

基本放大电路的净输入信号为

$$X_d = X_i - X_f$$

反馈放大器的放大倍数（又称闭环放大倍数）为

$$A_f = X_o / X_f = A / (1 + AF)$$

正反馈虽然能增大净输入信号，使电路的放大倍数增加，但会使放大电路的工作稳定度、失真度、频率特性等性能显著变坏；负反馈虽然使净输入信号减小，使电路的放大倍数降低，但却使放大电路许多方面的性能得到改善。因此，实际放大电路中均采用负反馈，而正反馈主要用于振荡电路中。

反馈还有直流反馈和交流反馈之分。如果反馈信号中只有直流成分，即反馈元件只能反映直流量的变化，称为直流反馈；如果反馈信号中只有交流成分，即反馈元件只能反映交流量的变化，称为交流反馈。直流反馈影响放大电路的直流性能，常用以稳定静态工作点；交流负反馈影响放大电路的交流性能，常用以改善放大电路的动态性能。

二、反馈极性的判断

反馈极性的判断，通常采用瞬时极性法来判断。这种方法首先假定输入信号在某一瞬间对地而言极性为正，然后由各级输入、输出之间的相位关系，分别推导出电路其他有关各点的瞬时极性（用"+"表示升高，用"–"表示降低），最后判别反馈到电路输入端的信号加强了输入信号还是削弱了输入信号。加强了是正反馈，削弱了是负反馈。

在图 2-2-4 所示电路中，标出了利用瞬时极性法分析的各点电位变化情况，由此可知该电路所引入的反馈是负反馈。

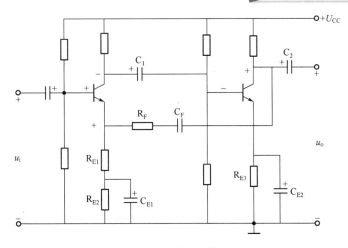

图 2-2-4　瞬时极性法判断反馈类型

三、负反馈的类型及作用

根据反馈网络与基本放大电路在输入端的连接方式的不同，负反馈分为串联负反馈和并联负反馈。串联负反馈的作用是增大输入电阻，并联负反馈的作用是减小输入电阻。根据反馈信号的取样对象不同，负反馈又分为电压负反馈和电流负反馈。电压负反馈的作用是稳定输出电压，电流负反馈的作用是稳定输出电流。因此，负反馈放大器有四种基本类型，即电压串联负反馈、电流串联负反馈、电压并联负反馈和电流并联负反馈。其中，电压串联负反馈的作用是稳定输出电压和增大输入电阻，电流串联负反馈的作用是稳定输出电流和增大输入电阻，电压并联负反馈的作用是稳定输出电压和减小输入电阻，电流并联负反馈的作用是稳定输出电流和减小输入电阻。

四、负反馈对放大电路性能的影响

负反馈对放大电路性能的影响主要有：

（1）提高放大倍数的稳定性。

（2）减小放大电路的非线性失真。

（3）扩展放大电路的通频带。

（4）改变输入/输出电阻。

负反馈减小非线性失真主要是由于负反馈具有自动调整作用实现的，如图 2-2-5 所示。

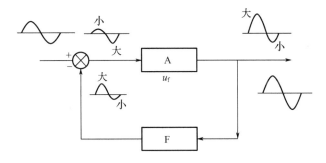

图 2-2-5　负反馈减少放大电路的非线性失真

五、在放大电路中引入反馈的方法

在放大电路中适当引入不同类型的负反馈，就能满足对放大电路性能改善的要求。根据四种类型负反馈的作用可知，要稳定放大电路的输出电压就应引入电压负反馈，要稳定放大电路的输出电流就应引入电流负反馈；要提高放大电路的输入电阻就应引入串联负反馈，要减小放大电路的输入电阻就应引入并联负反馈；要稳定放大电路的静态工作点就应引入直流负反馈。

六、负反馈放大电路的分析方法

放大电路引入负反馈可以改善诸多方面的性能，如改善放大电路的非线性失真、提高放大电路的工作稳定性、改变放大电路的输入/输出电阻、扩展放大电路的通频带等。反馈的形式不同，所产生的影响也各不相同。因此，分析反馈放大电路时应按以下原则进行。

1．分析电路中是否存在反馈

分析的方法：看电路中是否存在连接输出电路和输入电路的元件，如果存在这样的元件，则电路中一定存在反馈。连接输出电路和输入电路的元件就是反馈元件。

2．分析反馈极性

利用瞬时极性法分析反馈极性。

3．分析反馈在输入端的连接方式

如果反馈元件在放大电路的输入电路中接在三极管的基极，则电路中引入的反馈为并联反馈；如果反馈元件在放大电路的输入电路中接在三极管的发射极，则电路中引入的反馈为串联反馈。

4．分析反馈信号的取样对象

如果反馈信号取自放大电路的输出电压，则电路中引入的反馈为电压反馈；如果反馈信号取自放大电路的输出电流，则电路中引入的反馈为电流反馈。

一般来看，如果反馈元件在放大电路的输出电路中与负载电阻接在同一点上（对交流而言），则引入的反馈就是电压反馈；相反，如果反馈元件在放大电路的输出电路中不与负载电阻接在同一点上（对交流而言），则引入的反馈就是电流反馈。

七、负反馈放大器特例

1．电路组成

共集电极放大电路是一个典型的电压串联负反馈放大电路，如图 2-2-6 所示。

由图可知，电阻 R_E 既包含于输出电路又包含于输入电路，通过 R_E 把输出电压 u_o 全部反馈到输入电路中，因此存在反馈，反馈元件为 R_E。

利用瞬时极性法可判断出 R_E 引入的反馈为负反馈，对于交流而言 $u_f = u_o$，所以 R_E

引入的反馈为电压反馈，又由于 R_E 接于三极管的发射极，所以电路引入的反馈为串联反馈。

由分析可知，R_E 引入的反馈类型为电压串联负反馈。

2. 静态工作点的估算

$$I_{BQ} = \frac{U_{CC} - U_{CEQ}}{R_B + (1+\beta)R_E} \approx \frac{U_{CC}}{R_B + (1+\beta)R_E}$$

$$I_{CQ} = \beta I_{BQ}$$

$$U_{CEQ} = U_{CC} - I_{EQ}R_E \approx U_{CC} - I_{CQ}R_E$$

3. 动态参数的估算

（1）电压放大倍数的估算。由电路可得

$$U_o = U_f - U_{be} \approx U_i \quad (U_i << U_{be})$$

因此，电压放大倍数为

$$A_{u_f} = U_o / U_i \leq 1$$

由此可见，共集电极放大电路没有电压放大的作用。由于 $u_o = u_i$ 而且输出电压和输入电压相位相同，所以共集电极电路又称电压跟随器。

（2）电流放大倍数的估算。由电路可得

$$I_i = I_b$$

$$I_o = I_e$$

因此，电流放大倍数为

$$A_i = I_o / I_f = I_e / I_b = 1 + \beta$$

（3）输入电阻的估算，即

$$r_i = R_B // (1+\beta)R_E'$$

式中，$R_E' = R_E // R_L$。

由此可见，共集电极放大电路的输入电阻很高。

（4）输出电阻的估算，即

$$r_o \approx \frac{r_{be}}{1 + \beta}$$

由此可见，共集电极放大电路的输出电阻很小。

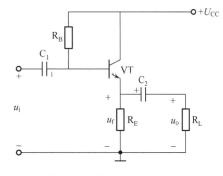

图 2-2-6　共集电极放大电路

 **任务实施**

一、任务准备

实施本任务教学所使用的实训设备及工具材料可参考表 2-2-1。

表 2-2-1　实训设备及工具材料

序号	分类	名称	型号规格	数量	单位	备注
1	工具仪表	万用表	MF47 型	1	套	
2		常用电子组装工具		1	套	
3		双踪示波器		1	台	
4		毫伏表		1	台	
5		低频信号发生器		1	台	
6	设备器材	直流稳压电源		1	台	
7		碳膜电阻 R_1	39kΩ	1	只	
8		碳膜电阻 R_2	10kΩ	2	只	
9		碳膜电阻 R_3、R_8	3.3kΩ	2	只	
10		碳膜电阻 R_4	51kΩ	1	只	
11		碳膜电阻 R_5	1.5kΩ	1	只	
12		碳膜电阻 R_6	20 kΩ	1	只	
13		碳膜电阻 R_7	5.1kΩ	1	只	
14		碳膜电阻 R_9	1kΩ	1	只	
15		碳膜电阻 R_{10}	10kΩ	1	只	
16		碳膜电阻 R_L	2.4kΩ	1	只	
17		电解电容器 C_1、C_3、C_5	10μF/16V	3	只	
18		电解电容器 C_2、C_4	47μF/16V	2	只	
19		三极管 VT_1、VT_2	3DG6	2	只	
20		万能电路板		1	块	
21		镀锡铜丝	ϕ 0.5mm	若干	米	
22		焊料、助焊剂		若干		

二、电路装配

1. 绘制电路的元器件布置图

根据如图 2-2-1 所示的电路原理图,可画出本任务的元器件布置示意图,如图 2-2-7 所示。

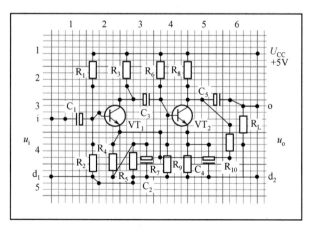

图 2-2-7　元器件布置示意图

2．元器件的检测

对电路中使用的元器件进行检测与筛选。

3．元器件的成形

所用的元器件在插装前都要按插装工艺要求进行成形。

4．元器件的插装焊接

（1）电阻器均采用水平安装，要求贴紧电路板，电阻器的色环方向应一致。

（2）电解电容器采用垂直安装，电容器底部应贴近电路板，并注意正、负极的极性应正确。

（3）三极管采用垂直安装，底部离开电路板 5mm，注意引脚应正确。

5．镀锡裸铜丝的焊接

根据电路原理图和元器件布置图进行镀锡裸铜丝的焊接。

6．焊接检查

焊接结束，首先检查电路有无漏焊、错焊、虚焊等问题。检查时可用尖嘴钳或镊子将每个元器件拉动一下，看有无松动，如果发现有松动现象，应重新焊接。

三、通电前的检查

电路安装完毕后，必须在不通电的情况下，对电路板进行认真细致的检查，以便纠正安装错误。检查中应注意以下问题：

（1）元器件引脚之间有无短路。

（2）电解电容器的极性有无接反。

（3）三极管引脚有无接错。

四、电路测试

1．测量静态工作点

（1）选择+12V 稳压电源，用红色导线连接正极到反馈放大电路的 U_{CC}，用黑色导线连接负极到负反馈放大电路的 d_2 点。

（2）选择函数发生器的正弦波输出，用红色导线连接正极到放大电路的 i 点，用黑色导线连接负极到放大电路的 d_1 点。

（3）示波器 Y 通道输入的正极用红色导线分别连接到放大电路的 i 点与 o 点，负极用黑色导线连接到放大电路的 d_2 点。

（4）取 U_{CC}=+5V，以 U_i=0，用万用表分别测量第一级、第二级的静态工作点，记入表 2-2-2 中。

表 2-2-2　放大电路静态工作点的测量结果

	U_E /V	U_{BE} /V	U_{CE} /V	I_C /mA
第一级				
第二级				

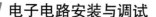

2. 测试基本放大器的电压放大倍数 A_u

将电路改接，即把 R_{10} 断开后分别同时并联在 R_4 和 R_L 上，其他连线不动。然后按下列步骤进行操作。

（1）将 $f = 1\text{kHz}$，U_S 约为 5mV 正弦信号输入放大器，用示波器监视输出波形 u_o，在 u_o 不失真的情况下，用交流毫伏表测量 U_S、U_i、U_{oi}、U_o，并记入表 2-2-3 中。

表 2-2-3　输出电压与输入电压关系

基本放大器	U_S/mV		U_i/mV	U_{oi}/V	U_o/V	A_u
	负载时					
	$R_L = \infty$					

（2）保持 U_S 不变，断开负载电阻 R_L（注意，R_f 不要断开），测量空载时的输出电压 U_O，并记入表 2-2-3 中。

3. 测试负反馈放大器电压放大倍数 A_{u_f}

将电路恢复，即接上 R_{10} 适当加大 U_S（约 10mV），在输出波形不失真的条件下，测量负反馈放大器的 A_{u_f}，结果记入表 2-2-4 中。

表 2-2-4　输出电压与输入电压关系

负反馈放大器	U_S/mV	U_i/mV	U_{oi}/V	U_o/V	A_{u_f}

 操作提示

在测试基本放大器的电压放大倍数 A_u 时，一定要将 R_{10} 断开后分别并联在 R_4 和 R_L 上，否则将导致测量误差。

 任务测评

对任务实施的完成情况进行检查，并将结果填入表 2-2-5。

表 2-2-5　任务测评表

序号	考核项目	评分标准	配分	扣分	得分
1	元器件安装	（1）元器件不按规定方式安装，扣 10 分 （2）元器件极性安装错误，扣 10 分 （3）布线不合理，一处扣 5 分	30		
2	电路焊接	（1）电路装接后与电路原理图一致，一处不符合扣 10 分 （2）焊点有一处不合格，每处扣 2 分 （3）剪引脚留头长度有一处不合格，扣 2 分	20		
3	电路测试	（1）关键点电位不正常，扣 10 分 （2）放大倍数测量错误，扣 10 分 （3）仪器仪表使用错误，每次扣 5 分 （4）仪器仪表损坏，扣 20 分	40		

（续表）

序号	考核项目	评分标准	配分	扣分	得分
4	安全文明生产	（1）发生安全事故，扣10分 （2）违反管理要求视情况，扣5～10分	10		
5	合计		100		
6	工时定额	90min　　开始时间		结束时间	

巩固与提高

一、判断题（正确的打"√"，错误的打"×"）

1．常用正反馈的方法来提高放大电路的放大倍数。　　　　　　　　（　　）

2．一般放大电路中常引入交流负反馈。　　　　　　　　　　　　　（　　）

3．放大电路中引入电流负反馈能提高电路的带负载能力。　　　　　（　　）

4．电压负反馈具有稳定输出电压的作用。　　　　　　　　　　　　（　　）

5．提高电路的带负载能力，可引入电压负反馈。　　　　　　　　　（　　）

6．射极输出器常用在多级放大电路的输出级，以提高带负载能力。（　　）

7．射极输出器常用在多级放大电路的中间级，起隔离作用。　　　　（　　）

8．放大电路中引入正反馈能改善非线性失真。　　　　　　　　　　（　　）

9．放大电路中引入正反馈能提高电压放大倍数。　　　　　　　　　（　　）

10．放大电路中引入直流反馈能稳定静态工作点。　　　　　　　　（　　）

11．串联反馈就是电流反馈，并联反馈就是电压反馈。　　　　　　（　　）

12．电压反馈送回到放大器输入端的信号是电压，电流反馈送回到放大器输入端的信号是电流。　　　　　　　　　　　　　　　　　　　　　　（　　）

13．反馈到放大器输入端的信号极性和原来假设的输入端信号极性相同为正反馈，相反为负反馈。　　　　　　　　　　　　　　　　　　　　　　　　　（　　）

14．负反馈可提高放大器放大倍数的稳定性。　　　　　　　　　　（　　）

15．负反馈可以消除放大器的非线性失真。　　　　　　　　　　　（　　）

16．放大电路中的反馈信号只能是电压，不能是电流。　　　　　　（　　）

17．负反馈能改善放大电路的性能。　　　　　　　　　　　　　　（　　）

18．负反馈可以减小信号本身的固有失真。　　　　　　　　　　　（　　）

二、选择题（请将正确答案的序号填入括号内）

1．电压负反馈具有稳定（　　）的作用。

A．输出电压　　B．输入电压　　C．输出电流　　D．输入电流

2．电流负反馈具有稳定（　　）的作用。

A．输出电流　　B．输入电流　　C．输出电压　　D．输入电压

3．要提高放大电路的输出电阻应引入（　　）。

A．并联反馈　　B．电压反馈　　C．电流负反馈　　D．电压负反馈

4．射极输出器具有（　　）作用。

A．提高输出电阻　　　　　　　B．降低输入电阻

  C．提高电压放大倍数   D．稳定输出电压

5．要稳定输出电流提高输入电阻应引入（   ）负反馈。

  A．电流串联   B．电流并联   C．电压串联   D．电压并联

6．对于放大电路，所谓开环是指（   ）。

  A．无信号源   B．无反馈通路   C．无电源   D．无负载

7．欲使放大器净输入信号削弱，应采用的反馈类型是（   ）。

  A．串联反馈   B．并联反馈   C．正反馈   D．负反馈

8．送回到放大器输入端的信号是电流的反馈是（   ）。

  A．电流反馈   B．电压反馈   C．并联反馈   D．串联反馈

9．判别放大器属于正反馈还是负反馈的方法是（   ）。

  A．输出端短路法   B．瞬时极性法

  C．输入端短路法

10．以下不属于负反馈对放大器性能影响的是（   ）。

  A．提高放大倍数的稳定性   B．改善非线性失真

  C．影响输入输出电阻   D．使通频带变窄

11．射极输出器是典型的（   ）放大器。

  A．电压串联负反馈   B．电流串联负反馈

  C．电压并联负反馈   D．电流并联负反馈

12．在图 2-2-8 所示电路中引入了（   ）。

  A．交流负反馈   B．直流负反馈

  C．交直流负反馈   D．直流正反馈

13．串联负反馈使放大电路输入电阻（   ）。

  A．增加   B．不变   C．减小   D．不确定

14．在输入量不变的情况下，若引入反馈后（   ）则说明引入的反馈是负反馈。

  A．输入电阻增大   B．输出量增大

  C．净输入量增大   D．净输入量减小

15．若要求放大电路取用信号源的电流小，而且带负载能力强，在放大电路中应引入的负反馈类型为（   ）。

  A．电流串联   B．电压串联   C．电流并联   D．电压并联

16．图 2-2-9 所示电路为（   ）。

  A．电压并联直流负反馈

  B．电流并联交直流负反馈

  C．电流串联交直流负反馈

  D．电压串联交直流负反馈

17．可改善放大电路的各种性能的是（   ）。

  A．正反馈   B．负反馈   C．正反馈和负反馈

18．希望展宽通频带，可以引入（   ）。

  A．直流负反馈   B．直流正反馈

  C．交流负反馈   D．交流正反馈

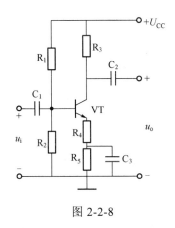

图 2-2-8

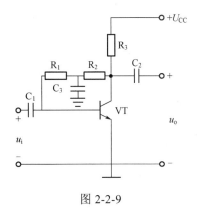

图 2-2-9

19．如希望减小放大电路从信号源索取的电流，则可采用（　　）。

　　A．电压负反馈　　　　B．电流负反馈　　　　C．串联负反馈　　D．并联负反馈

三、简答题

1．什么是反馈？反馈放大器由哪几部分组成？

2．放大电路中引入负反馈有何作用？

3．交流负反馈有几种类型？各有何作用？

4．射极输出器有何特点？

5．某多级放大器电路如图 2-2-10 所示，试回答如下问题：

（1）电路中哪几级采用了射极输出器，分别起什么作用？

（2）VT_1 管通过耦合电容器 C_2 将发射极和基极相连，引入了什么性质的反馈？

（3）C_6、R_{16}、RP 引入了什么性质的反馈？起什么作用？

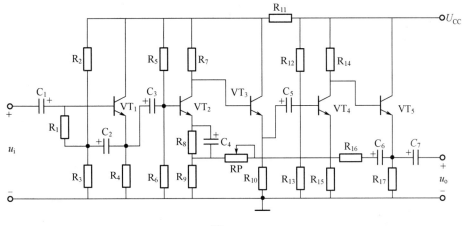

图 2-2-10

四、分析题

根据不同要求在图 2-2-11 所示电路中引入适当的反馈：

（1）要降低输入电阻稳定输出电流应接 R_F，从_____到_____。

（2）要提高输入电阻稳定输出电压应接 R_F，从_____到_____。

（3）提高电路的带负载能力并降低输出级的输入电阻应接 R_F，从_____到_____。

（4）要稳定第一级的输出电压应接 R_F，从_____到_____。

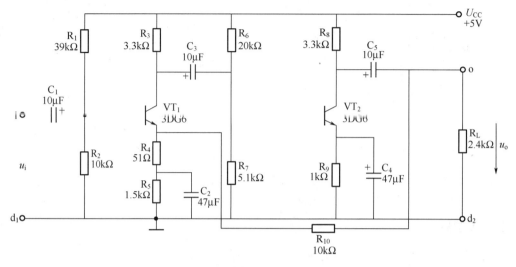

图 2-2-11

任务 3　OTL 功率放大电路的装配与调试

 学习目标

知识目标：

1. 掌握 OTL 和 OCL 互补对称功率放大电路的组成及工作原理。

2. 了解交越失真的概念，掌握交越失真的原因及解决方法。

3. 能正确识读 OTL 功率放大电路的原理图、接线图和布置图。

能力目标：

1. 能够掌握手工焊接操作技能，会按照工艺要求正确焊装 OTL 功率放大电路。

2. 能熟练掌握电路的调试方法、电路参数对输出功率的影响和提高输出功率的方法，并能独立排除调试过程中电路出现的故障。

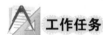 **工作任务**

在电子系统中，模拟信号被放大后，往往要去推动一个实际的负载，如扬声器发声、继电器动作、仪表指针偏转、数据或图像显示等，推动一个实际负载需要的功率较大。能输出较大功率的放大电路称为功率放大器。如图 2-3-1 所示就是常见的 OTL 功率放大电路的原理图，其焊接实物图如图 2-3-2 所示。

本次任务的主要内容是，根据给定的技术指标，按照原理图装配并调试电路；同时能独立解决调试过程中出现的故障。

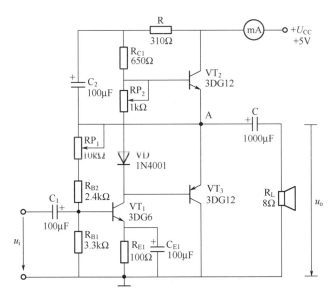

图 2-3-1　OTL 功率放大电路的原理图

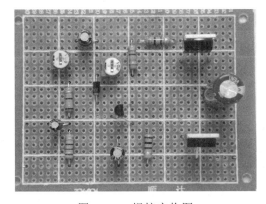

图 2-3-2　焊接实物图

 **任务分析**

本任务主要介绍 OTL 和 OCL 互补对称功率放大电路。因此，在进行本次任务的学习时，必须首先了解功率放大器的特点和种类，进而了解 OTL 和 OCL 互补对称功率放大电路的组成及工作原理，最后掌握 OTL 功率放大电路的装配和调试方法。

相关知识

一、功率放大器的作用及特点

1. 功率放大器的作用

实现信号功率放大的电路称为功率放大电路，又称功率放大器（简称功放）。它的作用主要是高效率地向负载输出最大的不失真功率。

2．功率放大器的特点

与电压放大电路相比较，功率放大器具有以下特点。

1）足够大的输出功率

功率放大器提供给负载的信号功率称为输出功率。为了获得足够大的输出功率，要求三极管工作在接近极限应用状态，即三极管集电极电流最大时接近 I_{CM}，管压降最大时接近 U_{CEO}，耗散功率接近 P_{CM}。

2）转换效率高

功率放大器的最大输出功率与直流电源所提供的功率之比称为转换效率。电源提供的功率等于电源输出电流平均值与电压之积。因此，在一定的输出功率下，减小直流电源的功耗，就可以提高电路的转换效率。

3）非线性失真小

由于功率放大器的电压和电流变化范围很大，使得功放管容易进入非线性区产生非线性失真，所以在使用中要采取措施减少失真，使之满足负载的要求。

4）三极管良好的散热与保护

功率放大器工作在大电压和大电流状态，三极管的集电结要消耗较大的功率，使结温和管壳温度升高。为了降低温度，提高耗散功率，应采取相应的散热措施，如加装散热器、良好的通风、强制风冷等。

二、互补对称功率放大器

1．放大电路的三种放大状态

功率放大器的类型很多，目前广泛采用乙类（或甲乙类）互补对称功率放大器。放大电路的三种放大状态如图 2-3-3 所示。放大电路按三极管在一个信号周期内导通时间的不同，可分为甲类、乙类以及甲乙类放大。在整个输入信号周期内，管子都有电流流通的，称为甲类放大，如图 2-3-3(a) 所示，此时三极管的静态工作点电流 I_{CQ} 比较大；在一个周期内，管子只有半个周期有电流流通的，称为乙类放大，如图 2-3-3(b)所示；若一个周期内管子有半个多周期（小于 2/3 周期）内有电流流通，则称为甲乙类放大，如图 2-3-3(c)所示。

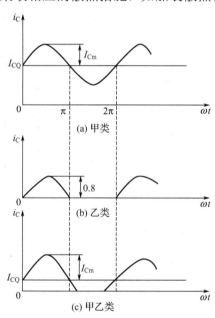

图 2-3-3　放大器的三种放大状态

甲类放大的优点是波形失真小，但由于静态电流大故管耗大，放大电路效率低，所以它主要用于小信号电压放大电路中。

乙类与甲乙类放大由于管耗小，放大电路效率高，所以在功率放大电路中获得广泛应用。由于乙类与甲乙类放大输出波形失真严重，所以在实际电路中均采用两管轮流导通的推挽电路来减小失真。

2．乙类双电源互补对称功率放大器

乙类双电源互补对称功率放大器（简称 OCL 功率放大电路），其电路如图 2-3-4 所示，它由特性一致的 NPN 型和 PNP 型三极管 VT_1、VT_2 组成。两管基极连在一起接输入信号，两管发射极连在一起接负载 R_L。两管均工作在乙类状态下。

　　静态时 $I_{CQ}=0$，管子无静态电流而截止，因而无损耗。由于电路对称，发射极电位 $U_E=0$，所以 R_L 中无电流。动态时，设输入正弦信号 u_i。在输入信号 u_i 的正半周，VT_1 导通、VT_2 截止，VT_1 与 R_L 组成射极输出器，在 R_L 上输出电流 i_{C2}，其方向如图 2-3-4 中虚线所示；在输入信号的负半周，VT_1 截止、VT_2 导通，VT_2 与 R_L 组成射极输出器，在 R_L 上输出电流 i_{C2}，其方向如图 2-3-4 中虚线所示。这样，两个管子在正、负半周交替工作，在负载上合成一个完整的正弦电流。由于这种电路是两管相互补充对方的不足，工作时性能对称，所以常称互补对称电路。

3. 甲乙类双电源互补对称功率放大器

　　乙类放大电路静态时，$I_{CQ}=0$，效率较高。但有信号输入时，必须要求信号电压幅值大于管子死区电压时管子才能导通。显然在死区范围是无电压输出的。在输出波形正、负半周交界处造成失真，这种失真称为交越失真，如图 2-3-5 所示。

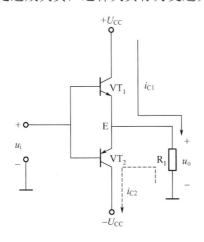

图 2-3-4　OCL 功率放大电路

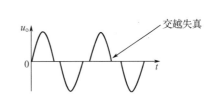

图 2-3-5　交越失真

　　为了克服交越失真，也需要给功放管加上较小的偏置电流，使其工作在甲乙类状态。常见的利用两个二极管的正向压降给两个功放互补管提供正向偏压的电路，如图 2-3-6 所示。图中 VT_3 为前置级（偏置电路未画出）。静态时，由于电路对称，VT_1、VT_2 两管静态电流相等，所以负载 R_L 上无静态电流通过，输出电压 $u_o=0$。当有信号时，就可使放大器的输出在零点附近仍能基本上得到线性放大，从而克服了交越失真。

4. 单电源互补对称功率放大器

　　单电源互补对称功率放大器也称 OTL 功率放大电路，如图 2-3-7 所示，与双电源互补对称功率放大器相比，它省去了负电源，输出端加上了一个耦合电容 C。静态时，耦合电容 C 上充有左正右负的直流电压 $U_C=U_{CC}/2$，相当一个直流电源。这样静态时三极管发射极电位为电源电压的 1/2，使得 VT_1 集电极与发射极之间的直流电压为 $+U_{CC}/2$，VT_2 集电极与发射极之间的直流电压为 $-U_{CC}/2$。从这一点讲，单电源互补对称功率放大器还是一个双电源互补对称功率放大器，只不过是利用耦合电容 C 替代负电源而已。

该电路的工作原理与双电源乙类互补对称功率放大器的工作原理相似，输入信号 u_i 在正半周时，VT_1 导通、VT_2 截止，VT_1 的集电极电流 i_{C1}，由 $+U_{CC}$ 经 VT_1 和电容 C 流到 R_L，使其获得正半周输出信号。

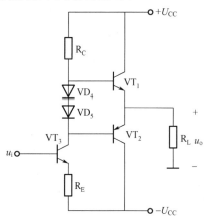

图 2-3-6 实用 OCL 电路

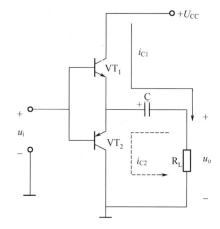

图 2-3-7 单电源互补对称放大器的基本电路

在 u_i 负半周时，VT_1 截止、VT_2 导通，VT_2 的集电极电流 i_{C2} 由电容 C 正极流出，经 VT_2 流到 R_L 最后回到电容 C 的负极，使负载获得负半周输出信号。两只管子用射极输出形式轮流放大正、负半周信号，实现双向跟随放大。

这种电路由于工作在乙类放大状态，不可避免地存在着交越失真。为克服这一缺点，多采用工作在甲乙类放大状态的实用 OTL 电路，如图 2-3-8 所示。

电路中利用两个二极管 VD_3、VD_4 的正向压降，给两个功放互补管 VT_1、VT_2 提供

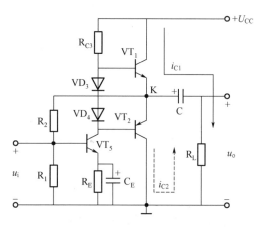

图 2-3-8 实用 OTL 电路

正向偏置电压，VT_5 为前置级（偏置电路未画出）。静态时，由于电路对称，VT_1、VT_2 两管静态电流相等，因而负载 R_L 上无静态电流通过，输出电压 $u_o=0$。这样，当有信号时，就可使放大器的输出在零点附近仍能基本上得到线性放大，克服了交越失真。

 **任务实施**

一、任务准备

实施本任务教学所使用的实训设备及工具材料可参考表 2-3-1。

表 2-3-1 实训设备及工具材料

序号	分类	名称	型号规格	数量	单位	备注
1	工具仪表	万用表	MF47 型	1	套	
2		常用电子组装工具		1	套	

（续表）

序号	分类	名称	型号规格	数量	单位	备注
3	工具仪表	双踪示波器		1	台	
4		毫伏表		1	台	
5		低频信号发生器		1	台	
6	设备器材	直流稳压电源		1	台	
7		碳膜电阻 R	310Ω	1	只	
8		碳膜电阻 R_{C1}	650Ω	1	只	
9		碳膜电阻 R_{B1}	3.3kΩ	1	只	
10		碳膜电阻 R_{B2}	2.4kΩ	1	只	
11		电位器 RP_1	10kΩ	1	只	
12		电位器 RP_2	1kΩ	1	只	
13		碳膜电阻 R_L	8Ω	1	只	
14		碳膜电阻 R_{E1}	100Ω	1	只	
15		二极管 VD	1N4001	1	只	
16		三极管 VT_1	3DG6	1	只	
17		三极管 VT_2	3DG12	1	只	
18		三极管 VT_3	3DG12	1	只	
19		电解电容器 C	1000μF/16V	1	只	
20		电解电容器 C_1	10μF/16V	1	只	
21		电解电容器 C_2	100μF/16V	1	只	
22		电解电容器 C_{E1}	100μF/16V	1	只	
23		万能电路板		1	块	
24		镀锡铜丝	ϕ0.5mm	若干	米	
25		焊料、助焊剂		若干		

二、电路装配

1. 绘制电路的元器件布置图

根据如图 2-3-1 所示的电路原理图，画出本任务的元器件布置示意图，如图 2-3-9 所示。

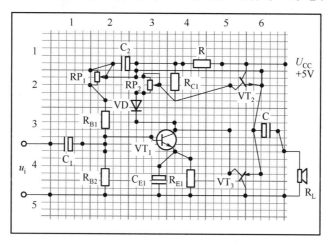

图 2-3-9　元器件布置示意图

2．元器件的检测

对电路中使用的元器件进行检测与筛选。在此仅就扬声器的检测进行介绍。

（1）用一节干电池，两端焊上导线，如图 2-3-10 所示。

用这两根导线断续触碰扬声器的两个引出端，扬声器应发出"喀喀"声。如不发声，则表明扬声器已坏。

（2）用万用表判断，如图 2-3-11 所示。

将万用表置 R×1 挡，把任意一只表笔与扬声器的任一引出端相接，用另一只表笔断续触碰扬声器另一引出端，此时，扬声器应发出"喀喀"声，指针亦相应摆动。如触碰时扬声器不发声，指针也不摆动，说明扬声器内部音圈断路或引线断裂。

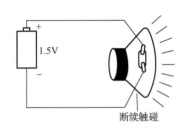

图 2-3-10　用电池判断扬声器好坏示意图

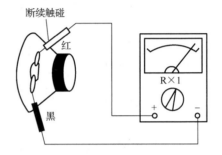

图 2-3-11　用万用表判断扬声器好坏示意图

3．元器件的成形

将所用的元器件在插装前都要按插装工艺要求进行成形。

4．元器件的插装焊接

（1）电阻器均采用水平安装，要求贴紧电路板，电阻器的色环方向应一致。

（2）电解电容器采用垂直安装，电容器底部应贴近电路板，并注意正、负极的极性应正确。

（3）三极管采用垂直安装，底部离开电路板 5mm，注意引脚应正确。

5．镀锡裸铜丝的焊接

根据电路原理图和元器件布置图进行镀锡裸铜丝的焊接。

6．焊接检查

焊接结束，首先检查电路有无漏焊、错焊、虚焊等问题。检查时可用尖嘴钳或镊子将每个元器件拉动一下，看有无松动，如果发现有松动现象，应重新焊接。

三、通电前的检查

电路安装完毕后，必须在不通电的情况下，对电路板进行认真细致的检查，以便纠正安装错误。检查中应注意以下问题：

（1）元器件引脚之间有无短路。

（2）电解电容器的极性有无接反。

（3）三极管引脚有无接错。

（4）扬声器有无接错。

四、电路测试

1. 静态工作点的调试

（1）电源进线中串入直流毫安表，电位器 RP_2 置最小值，RP_1 置中间位置。接通+5V 电源，观察电压表指示，同时用手触摸输出级三极管，若电流过大或管子温升显著，应立即断开电源检查原因并进行排除。无异常现象，可开始调试。

（2）调节输出端中点电位 U_A。调节电位器 RP_1，用万用表直流电压挡测量使 $U_A = 1/2 U_{CC}$。

（3）调整输出级静态电流并测量各级静态工作点。调节 RP_2，使 VT_2、VT_3 的集电极电流 $I_{C2} = 5 \sim 10mA$。从减小交越失真角度，应适当加大输出级静态电流，但该电流过大会使效率降低，所以一般以 $5 \sim 10mA$ 为宜。

（4）测量各级静态工作点，记入表 2-3-2 中。

表 2-3-2 放大电路静态工作点的测量（$I_{C2}=I_{C3}$ 取适当值，$U_A=2.5V$）

	VT_1	VT_2	VT_3
U_B / V			
U_C / V			
U_E / V			

2. 最大输出功率 P_{om} 和效率 η 的测试

（1）测量最大输出功率 P_{om}。

输入端接 $f = 1kHz$ 的正弦信号 u_i，输出端用示波器观察输出电压 u_o 波形。逐渐增大 u_i，使输出电压达到最大不失真输出，用万用表测出负载电阻 R_L 上的电压 U_{om}，则

$$p_{om} = \frac{U_{om}^2}{2R_L} \approx \frac{(U_{CC}/2)^2}{2R_L} = \frac{U_{CC}^2}{8R_L}$$

（2）测量效率 η。

当输出电压为最大不失真输出时，读出直流毫安表的电流值，此电流即为直流电源供给的平均电流 I_{dc}，由此可近似求得直流电源输出的直流功率 $P_E = U_{CC} I_{dc}$，再根据上面测得的最大输出功率 P_{om}，即可求出电路的效率 $\eta = \dfrac{P_{om}}{P_E}$。

将 U_{om}、I_{dc}、P_{om}、P_E、η 测量值填入表 2-3-3 中。

表 2-3-3 输出功率及效率测量值

R_L / Ω	U_{om} /V	I_{dc} /mA	P_{om} /mW	P_E /mW	η

 操作提示

（1）由于线路比较复杂，导线间的分布电容很容易造成干扰。因此，对各元器件的布局要尽量与电路一致，而且导线尽量短，减少交叉，特别是要避免平行走线。

（2）信号输入最好使用屏蔽线，并确保屏蔽层接地。

（3）示波器电源要经过隔离变压器供电。

（4）不要使扬声器发生短路。

（5）测试静态工作点时，若毫伏表指示值过大或管子温升显著，则可检查 RP_2 是否开路、电路是否有自激现象、输出管性能是否良好等，并进行排除。

（6）在调整 RP_2 时，要注意旋转方向，不要调得过大，更不能开路，以免损坏输出管。

 任务测评

对任务实施的完成情况进行检查，并将结果填入表 2-3-4。

表 2-3-4　任务测评表

序号	考核项目	评分标准	配分	扣分	得分
1	元器件安装	（1）元器件不按规定方式安装，扣 10 分 （2）元器件极性安装错误，扣 10 分 （3）布线不合理，一处扣 5 分	30		
2	电路焊接	（1）电路装接后与电路原理图一致，一处不符合扣 10 分 （2）焊点有一处不合格，每处扣 2 分 （3）剪引脚留头长度有一处不合格，扣 2 分	20		
3	电路测试	（1）关键点电位不正常，扣 10 分 （2）放大倍数测量错误，扣 10 分 （3）仪器仪表使用错误，每次扣 5 分 （4）仪器仪表损坏，扣 20 分	40		
4	安全文明生产	（1）发生安全事故扣 10 分 （2）违反管理要求视情况扣 5~10 分	10		
5	合计		100		
6	工时定额	90min	开始时间		结束时间	

巩固与提高

一、判断题（正确的打"√"，错误的打"×"）

1. 能输出较大功率的放大器称为功率放大器。　　　　　　　　　　　　（　　）

2. 在输出波形正、负半周交替过零处出现非线性失真，又称交越失真。（　　）

3. 功率放大器只放大功率。　　　　　　　　　　　　　　　　　　　　（　　）

4. 静态情况下，乙类互补功率放大器电源消耗的功率最大。　　　　　　（　　）

5. 功率放大器中功放管常常处于极限工作状态。　　　　　　　　　　　（　　）

6. 近似估算法可以应用于功率放大器。　　　　　　　　　　　　　　　（　　）

7．工作在甲乙类的放大器能克服交越失真。 （　　）

8．功率放大器既能放大电流又能放大电压。 （　　）

9．功率放大器输出波形允许有一定的失真。 （　　）

10．功率放大器的静态电流越大越好。 （　　）

11．乙类功率放大器静态时，$I_{CQ} \approx 0$，所以静态功率几乎为零，效率高。 （　　）

12．甲类功率放大器的效率低，主要是静态工作点选在交流负载线的中点，使静态电流 I_{CQ} 较大造成的。 （　　）

13．组成互补对称功放电路的两只三极管采用同型号的管子。 （　　）

14．OTL 功率放大器输出电容的作用仅仅是将信号传递到负载。 （　　）

15．功率放大电路的最大输出功率是指在基本不失真情况下，负载上可能获得的最大交流功率。 （　　）

二、选择题（请将正确答案的序号填入括号内）

1．功率放大器的作用是（　　）。
　　A．输出较大功率　　　　　　　　B．输出较大电压
　　C．实现电压放大　　　　　　　　D．提高输出电阻

2．乙类放大效率（　　）。
　　A．最低　　　　B．居中　　　　C．最高　　　　D．不存在

3．双电源互补对称功放电路中两个功放管的发射极电位为（　　）。
　　A．$U_{CC}/2$　　B．U_{CC}　　　C．0　　　　D．$U_{CC}/3$

4．甲类放大电路是指功放管导通角（　　）。乙类放大电路是指功放管的导通角（　　）。
　　A．等于 360°　　B．等于 180°　　C．大于 180°　　D．小于 360°

5．静态时，单电源互补对称功放电路中输出电容上的电压为（　　）。
　　A．$U_{CC}/2$　　B．U_{CC}　　　C．0　　　　D．$U_{CC}/3$

6．LM 386 集成功率放大器的电压适用范围为（　　）V。
　　A．4～16　　　B．10～30　　　C．5～20　　　D．4～8

7．单电源互补对称功放电路中每个功放管的工作电压是（　　）。
　　A．8V　　　　B．$U_{CC}/2$　　C．U_{CC}　　　D．5V

8．互补对称功放电路中两个功放管基极之间若只接二极管，则至少需（　　）。
　　A．1 个　　　　B．2 个　　　　C．3 个　　　　D．4 个

9．功率放大电路与电压放大电路、电流放大电路的共同点是（　　）。
　　A．都使输出电压大于输入电压
　　B．都使输出电流大于输入电流
　　C．都使输出功率大于信号源提供的输入功率

10．某功放的静态工作点在交流负载线的中点，这种情况下功放的工作状态称为（　　）。
　　A．甲类　　　　B．乙类　　　　C．甲乙类

11．乙类互补对称功率放大电路在正常工作中，三极管工作在（　　）状态。
　　A．放大　　　　B．饱和　　　　C．截止　　　　D．放大或截止

12．功率放大器最基本的特点是（　　）。

A．输出信号电压大   B．输出信号电流大

C．输出信号电压和电流均大   D．输出信号电压大、电流小

13．实际应用的互补对称功率放大器属于（   ）。

A．甲类放大器   B．乙类放大器

C．电压放大器   D．甲乙类放大器

三、简答题

1．对功率放大器的主要要求是什么？

2．何为乙类放大器？

3．何为甲乙类放大器？

4．功率放大电路与小信号电压放大电路有何异同？

5．根据静态工作点的设置不同，功率放大器可分为哪几种主要类型？一些音响设备对音质要求很高，而音质会受到交越失真的影响，较大的交越失真会使音质降低，这时，选用哪种类型的功率放大器更合适？

项目 3 集成运算应用电路的装配与调试

任务 1 比例运算电路的装配与调试

 **学习目标**

知识目标：

1. 掌握集成运算放大器及其特性。
2. 掌握比例运算、加减运算电路的组成及工作分析。
3. 能正确识读比例运算应用电路的原理图、接线图和布置图。

能力目标：

1. 能够掌握手工焊接操作技能，会按照工艺要求正确焊装比例运算应用电路。
2. 能熟练掌握比例运算电路的装配与调试方法，并能独立排除调试过程中出现的故障。

 **工作任务**

运算放大电路是一种具有高放大倍数的直接耦合放大器。在发展初期，运算放大器主要用于模拟电子计算机中的数学运算，故称运算放大器。从电子技术的发展到集成电路的出现，形成了集成运算放大器，简称集成运放。随着集成工艺的不断发展，集成运放的技术指标也在不断提高，而且应用范围也越来越广泛，集成运放除了用于数学运算，还广泛应用于仪器仪表等电子设备及自动化系统中。

比例运算电路（简称比例运放）、加法运算电路及微积分电路是集成运放的线性应用电路，它们也是直流调速系统中的重要组成单元。比例运算应用电路原理图如图 3-1-1 所示。其焊接实物如图 3-1-2 所示。

本次任务的主要内容是，根据给定的技术指标，按照原理图装配并调试电路；同时能独立解决调试过程中出现的故障。

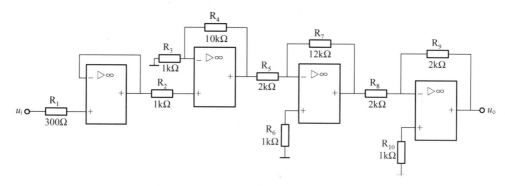

图 3-1-1　比例运算应用电路原理图

图 3-1-2　比例运算应用电路焊接实物图

任务分析

　　集成运放的线性应用表现在能够构成各种运算电路上，比例运算放大是其中应用最普遍的一种。因此，在进行本次任务的学习时，必须首先了解集成运放的基本结构与符号，进而了解集成运放的基本特性，然后熟悉基本的运算电路，最后掌握比例运算应用电路的装配和调试方法。

一、集成运放的基本结构与符号

1．集成运放的基本结构

　　集成运放实际上是一个高增益的带有深度负反馈的多级直接耦合放大器。如图 3-1-3 所示为常见集成运放的外形。集成运放的种类很多，电路各不相同，但其内部结构相似，通常都由四部分组成，即输入级、中间级、输出级和偏置电路。如图 3-1-4 所示为集成运放的内部结构框图。

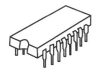

(a) 双列直插式封装　　(b) 单列直插式封装　　(c) TO-5型封装　　(d) F型封装　　(e) 陶瓷扁平封装

图 3-1-3　常见集成运放的外形

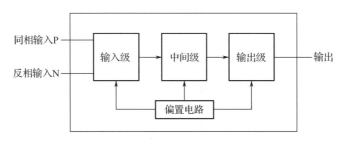

图 3-1-4　集成运放的内部结构框图

1）输入级

输入级是集成运放最关键的一级，其直接影响集成运放的性能，要求输入级电阻尽可能高，静态电流尽量小。

2）中间级

中间级是电路中起放大作用的主要电路，要求中间级有足够大的电压放大倍数，一般可达千倍以上。

3）输出级

输出级直接与负载相接，为功率放大级。一般要求输出级具有输出电压线性范围宽、输出电阻小、失真小等特点，通常采用互补对称输出电路。

4）偏置电路

偏置电路决定整个电路的直流工作状态，用于为以上各级提供合适的静态工作点。

2．集成运放的符号

集成运放的图形符号如图 3-1-5 所示。它有两个输入端，其中"+"号为同相输入端，表示集成运放的输出信号与该输入端所加信号极性相同；"-"号为反相输入端，表示集成运放的输出信号与该输入端所加信号极性相反。"▷"表示信号的传输方向，"∞"表示理想开环电压放大倍数为无穷大。

实际的集成运放除了上述三个接线端子以外，还有正负电源端、调零端、相位补偿端等。

集成运放的外引脚排列因型号而异，使用时参考产品手册。CF741 与 LM324 都是双列直插式的，其引脚排列如图 3-1-6 所示，其中 LM324 是由四个独立的通用型集成运放集成在一起所组成的。

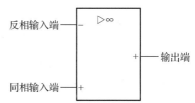

图 3-1-5　集成运放的图形符号

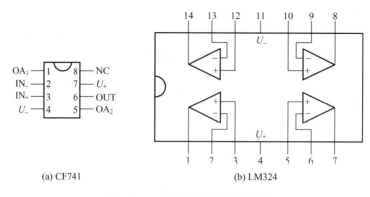

(a) CF741   (b) LM324

图 3-1-6 集成运放的引脚排列

二、集成运放的主要性能指标

集成运放的主要技术指标是选择和使用集成运放的依据，了解各项技术指标的含义，对于正确选择和使用集成运放是非常必要的。

1．开环差模电压放大倍数 A_{od}

A_{od} 是集成运放在开环时（无外加反馈时）输出电压与输入差模信号电压的比值，常用分贝（dB）表示。这个值越大越好，目前最高的可达 140dB（10^7 倍）以上。

2．输入失调电压 U_{os} 及其温漂 dU_{os}/dt

理想情况下，集成运放的输入级完全对称，能够达到输入电压为零时输出电压亦为零。然而实际上并非如此理想，当输入电压为零时输出电压并不为零，若在输入端外加一个适当的补偿电压使输出电压为零，则外加的这个补偿电压称为输入失调电压 U_{os}。U_{os} 越小越好，高质量的集成运放可达 1mV 以下。

另外，U_{os} 的大小还受温度的影响。因此，将输入失调电压对温度的变化率 dU_{os}/dt 称为输入失调电压的温漂（或温度系数），用来表征 U_{os} 受温度变化的影响程度，单位为 $\mu V/℃$。一般集成运放其值为 1～ 50$\mu V/℃$，高质量的可达 0.5$\mu V/℃$ 以下。显然，这项指标值越小越好。

3．输入失调电流 I_{os} 及其温漂 dI_{os}/dt

I_{os} 用来表征输入级两输入端的输入电流不对称所造成的影响。由于静态时两输入电流不对称，而造成输出电压不为零，所以，I_{os} 越小越好。

另外，I_{os} 的大小还受温度的影响。规定输入失调电流对温度的变化率 dI_{os}/dt 为输入失调电流的温漂（或温度系数），用来表征 I_{os} 受温度变化的影响程度，单位为 nA/℃。一般集成运放其值为 1～5nA/℃，高质量的可达 pA/℃ 数量级。

4．输入偏置电流 I_B

I_B 为常温下输入信号为零时，两输入端静态电流的平均值，即 $I_B = (I_{B1}+I_{B2})/2$。它是衡量输入端输入电流绝对值大小的标志。I_B 太大，不仅在不同信号源内阻的情况下对静态工作点有较大影响，而且也影响温漂和运算精度。一般为几百纳安，高质量的为几纳安。

5．差模输入电阻 r_{id}

r_{id} 是集成运放两输入端之间的动态电阻，以 $r_{id} = \Delta r_{id}/\Delta i_i$ 表示。它是衡量两输入端从输入信号源索取电流大小的标志。一般为 MΩ 数量级，高质量的可达 10^6 MΩ。

6．输出电阻 r_o

r_o 是集成运放开环工作时，从输出端向里看进去的等效电阻。其值越小，说明集成运放带负载的能力越强。

7．共模抑制比 K_{CMRR}

K_{CMRR} 是差模电压放大倍数与共模电压放大倍数之比，即 $K_{CMRR} = |A_{od}/A_{oc}|$，若以分贝表示，则 $K_{CMRR} = 20\lg|A_{od}/A_{oc}|$。该值越大越好，一般为 80~100dB，高质量的可达 160dB。

8．最大差模输入电压 U_{idm}

U_{idm} 是指同相输入端和反相输入端之间所能承受的最大电压值。所加电压若超过此值，则可能使输入级的三极管反向击穿而损坏。

9．最大共模输入电压 U_{icm}

U_{icm} 是集成运放在线性工作范围内所能承受的最大共模输入电压。若超过这个值，则集成运放会出现 K_{CMRR} 下降、失去差模放大能力等问题。高质量的可达正、负十几伏。

三、理想集成运放的技术指标及其基本特性

在分析集成运放组成的各种电路时，将实际集成运放作为理想运放来处理，并分清它的工作状态是线性区还是非线性区，是十分重要的。

1．理想集成运算放大器的技术指标

理想集成运算放大器满足以下各项技术指标：
（1）开环差模电压放大倍数 $A_{od} \to \infty$。
（2）输入电阻 $r_{id} \to \infty$。
（3）输出电阻 $r_{od} \to 0$。
（4）共模抑制比 $K_{CMRR} \to \infty$。
（5）失调电压、失调电流以及它们的温漂均为零。
（6）带宽 $f_h \to \infty$。

尽管真正的理想运算放大器并不存在，然而实际集成运放的各项技术指标与理想指标非常接近，差距很小，可满足实际工程计算的需要。因此，在实际应用中都将集成运放理想化，以使分析过程大为简化。本书所涉及的集成运放都按理想器件来考虑。

2．集成运放的电压输出特性

集成运放的输出电压随输入电压的变化而变化的特性称为电压传输特性，通常用电压传输特性曲线来表示，如图 3-1-7 所示。由特性曲线可以看出，集成运放分线性放大区和

非线性饱和区域两部分。在线性放大区，输入电压 u_o 随输入电压 u_i 的变化而变化，曲线的斜率为集成运放的电压放大倍数 A_{od}；在非线性饱和区，输出电压只有两种情况，正向饱和电压 $+U_{om}$ 和负向饱和电压 $-U_{om}$。

集成运放工作在线性放大区时，用来组成各种运算电路，如比例运算电路、加法运算电路、减法运算电路及微分、积分电路等。

3．理想运放工作在线性放大区时的特性

理想运放引入深度负反馈时，工作在线性放大状态，其特性如下。

（1）同相输入端电位与反向输入端电位相等。

由于理想集成运放的 $A_{od} \to \infty$，而 u_o 为限值，故由式 $u_o = A_{od}(u_+ - u_-)$ 可知

$$u_+ - u_- = 0$$

即

$$u_+ = u_-$$

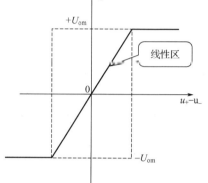

图 3-1-7　电压传输特性

把集成运放两个输入端电位相等称为"虚短"。"虚短"的意思就是，虽然 $u_+ = u_-$，但集成运放的两个输入端并没有真正短路。

（2）由于理想运放的 $r_{id} \to \infty$，且 $r_{id} = \dfrac{u_i}{i_i}$（$i_i$ 为同相及反相输入电流），所以 $i_i = 0$，即

$$i_{i+} = i_{i-} = 0$$

此结论称为"虚断"。"虚断"是指集成运放两个输入端的输入电流趋近于零，而不是输入端真的断开。

四、基本运算电路

集成运放外加不同的反馈网络（反馈电路），可以实现比例、加法、减法、积分、微分、对数、指数等多种基本运算。这里主要介绍比例、加法、减法运算。由于对模拟量进行上述运算时，要求输出信号反映输入信号的某种运算结果，这就要求输出电压在一定范围内随输入信号电压的变化而变化。故集成运放应工作在线性区，且在电路中必须引入深度负反馈。

1．比例运算电路

1）反相比例运算电路

反相比例运算电路又称反相输入放大器，其基本形式如图 3-1-8 所示。它实际上是一个深度的电压并联负反馈放大器。输入信号 u_i 经电阻 R_1 加至集成运放反相输入端，反馈支路由 R_f 构成，将输出电压 u_o 反馈至反相输入端。

（1）"虚地"的概念。由于理想集成运放的 $i_{i+} = i_{i-} = 0$，所以 R_2 上无压降，即 $u_+ = 0$。再由于 $u_+ = u_-$，所以 $u_- = 0$。这就是说，反相端也为地电位，但反相端并未直接接地，故称为"虚地"。"虚地"是反相比例运算电路的重要特征。

（2）比例系数。在反相比例运算放大电路中，由虚地概念 $u_- = 0$ 可得

$$i_f = \frac{u_- - u_o}{R_f} = -\frac{u_o}{R_f}$$

由虚短和 $i_- = 0$ 得

$$i_1 = i_f$$

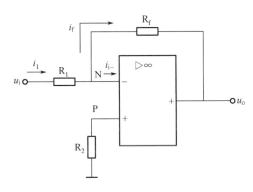

图 3-1-8　反相比例运算电路

以及

$$i_1 = \frac{u_i - u_-}{R_1} = -\frac{u_i}{R_1}$$

所以

$$\frac{u_i}{R_1} = -\frac{u_o}{R_f}$$

$$u_o = -\frac{R_f}{R_1} u_i$$

或

$$A_{u_f} = \frac{u_o}{u_i} = -\frac{R_f}{R_1}$$

上式表明，集成运放的输出电压与输入电压之间成反比例关系，比例系数（即电路的闭环电压放大倍数）仅决定于反馈电阻 R_f 与输入电阻 R_1 的比值 R_f / R_1，而与运放本身的参数无关。当选用不同的 R_1 和 R_f 电阻值时，就可以方便地改变这个电路的闭环电压放大倍数。式中的负号表示输出电压与输入电压反相。当选取 $R_f = R_1 = R$ 时

$$A_{u_f} = \frac{u_o}{u_i} = -\frac{R_f}{R_1} = -1$$

即输出电压与输入电压大小相等、相位相反，这种电路称为反相器。

在电路中，同相输入端与地之间接有一个电阻 R_2，这个电阻是为了保持集成运放电路静态平衡而设置的。即保持在输入信号电压为零时，输出电压亦为零。R_2 称为平衡电阻，要求 $R_2 = R_1 \mathbin{/\!/} R_f$。

2）同相比例运算电路

同相比例运算电路又称同相输入放大器，其基本形式如图 3-1-9 所示。它实际上是一个深度的电压串联负反馈放大器。输入信号 u_i 经电阻 R_2 加至集成运放同相输入端，反馈电阻 R_f 将输出电压 u_o 反馈至反相输入端。即输出电压经反馈电阻 R_f 与 R_1 分压，取 R_1 上的电压作为反馈电压加到反相输入端。

比例系数（闭环电压放大倍数）：由虚断可知

$$i_{i+} = i_{i-} = 0$$

故

$$i_1 = i_f$$

由虚短及 $i_{i+} = 0$ 得

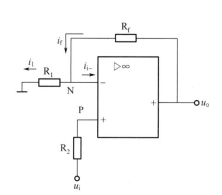

$$u_- = u_+ = u_i$$

由图 3-1-9 可列出方程，即

$$i_1 = \frac{u_- - 0}{R_1} = \frac{u_i}{R_1}$$

$$i_f = \frac{u_o - u_-}{R_f} = \frac{u_o - u_i}{R_f}$$

两者相等并整理得

$$u_o = \left(1 + \frac{R_f}{R_1}\right)u_i$$

图 3-1-9 同相比例运算电路的基本形式

所以闭环电压放大倍数为

$$A_{u_f} = \frac{u_o}{u} = 1 + \frac{R_f}{R_1}$$

上式表明，集成运放的输出电压与输入电压之间成正比例关系，比例系数（即闭环电压放大倍数）仅决定于反馈网络的电阻值 R_f 和 R_1，而与集成运放本身的参数无关。A_{u_f} 为正值，表明输出电压与输入电压同相。当 $R_f = 0$（反馈电阻短路）和（或）$R_1 = \infty$（反相输入端电阻开路）时，$A_{u_f} = 1$，这时 $u_o = u_i$，输出电压等于输入电压。因此，把这种集成运放电路称为电压跟随器，它是同相输入放大器的特例，如图 3-1-10 所示。

2．加法运算电路

加法运算电路可分为同相加法运算电路和反相加法运算电路。它是在反相比例运算电路或同相比例运算放大电路的基础上，增加几条输入支路而形成的电路。

1）反相加法运算电路

反相加法运算电路如图 3-1-11 所示。它是反相输入端有三个输入信号的加法电路，是利用反相比例运算电路实现的。与反相比例运算电路相比，这个反相加法电路只是增加了两个输入支路。另外，平衡电阻 $R_4 = R_1 // R_2 // R_3 // R_f$ 根据集成运放反相输入端虚断可知，$i_f = i_1 + i_2 + i_3$；而根据集成运放反相运算时反相输入端虚地可得，$u_- = 0$。因此，由图可得

$$-\frac{u_o}{R_f} = \frac{u_{i1}}{R_1} + \frac{u_{i2}}{R_2} + \frac{u_{i3}}{R_3}$$

故可求得输出电压为

$$u_o = -R_f\left(\frac{u_{i1}}{R_1} + \frac{u_{i2}}{R_2} + \frac{u_{i3}}{R_3}\right)$$

由上式可见，实现了反相加法运算。若 $R_f = R_1 = R_2 = R_3$，则 $u_o = -(u_{i1} + u_{i2} + u_{i3})$。通过适当选配电阻值，可使输出电压与输入电压之和成正比，从而完成加法运算。相加的输入信号数目可以增至五六个。这种电路在调节某一路输入端电阻时并不影响其他路信号产生的输出值，因此调节方便，使用得比较多。

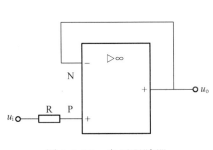

图 3-1-10 电压跟随器

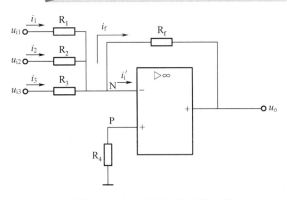

图 3-1-11 反相加法运算电路

2）同相加法运算电路

同相加法运算电路如图 3-1-12 所示。它是同相输入端有两个输入信号的加法电路，是利用同相比例运算电路实现的。与同相比例运算电路相比，这个同相加法电路只是增加了一个输入支路。

为使直流电阻平衡，要求：$R_2 // R_3 // R_4 = R_1 // R_f$。

根据集成运放同相端虚断，应用叠加原理可求出 u_+，即

$$u_+ = \frac{R_3 // R_4}{R_2 + R_3 // R_4} u_{i1} + \frac{R_2 // R_4}{R_3 + R_2 // R_4} u_{i2}$$

根据同相比例运算 u_o 与 u_+ 的关系式可得

$$u_o = \left(1 + \frac{R_f}{R_1}\right) u_+ = \left(1 + \frac{R_f}{R_1}\right)\left(\frac{R_3 // R_4}{R_2 + R_3 // R_4} u_{i1} + \frac{R_2 // R_4}{R_3 + R_2 // R_4} u_{i2}\right)$$

由上式可见，实现了同相加法运算。若 $R_2 = R_3 = R_4$，$R_f = 2R_1$，则上式可简化为 $u_o = u_{i1} + u_{i2}$。这种电路在调节某一路输入电阻时会影响其他路信号产生的输出值，因此调节不方便。

3．减法运算电路

减法运算电路如图 3-1-13 所示。图中，输入信号 u_{i1} 和 u_{i2} 分别加至反相输入端和同相输入端。对该电路也可用"虚短"和"虚断"的特点来分析，下面应用叠加定量根据同、反相比例运算电路已有的结论进行分析，这样可使分析更简便。首先，设 u_{i1} 单独作用，而 $u_{i2} = 0$，此时电路相当于一个反相比例运算电路，可得 u_{i1} 产生的输出电压 u_{o1} 为

$$u_{o1} = -\frac{R_f}{R_1} u_{i1}$$

再设由 u_{i2} 单独作用，而 $u_{i1} = 0$，则电路变为一个同相比例运算电路，可求得 u_{i2} 产生的输出电压 u_{o2} 为

$$u_{o2} = \left(1 + \frac{R_f}{R_1}\right) u_+ = \left(1 + \frac{R_f}{R_1}\right)\frac{R_3}{R_2 + R_3} u_{i2}$$

由此可求得总输出电压为

$$u_o = u_{o1} + u_{o2} = -\frac{R_f}{R_1}u_{i1} + \left(1 + \frac{R_f}{R_1}\right)\frac{R_3}{R_2 + R_3}u_{i2}$$

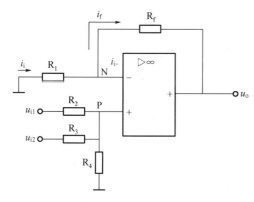

图 3-1-12　同相加法运算电路　　　　　　　图 3-1-13　减法运算电路

当 $R_1 = R_2$，$R_f = R_3$ 时，则

$$u_o = \frac{R_f}{R_1}(u_{i2} - u_{i1})$$

当 $R_f = R_1$ 时，则 $u_o = u_{i2} - u_{i1}$，从而实现了减法运算。

任务实施

一、任务准备

实施本任务教学所使用的实训设备及工具材料可参考表 3-1-1。

表 3-1-1　实训设备及工具材料

序号	分类	名称	型号规格	数量	单位	备注
1	工具仪表	万用表	MF47 型	1	套	
2		常用电子组装工具		1	套	
3		双踪示波器		1	台	
4		毫伏表		1	台	
5		低频信号发生器		1	台	
6	设备器材	直流稳压电源		1	台	
7		碳膜电阻 R_1	300Ω	1	只	
8		碳膜电阻 R_2、R_3、R_4、R_6、R_{10}	1kΩ	5	只	
9		碳膜电阻 R_5、R_7、R_8、R_9	2kΩ	4	只	
10		碳膜电阻 R_7	12kΩ	1	只	
11		集成运放 IC	CF741	1	只	
12		集成电路插座	8 脚	1	只	
13		万能电路板		1	块	
14		镀锡铜丝	Φ0.5mm	若干	米	
15		焊料、助焊剂		若干		

二、电路装配

1. 绘制电路的元器件布置图

根据如图 3-1-1 所示的电路原理图,可画出本任务的元器件布置示意图,如图 3-1-14 所示。

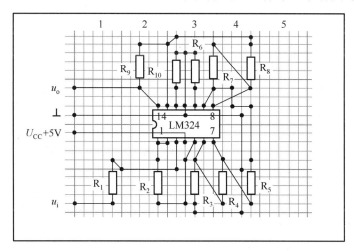

图 3-1-14　元器件布置示意图

2. 元器件的检测

对电路中使用的元器件进行检测与筛选,确定 LM324 集成运放各引脚的名称。

3. 元器件的成形

将所用的元器件在插装前按插装工艺要求进行成形。

4. 元器件的插装焊接

按顺序在万能焊接电路板上插接元器件。一般先插接集成块的管座,再按顺序从左到右、从上到下插接电阻。电阻器均采用水平安装,要求贴紧电路板,电阻器的色环方向应一致。集成运放采用垂直安装,底部贴紧电路板,注意引脚应正确。

5. 镀锡裸铜丝的焊接

根据电路原理图和元器件布置图进行镀锡裸铜丝的焊接。接线要可靠,无漏接、虚接、短路现象,并引出电源接线端、公共地端及输入、输出信号接线端。

6. 焊接检查

焊接结束,首先检查电路有无漏焊、错焊、虚焊等问题。检查时可用尖嘴钳或镊子将每个元器件拉动一下,看有无松动,如果发现有松动现象,应重新焊接。

三、通电前的检查

电路安装完毕后,必须在不通电的情况下,对电路板进行认真细致的检查,以便纠正安装错误。检查中应注意以下问题:

（1）元器件引脚之间有无短路。

（2）检查集成运放引脚有无接错，用万用表欧姆挡检查引脚有无短路、开路等问题。

（3）检查集成运放输出端、电源端和接地端，这几个端子之间不能短路，否则将损坏元器件和电源。发现问题应及时纠正。

四、电路测试

（1）经上述检查确认没有错误后，将稳压电源输出的±12V 直流电源与电路的正、负电源端相连接，并认真检查，确保直流电源正确、可靠地接入电路，然后接通直流电源。

（2）将低频信号发生器"频率"调为 100Hz，输出信号电压调为 50mV，输入测试电路的输入端。

（3）将双通道示波器 Y 输入分别与测试电路的输入、输出端连接，接通示波器电源，调整示波器使输入、输出电压波形稳定显示（1～3 个周期）。

（4）读取输入、输出电压波形的峰-峰值，计算电压放大倍数。将结果填入表 3-1-2 中。

表 3-1-2　输入、输出电压波形的峰-峰值（U_i=50mV, f=100Hz）

U_i /V	U_o /V	u_i 波形	u_o 波形	A_u	
				实测值	计算值
		u_i ↑ t →	u_o ↑ t →		

（5）分别观察电压跟随器、同相比例运算电路、反相比例运算电路和反相器的输出波形，观察输入、输出波形的相位变化。将结果填入表 3-1-3 中。

表 3-1-3　测试结果

测量电路	U_i /V	U_o /V	A_u	相位差
电压跟随器				
同相比例运算电路				
反相比例运算电路				
反相器				

操作提示

一般情况下，测试结果均与理论估算值接近，误差很小。若测试结果与理论估算值产生较大误差，则其原因主要有以下几个方面。

（1）集成运放的特性与理想值相差较多，主要是集成运放的开环增益不高，使实测输出电压值偏小。另外，共模抑制比比较小，也会引起同相运算电路的输出产生误差。

（2）运算电路的外接元件的标称值与实际值有误差。

（3）调零没有调好或调零电位器发生变动。

（4）电路接错或测量点接错，电压表换挡误差或读数错误，电压表内阻较低等。

（5）输入信号过大，集成运放工作在非线性状态。

 **任务测评**

对任务实施的完成情况进行检查，并将结果填入表 3-1-4。

表 3-1-4　任务测评表

序号	考核项目	评分标准	配分	扣分	得分
1	元器件安装	（1）元器件不按规定方式安装，扣 10 分 （2）元器件极性安装错误，扣 10 分 （3）布线不合理，一处扣 5 分	30		
2	电路焊接	（1）电路装接后与电路原理图一致，一处不符合扣 10 分 （2）焊点不合格，每处扣 2 分 （3）剪引脚留头长度有一处不合格，扣 2 分	20		
3	电路测试	（1）关键点电位不正常，扣 10 分 （2）放大倍数测量错误，扣 10 分 （3）仪器仪表使用错误，每次扣 5 分 （4）仪器仪表损坏，扣 20 分	40		
4	安全文明生产	（1）发生安全事故扣 10 分 （2）违反管理要求视情况扣 5～10 分	10		
5	合计		100		
6	工时定额	90min　　开始时间	结束时间		

 **知识拓展**

一、微分运算电路

微分运算电路如图 3-1-15 所示。它和反相比例运算电路的差别是用电容代替电阻 R_1。为使直流电阻平衡，要求 $R_1 = R_f$。

根据运放反相输入端虚地可得

$$i_1 = C_1 \frac{du_i}{dt}$$

$$i_f = -\frac{u_o}{R_f}$$

由于 $i_1 = i_f$，因此可得输出电压 u_o 为

$$u_o = -R_f C_1 \frac{du_i}{dt}$$

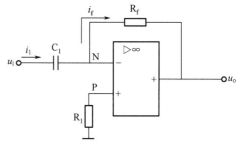

图 3-1-15　微分运算电路

可见输出电压 u_o 正比于输入电压 u_i 对时间 t 的微分，从而实现了微分运算。式中，$R_f C_1$ 为微分电路的时间常数。

二、积分运算电路

将微分运算电路中的电阻和电容位置互换，即构成积分运算电路，如图 3-1-16 所示。

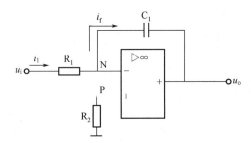

图 3-1-16　积分运算电路

由图可得

$$i_i = \frac{u_i}{R_1}$$

$$i_f = -C_f \frac{\mathrm{d}u_o}{\mathrm{d}t}$$

由于 $i_1 = i_f$，所以可得输出电压 u_o 为

$$u_o = -\frac{1}{R_1 C_f} \int u_i \mathrm{d}t$$

可见输出电压 u_o 正比于输入电压 u_i 对时间 t 的积分，从而实现了积分运算。式中，$R_1 C_f$ 为积分电路的时间常数。

微分和积分电路常用以实现波形变换。例如，微分电路可将方波电压变换为尖脉冲电压，积分电路可将方波电压变换为三角波电压，如图 3-1-17 所示。

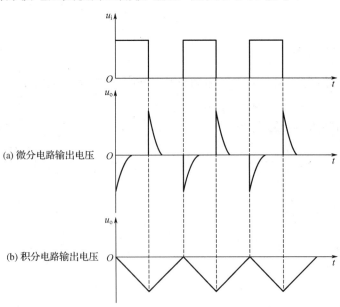

图 3-1-17　微、积分电路用于波形变换

巩固与提高

一、判断题（正确的打"√"，错误的打"×"）

1．集成运放工作在线性区，电路一定存在深度负反馈。 （　　）
2．集成运放工作在非线性区，电路一定存在深度正反馈。 （　　）
3．反相比例运算电路可根据虚地的概念进行分析。 （　　）
4．在反相比例运算电路中，当 $R_f = 0$ 时，其电压放大倍数为无限大。 （　　）
5．同相比例运算电路可根据虚短的概念进行分析。 （　　）
6．集成运放调零时应将输入端对地短路。 （　　）
7．集成运放的正、负电源极性可接反使用。 （　　）
8．静态调试时应将输入端对地短路。 （　　）
9．当 $U_+ > U_-$ 时输出电压为 $-U_{om}$。 （　　）
10．微分和积分电路可实现波形变换。 （　　）
11．当集成运放工作在非线性区时，输出电压不是高电平，就是低电平。 （　　）
12．集成运放的引出端只有三个。 （　　）
13．凡是运算电路都可利用"虚短"和"虚断"的概念求解。 （　　）
14．"虚地"指虚假接地，并不是真正接地。 （　　）
15．处于线性工作状态的集成运放，反相输入端可按"虚地"来处理。 （　　）
16．积分运算电路和微分运算电路在分析时不能用"虚短"和"虚断"进行分析。

（　　）
17．积分运算电路和微分运算电路的差别是电容元件的位置不同。 （　　）
18．加法运算电路有反相加法电路和同相加法电路。 （　　）
19．因为集成运放的实质是高放大倍数的多级直流放大器，所以它只能放大直流信号。

（　　）
20．偏置电路不属于集成运放的组成部分。 （　　）
21．直接耦合放大电路能够放大缓慢变化的信号和直流信号，但不能放大漂移信号。

（　　）
22．共模抑制比越小，差分放大电路的性能越好。 （　　）
23．差分放大电路对共模信号没有放大作用，放大的只是差模信号。 （　　）
24．差分放大电路的共模放大倍数实际上为零。 （　　）
25．积分运算电路和微分运算电路均属于反相运算电路。 （　　）

二、选择题（请将正确答案的序号填入括号内）

1．集成运放的作用是（　　）。
    A．功率放大   B．输出较大电阻
    C．实现电压放大   D．提高输出电流
2．反相比例电路中，当 $R_f = R_1$ 时，比例系数是（　　）。
    A．无限大   B．–1   C．20   D．15
3．同相比例电路中，当 $R_f = R_1$ 时，比例系数是（　　）。

A．无限大　　　　B．1　　　　　C．2　　　　　D．15

4．同相比例运算电路中存在（　　）。

A．正反馈　　　　　　　　　B．没有反馈

C．电压串联负反馈　　　　　D．电流反馈

5．反相比例运算电路中存在（　　）。

A．正反馈　　　B．没有反馈　　　C．电流反馈　　　D．电压并联负反馈

6．集成运放工作在线性区时有（　　）。

A．$U_+=U_-$　　　B．$U_+\neq U_-$　　　C．$U_+>U_-$　　　D．$U_+<U_-$

7．集成运放工作在非线性区时有（　　）。

A．$U_+=U_-$　　　B．$U_+\neq U_-$　　　C．$U_+>U_-$　　　D．$U_+<U_-$

8．集成运放工作在非线性区时，当 $U_+>U_-$ 时有（　　）。

A．$U_o=+U_{om}$　　　B．$U_o=-U_{om}$　　　C．$U_o=-U_{CC}$　　　D．20

9．在微分电路中，集成运放工作在（　　）。

A．非线性区　　　B．线性区　　　C．饱和区　　　D．截止区

10．理想集成运放的开环放大倍数（　　）。

A．较大　　　B．很小　　　C．一般　　　D．无限大

11．克服零点漂移最有效且最常用的是（　　）。

A．放大电路　　　　　　B．振荡电路

C．差分放大电路　　　　D．滤波电路

12．集成运放工作在线性区的必要条件是（　　）。

A．引入正反馈　　　B．引入深度负反馈　　　C．开环状态

13．理想运算放大器的两个重要结论为（　　）。

A．虚地与反相　　　B．虚短与虚地　　　C．虚短与虚断

14．反相比例运算电路的一个重要特点是（　　）。

A．反相输入端为虚地　　　B．输入电阻大

C．电流并联反馈　　　　　D．电压串联负反馈

15．反相比例运算电路的一个重要特点是（　　）。

A．反相输入端为虚地　　　B．输入电阻大

C．电流并联反馈　　　　　D．电压串联负反馈

16．积分运算电路通过（　　）引入负反馈。

A．电阻　　　B．电容　　　C．电阻和电容　　　D．平衡电阻

17．在多级放大电路的几种耦合方式中，（　　）耦合能放大缓慢变化的交流信号或直流信号。

A．变压器　　　B．直接　　　C．阻容

18．差分放大器是利用（　　）抑制零漂的。

A．电路的对称性　　　　　　B．共模负反馈

C．电路的对称性和共模负反馈　　　D．差模负反馈

19．差分放大电路中，当 $U_{i1}=300mV$，$U_{i2}=200mV$ 时，分解为共模输入信号为（　　）。

A．500mV　　　B．100mV　　　C．250mV　　　D．50mV

20．差分放大电路由双端输入变为单端输入，则差模放大倍数（　　）。

A．增加一倍　　　B．为双端输入时的1/2　　　C．不变　　　D．不确定

21．如图 3-1-18 所示的带调零电位器的差分放大电路中，只对共模信号有负反馈作用的元件是（　　）。

A．RP　　　　　B．R_E　　　　　C．R_1 或 R_2　　　　　D．R_{C1} 或 R_{C2}

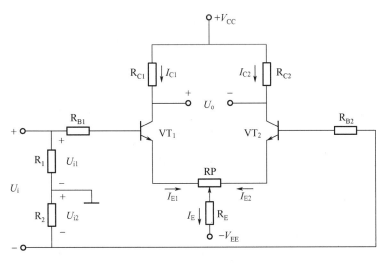

图 3-1-18

22．差分放大器在差模输入时的放大倍数与单管放大电路的放大倍数的关系为（　　）。

A．一半　　　　　B．相等　　　　　C．1/3

23．差分放大电路的差模信号是两个输入端信号的（　　）；共模信号是两个输入端信号的（　　）。

A．和　　　　　B．差　　　　　C．积　　　　　D．平均值

24．在同相输入运算放大电路中，R_f 为电路引入了（　　）。

A．电压串联负反馈　　　　　B．电压并联负反馈
C．电流串联负反馈　　　　　D．电流并联负反馈

25．同相比例运算电路在分析时不用（　　）概念。

A．虚短　　　　　B．虚断　　　　　C．虚地

26．（　　）比例运算电路输入电阻很大。

A．同相输入　　　B．反相输入　　　C．差分输入

27．（　　）比例运算电路的特例是电压跟随器，它具有 R_i 很大和 R_o 很小的特点，常用做缓冲器。

A．同相　　　　　B．反相　　　　　C．差分

28．由理想运放构成的线性应用电路，其电路增益与运放本身的参数（　　）。

A．有关　　　　　B．无关　　　　　C．有无关系不确定

29．基本微分电路中的电容器接在电路的（　　）。

A．反相输入端　　　B．同相输入端　　　C．反相端与输出端之间

30. 已知某电路输入电压和输出电压的波形如图 3-1-19 所示，该电路可能是（　　）。

  A．积分运算电路   B．微分运算电路

  C．过零比较器   D．迟滞比较器

三、问答题

1. 集成运放的输入级为什么要采用差分放大电路？对集成运放的中间级和输出级各有什么要求？一般采用什么样的电路形式？

2. 集成运放工作在线性区和非线性区各有什么特点？有一利用集成运放实现的报警器电路，当被监测量转换成的电压值超出某一正常范围时（过高或过低），报警器发出报警声，这一电路中集成运放可能工作在线性区还是非线性区？可能采用了那种电路？

3. 什么叫"虚短"、"虚地"？什么叫"虚断"？在什么情况下存在"虚地"？

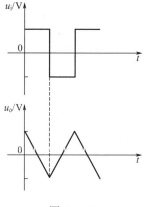

图 3-1-19

四、计算题

1. 在反相比例运算电路中，已知 $R_f=20\text{k}\Omega$，$R_1=10\text{k}\Omega$，求电压放大倍数。

2. 在同相比例运算电路中，已知 $R_f=20\text{k}\Omega$，$R_1=10\text{k}\Omega$，求电压放大倍数。

任务 2　正弦信号发生器的装配与调试

 学习目标

知识目标：

1. 掌握正弦波振荡的基本概念、RC 串并联电路的选频特性、RC 桥式正弦波振荡电路的组成及工作原理。

2. 能正确识读 RC 桥式正弦波振荡电路的原理图、接线图和布置图。

能力目标：

1. 能够掌握手工焊接操作技能，会按照工艺要求正确焊装 RC 桥式正弦波振荡电路。

2. 能熟练掌握 RC 桥式正弦波振荡电路的装配与调试，并能独立排除调试过程中出现的故障。

 工作任务

  在电子工程、通信工程、自动控制、遥测控制、测量仪器、仪表和计算机等技术领域，经常需要用到各种各样的信号波形发生器。随着集成电路的迅速发展，用集成电路可很方便地构成各种信号波形发生器。用集成电路实现的信号波形发生器与其他信号波形发生器相比，其波形质量、幅度和频率稳定性等性能指标，都有了很大的提高。在电子技术实验领域，经常需要使用多种不同波形的信号，如正弦波、三角波、方波等。产生这种多波形

的信号发生器也叫函数发生器。如图 3-2-1 所示的 RC 桥式正弦波振荡电路就是正弦波信号发生器的典型电路。其焊接实物图如图 3-2-2 所示。

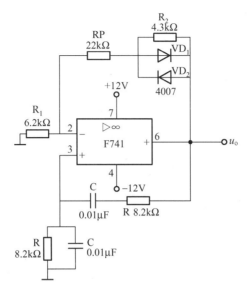

图 3-2-1　RC 桥式正弦波振荡电路原理图

图 3-2-2　RC 桥式正弦波振荡电路焊接实物图

本次任务的主要内容是，根据给定的技术指标，按照原理图装配并调试电路；同时能独立解决调试过程中出现的故障。

 **任务分析**

正弦波发生器是一种能产生正弦波信号的装置，常用于科研、生产、维修和实验中。例如在教学实验中，常使用其输出波形作为标准输入信号，接至放大器的输入端，配合测试仪器，例如用示波器定性观察放大器的输出端，判断放大器是否工作正常，否则，通过调整放大器的电路参数，使之工作在放大状态；然后，通过测试仪器（例如用三极管毫伏表对输出端进行定量测试），从而获得该放大器的性能指标。因此，在学习本任务时，首先应了解正弦波振荡的基本概念、RC 串并联电路的选频特性，进而熟悉 RC 桥式正弦波振荡

电路的组成及工作原理，最终掌握该电路的装配与调试，并能通过装配与调试掌握振荡电路的特点、起振条件和元件参数对电路性能的影响。

相关知识

一、正弦波振荡的概念

放大电路在没有输入信号时，接通电源就有稳定的正弦波信号输出，这种电路称为正弦波振荡电路。

二、正弦波振荡电路的组成原则

正弦波振荡电路一般应由放大电路、反馈网络、选频网络和稳幅电路四部分组成。

1．放大电路

放大电路是维持振荡电路连续工作的主要环节，没有放大，就不可能产生持续的振荡。要求放大电路必须有能量供给，结构合理，静态工作点合适，且具有放大的作用。

2．反馈网络

反馈网络的作用是形成反馈（主要是正反馈）信号，为放大电路提供维持振荡的输入信号，是振荡电路维持振荡的主要环节。

3．选频网络

选频网络的主要作用是保证电路能产生单一频率的振荡信号，一般情况下这个频率就是振荡电路的振荡频率。在很多振荡电路中，选频网络和反馈网络结合在一起。

4．稳幅电路

稳幅电路的作用主要是使振荡信号幅值稳定，以达到稳幅振荡。

三、RC 桥式正弦波振荡电路

1．电路组成

集成运放构成的 RC 桥式正弦波振荡电路如图 3-2-1 所示。图中 RC 串并联网络构成正反馈支路，同时兼做选频网络，由于 RC 串、并联网络构成一个四臂电桥，所以又称 RC 桥式正弦波振荡电路，R_1、R_2、RP 及二极管等元器件构成负反馈和稳幅环节。调节 RP 可以改变负反馈深度，以满足振荡的振幅平衡条件和改善波形。

2．RC 串、并联网络的选频特性

将图 3-2-1 中的 RC 串、并联网络单独画出，如图 3-2-3(a)所示。假定幅度恒定的正弦信号电压 u_0 从 A、C 两端输入，反馈电压 u_F 从 B、C 两段输出。下面分析电路的幅频特性和相频特性。

1）反馈电压 u_F 的幅频特性

u_F 的幅值随输入信号的频率变化而发生变化的关系称为幅频特性。当输入信号频率较

低时，电容 C_1、C_2 的容抗均很大，在 R_1、C_1 串联部分，$2\pi fC_1 \gg R_1$，因此 R_1 可忽略；在 R_2、C_2 并联部分，$1/2\pi fC_2 \gg R_2$，因此 C_2 可忽略。此时，图 3-2-3(a)所示的低频等效电路如图 3-2-2(b)所示，频率越低，C_1 容抗越大，R_2 分压越小，反馈输出电压 u_F 越小。

当输入信号频率较高时，电容 C_1、C_2 的容抗均很小。在 R_1、C_1 串联部分，$R_1 \gg 1/2\pi fC_1$，因此 C_1 可忽略；在 R_2、C_2 并联部分，$R_2 \gg 1/2\pi fC_2$，因此 R_2 可忽略。此时，图 3-2-3(a)所示的高频等效电路如图 3-2-3(c)所示，频率越高，C_2 容抗越小，C_2 分压越小，反馈输出电压 u_F 越小。

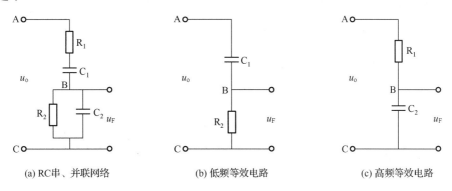

(a) RC串、并联网络　　　　(b) 低频等效电路　　　　(c) 高频等效电路

图 3-2-3　RC 串、并联网络及等效电路

RC 串、并联电路的幅频特性曲线如图 3-2-4(a)所示。从图中可以看出，只有在谐振频率 f_0 处，输出电压幅值最大。偏离这个频率，输出电压幅度迅速减小。

2）反馈电压 u_F 的相频特性

由上面的分析可知，当信号频率低到接近于零时，C_1、C_2 容抗很大，在低频等效电路中 $1/2\pi fC_1 \gg R_2$，电路接近于纯电容电路，电路电流的相位将超前于输入电压 u_0 的相位 90°。因此，反馈输出电压 u_F 的相位也将超前于 u_0 的相位 90°。随着信号频率的升高，相位角相应减小，当频率升高到谐振频率 f_0 时，相位角 ϕ 减小到零，u_F 与 u_0 同相位。如果信号频率升高到接近于无限大时，C_1、C_2 容抗很小，在高频等效电路 $R_1 \gg 1/2\pi fC_2$，电路接近于纯电阻电路，电路的电流与输入电压 u_0 同相位。因此，反馈输出电压 u_F 的相位将滞后于 u_0 的相位 90°。u_F 与 u_0 之间的相位差随频率的变化关系，称为 RC 串、并联网络的相频特性。其相频特性曲线如图 3-2-4(b)所示。

从上述分析可以得出结论：当信号频率 f 等于 RC 串、并联网络的谐振频率 f_0 时，输出电压 u_F 幅值最大，且与输入信号 u_0 同相位，这就是 RC 串、并联网络的相频特性。

当 $R_1 = R_2 = R$，$C_1 = C_2 = C$ 时，RC 串、并联网络的谐振频率 f_0

$$f_0 = \frac{1}{2\pi RC}$$

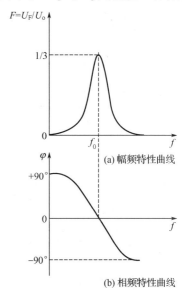

(a) 幅频特性曲线

(b) 相频特性曲线

图 3-2-4　RC 串、并联网络的频率特性曲线

振荡电路起振的幅值条件为

$$\frac{R_F}{R_1} > 2$$

式中，$R_F = R_p + R_2 // r_o$ 为二极管正向导通电阻。

改变选频网络的参数 C 或 R，即可调节振荡频率。一般改变电容 C 来进行频率量程切换，而调节 R 来进行量程内的频率细调。

 **任务实施**

一、任务准备

实施本任务教学所使用的实训设备及工具材料可参考表 3-2-1。

表 3-2-1　实训设备及工具材料

序号	分类	名称	型号规格	数量	单位	备注
1	工具仪表	万用表	MF47 型	1	套	
2		常用电子组装工具		1	套	
3		双踪示波器		1	台	
4		毫伏表		1	台	
5	设备器材	直流稳压电源		1	台	
6		碳膜电阻 R_1	6.2kΩ	1	只	
7		碳膜电阻 R_2	4.3kΩ	1	只	
8		可变电阻器 RP	22kΩ	1	只	
9		碳膜电阻 R	8.2kΩ	2	只	
10		无极性电容器 C	0.01μF	2	只	
11		二极管 VD_1、VD_2	1N4007	2	只	
12		集成运放 IC	CF741	1	只	
13		集成电路插座	8 脚	1	只	
14		万能电路板		1	块	
15		镀锡铜丝	ϕ0.5mm	若干	米	
16		焊料、助焊剂		若干		

二、电路装配

1. 绘制电路的元器件布置图

根据如图 3-2-1 所示的电路原理图，可画出本任务的元器件布置示意图，如图 3-2-5 所示。

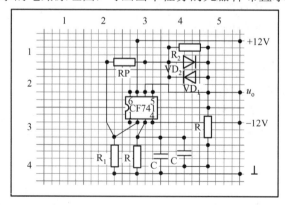

图 3-2-5　元器件布置示意图

2．元器件的检测

对电路中使用的元器件进行检测与筛选。

3．元器件的成形

将所用的元器件在插装前按插装工艺要求进行成形。

4．元器件的插装焊接

（1）电阻器均采用水平安装，要求贴紧电路板，电阻器的色环方向应一致。
（2）集成运放采用垂直安装，底部贴紧电路板，注意引脚应正确。

5．镀锡裸铜丝的焊接

根据电路原理图和元器件布置图进行镀锡裸铜丝的焊接。要求布线正确，焊点合格，无虚焊、短路现象。

6．焊接检查

焊接结束，首先检查电路有无漏焊、错焊、虚焊等问题。检查时可用尖嘴钳或镊子将每个元器件拉动一下，看有无松动，如果发现有松动现象，应重新焊接。

三、通电前的检查

电路安装完毕后，必须在不通电的情况下，对电路板进行认真细致的检查，以便纠正安装错误。检查中应注意以下问题：
（1）元器件引脚之间有无短路。
（2）检查集成运放引脚有无接错，用万用表欧姆挡检查引脚有无短路、开路等问题。
（3）重点检查集成运放输出端、电源端和接地端，这几个端子之间不能短路，否则将损坏元器件和电源。发现问题应及时纠正。

四、电路测试

1．负反馈强弱对起振条件及输出波形的影响分析

接通±12V 电源，调节电位器 RP 使输出波形从无到有，从正弦波到出现失真。描绘 u_o 的波形，记下临界起振和正弦波输出失真情况下的 R_P 值，分析负反馈强弱对起振条件及输出波形的影响，测量出结果，填入表 3-2-2。

表 3-2-2　临界起振和正弦波输出失真情况下 u_o 的波形

	$R_P/k\Omega$	u_o 的波形
临界起振		
正弦波输出失真		

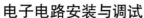
2．分析研究振荡的幅值条件

调节电位器 RP，使输出电压 u_o 幅值最大且不失真，用交流毫伏表分别测量输出电压 U_o，反馈电压 U_+ 和 U_-，分析研究振荡的幅值条件，测量出结果，填入表 3-2-3。

表 3-2-3　测量结果

$R_P/k\Omega$	u_o 的波形	U_o /V	U_+ /V	U_- /V
	u_o↑ —→ t			

3．振荡频率 f_0 分析

用示波器测量振荡频率 f_0，然后在选频网络的两个电阻 R 上并联同一阻值电阻，观察记录振荡频率的变化情况，并与理论值进行比较，测量出结果，填入表 3-2-4。

表 3-2-4　测量结果

	f_0 的测量值	f_0 的理论值
并联电阻前		
并联电阻后		

4．故障分析

断开二极管 VD_1、VD_2，重复步骤 2 的内容，将测试结果与 2 进行比较，分析 VD_1、VD_2 的稳幅作用，测量出结果，填入表 3-2-5。

表 3-2-5　测量结果

$R_P/k\Omega$	u_o 的波形	U_o /V	U_+ /V	U_- /V
	u_o↑ —→ t			

 操作提示

（1）调试中若无振荡信号输出，可检查直流电源是否可靠接入，RC 选频电路接入是否正确，集成运放是否完好等；或负反馈太强，应适当加大 R_F 进行故障排除。

（2）调试中若波形严重失真，则应适当减小 R_F。

 **任务测评**

对任务实施的完成情况进行检查，并将结果填入表 3-2-6。

表 3-2-6　任务测评表

序号	考核项目	评分标准	配分	扣分	得分
1	元器件安装	（1）元器件不按规定方式安装，扣 10 分 （2）元器件极性安装错误，扣 10 分 （3）布线不合理，一处扣 5 分	30		

（续表）

序号	考核项目	评分标准	配分	扣分	得分
2	电路焊接	（1）电路装接后与电路原理图一致，一处不符合扣10分 （2）焊点不合格，每处扣2分 （3）剪引脚留头长度有一处不合格，扣2分	20		
3	电路测试	（1）关键点电位不正常，扣10分 （2）放大倍数测量错误，扣10分 （3）仪器仪表使用错误，每次扣5分 （4）仪器仪表损坏，扣20分	40		
4	安全文明生产	（1）发生安全事故扣10分 （2）违反管理要求视情况扣5～10分	10		
5	合计		100		
6	工时定额	90min　　开始时间	结束时间		

知识拓展

正弦波振荡的条件

1．振幅平衡条件

$$AF = 1$$

式中 A——放大电路的电压放大倍数；

F——RC 选频电路的反馈系数。

当振荡频率 $f = f_0$ 时，$F = 1/3$，所以要满足振荡的振幅平衡条件，则要求放大电路的放大倍数 $A = 3$。

2．相位平衡条件

$$\varphi_A + \varphi_F = \pm 2n\pi$$

式中 φ_A——放大电路的相位移（°）；

φ_F——RC 选频网络的相位移（°）

当振动频率 $f = f_0$ 时，$\varphi_F = 0$，所以要满足振荡的相位平衡条件，则要求放大电路的相位移 $\varphi_A = \pm 2n\pi$（$n = 0$、1、2、3⋯）。

3．起振条件

$$AF > 1$$

当振荡频率 $f = f_0$ 时，$F = 1/3$，所以要满足起振条件，则要求放大电路的放大倍数 $A > 3$。

巩固与提高

一、判断题（正确的打"√"，错误的打"×"）

1．正弦波振荡电路只要满足正反馈就一定能振荡。　　　　　　　　　　（　　）

2．正弦波振荡电路选频网络的主要作用是产生单一频率的振荡信号。　（　　）

3．在 RC 桥式正弦波振荡器中，振荡频率只由选频电路的参数决定。　（　　）

4. 振荡器为了产生一定频率的正弦波，必须要有选频网络。（　　）

5. 放大器必须同时满足相位平衡条件和振幅平衡条件才能产生自激振荡。（　　）

6. RC 桥式振荡器采用两级放大器的目的是实现同相放大。（　　）

7. 振荡电路中只要引入了负反馈，就不会产生振荡信号。（　　）

二、选择题（请将正确答案的序号填入括号内）

1. 在 RC 桥式正弦波振荡器中，起振条件为（　　）。
   A. $A>1$　　　　　　　　　　　B. $A=1$
   C. $A>3$　　　　　　　　　　　D. $A=3$

2. 正弦波振荡的振幅平衡条件是（　　）。
   A. $AF=0$　　　　　　　　　　B. $AF=1$
   C. $AF<1$　　　　　　　　　　D. $AF=2$

3. 在 RC 桥式正弦波振荡器中，当振荡频率 $f=f_0$ 时，反馈系数为（　　）。
   A. $F=1/3$　　　　　　　　　　B. $F=2/3$
   C. $F<1/3$　　　　　　　　　　D. $F>1/3$

4. 一个实际的正弦波振荡电路绝大多数属于（　　）电路。
   A. 负反馈　　　　B. 正反馈　　　　C. 无反馈

5. 为了保证振荡幅值稳定且波形较好，实际的正弦波振荡电路常常还需要（　　）环节。
   A. 屏蔽　　　　　　　　　　　B. 延迟
   C. 稳幅　　　　　　　　　　　D. 微调

6. 要使振荡电路获得单一频率的正弦波，主要是依靠振荡器中的（　　）。
   A. 正反馈环节　　　　　　　　B. 稳幅环节
   C. 基本放大电路环节　　　　　D. 选频网络环节

7. 正弦波振荡器的振荡频率取决于（　　）。
   A. 反馈元件的参数　　　　　　B. 正反馈的强度
   C. 三极管的放大系数　　　　　D. 选频网络的参数

8. 在 RC 正弦波振荡器中，一般要加入负反馈支路，其主要目的是（　　）。
   A. 提高稳定性，改善输出波形　　B. 稳定静态工作点
   C. 减小零点漂移　　　　　　　D. 提高输出电压

9. RC 桥式振荡器是（　　）。
   A. 电容反馈式振荡器　　　　　B. 电感反馈式振荡器
   C. RC 振荡器　　　　　　　　D. 石英晶体振荡器

10. RC 桥式振荡电路中引入的负反馈为（　　）。
    A. 电压串联负反馈　　　　　　B. 电压并联负反馈
    C. 电流串联负反馈　　　　　　D. 电流并联负反馈

三、计算题

在 RC 桥式正弦波振荡电路中，已知 $R=2\text{k}\Omega$，$C=47\mu\text{F}$，求振荡频率 f_0。

任务 3　矩形波–三角波发生器的装配与调试

**学习目标**

知识目标：

1. 掌握具有滞回特性的电压比较器的工作原理及特点。

2. 矩形波–三角波发生器的组成及工作原理分析。

3. 能正确识读矩形波–三角波发生器的原理图、接线图和布置图。

能力目标：

1. 能够掌握手工焊接操作技能，会按照工艺要求正确焊装矩形波–三角波发生器。

2. 能熟练掌握电路的调试方法，并能独立排除调试过程中电路出现的故障。

工作任务

集成运放工作在非线性区域时，可以组成电压比较电路。电压比较电路又称电压比较器，它是函数发生器电路中不可缺少的组成部分。矩形波–三角波发生器的电路原理图如图 3-3-1 所示，其电路焊接实物图如图 3-3-2 所示。

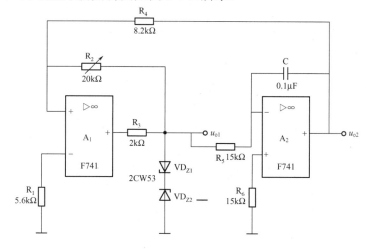

图 3-3-1　矩形波–三角波发生器的电路原理图

图 3-3-2　矩形波–三角波发生器的电路焊接实物图

本次任务的主要内容是，根据给定的技术指标，按照原理图装配并调试电路；同时能独立解决调试过程中出现的故障。

从如图 3-3-1 所示矩形波-三角波发生器的电路原理图可知，矩形波-三角波发生器是由具有滞回特性的电压比较器 A_1 和反相积分器 A_2 组成的。比较器的输入信号就是积分器的输出电压 u_{o2}，而比较器的输出电压 u_{o1} 又是积分器的输入信号。比较器产生矩形波，积分器产生三角波。因此，在学习本任务时，首先应了解具有滞回特性的电压比较器的工作原理及特点，进而熟悉矩形波-三角波发生器的组成及工作原理，最终掌握该电路的装配与调试，并能通过装配与调试掌握矩形波-三角波发生器的特点，各元器件的作用和元件参数对电路性能的影响。

相关知识

一、电压比较器

电压比较器是将输入电压与一个参考电压相比较，在两者幅值相等时由输出状态反映比较结果。它能够鉴别输入电压的相对大小，常用于超限报警、模数转换及非正弦波产生等电路中。

集成运放组成电压比较器时，常工作在开环状态。有时为了提高比较精度，又常在电路中引入正反馈。

1．过零比较器

过零比较器是一个参考电压为 0V 的比较器，其电路如图 3-3-3(a)所示。同相输入端接地，输入信号经电阻 R_1 加至反相输入端。图中的 VD_{Z1}、VD_{Z2} 是稳压二极管。若不加稳压二极管，在理想情况下，当 $u_i > 0$ 时，$u_o = -U_{om}$；当 $u_i < 0$ 时，$u_o = +U_{om}$，$+U_{om}$ 和 $-U_{om}$ 分别是集成运放的正、负向输出的饱和电压。接入稳压二极管的目的是将输出电压钳位在某个特定值，以满足对比较器输出电压的要求。此时电路的输入/输出关系如图 3-3-3(b)所示，其中 U_Z 代表稳压二极管的稳压值，U_D 代表稳压二极管的正向导通压降。

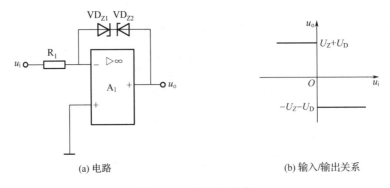

(a) 电路   (b) 输入/输出关系

图 3-3-3　过零比较器

过零比较器抗干扰能力较差，特别是当输入电压处于参考电压附近时，由于零点漂移或干扰，会使输出电压在正、负最大值之间来回变化，从而造成错误输出。

2．滞回比较器

滞回比较器也称迟滞比较器，如图 3-3-4(a)所示。它将输出电压经电阻反馈到同相输入端，使同相输入端的电位随输出电压的变化而变化，从而达到改变过零点的目的。

当输出电压为正的最大值$+U_{om}$时，同相输入端的电压为

$$u_o = \frac{R_2}{R_2 + R_f}U_{om} = U_P$$

只要$u_i < U_P$，输出电压总是U_{om}。一旦u_i从小于U_P加大到刚大于U_P，输出电压立即从U_{om}变为$-U_{om}$。当输出电压为$-U_{om}$时，同相输入端的电压为

$$u_+ = \frac{R_2}{R_2 + R_f}(-U_{om}) = -U_P$$

只要$u_i > -U_P$，输出电压总是$-U_{om}$。一旦u_i从大于$-U_P$减小到刚小于$-U_P$，输出电压立即从$-U_{om}$变为$+U_{om}$。

可见，输出电压由正变负和由负变正，其参考电压U_P和$-U_P$是不同的两个值。这就使比较器具有滞回特性，输入/输出关系具有迟滞回线的形状，如图 3-3-4(b)所示。两个参考电压之差$U_P - (-U_P) = 2U_P$称为"回差电压"。改变电阻R_2或R_f的阻值，就可改变回差电压。回差电压越大，抗干扰能力越强。

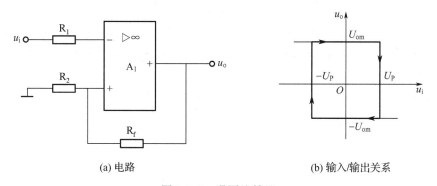

(a) 电路   (b) 输入/输出关系

图 3-3-4　滞回比较器

二、矩形波-三角波发生器

1．矩形波-三角波发生器的作用

矩形波和三角波发生器是产生矩形波和三角波信号的电路，是一个信号源。矩形波和三角波信号在计算机和自动控制系统中广泛使用。

2．矩形波-三角波发生器电路组成及工作原理

矩形波-三角波发生器电路组成原理图如图 3-3-1 所示。其中 A_1、R_1、R_2、R_3 和稳压二极管 2CW53 构成具有滞回特性的电压比较器，A_1 工作在非线性区，稳压二极管起到稳

定输出电压的作用，A_1 输出矩形波信号，其幅值等于稳压二极管的稳压值 $\pm U_Z$；A_2、C、R_5 和 R_6 构成反相积分器，A_2 工作在线性区，输出三角波信号。矩形波-三角波发生器的工作波形如图 3-3-5 所示。

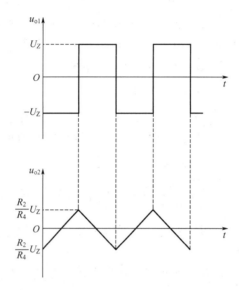

图 3-3-5　矩形波-三角波发生器的工作波形

矩形波-三角波发生器的振荡周期为

$$T = \frac{4R_4}{R_2}R_5C$$

由上式可知，改变 R_4 与 R_2 的比值或 R_5C 充放电电路的时间常数，就可改变输出电压的频率。此外，改变积分电路的输入电压值也可以改变输出电压的频率。

任务实施

一、任务准备

实施本任务教学所使用的实训设备及工具材料可参考表 3-3-1。

表 3-3-1　实训设备及工具材料

序号	分类	名称	型号规格	数量	单位	备注
1	工具仪表	万用表	MF47 型	1	套	
2		常用电子组装工具		1	套	
3		双踪示波器		1	台	
4		毫伏表		1	台	
5	设备器材	直流稳压电源	正、负双电源	1	台	
6		碳膜电阻 R_1	5.6kΩ	1	只	
7		可调电阻器 R_2	20kΩ	1	只	
8		碳膜电阻 R_3	2kΩ	1	只	
9		碳膜电阻 R_4	8.2kΩ	1	只	

（续表）

序号	分类	名称	型号规格	数量	单位	备注
10		碳膜电阻 R_5、R_6	15kΩ	2	只	
11		无极性电容器 C	0.1μF	1	只	
12		集成运放 A_1、A_2	CF741	2	只	
13		稳压二极管 VD_{Z1}、VD_{Z2}	2CW53	2	只	
14		集成电路插座	8 脚	2	只	
15		万能电路板		1	块	
16		镀锡铜丝	ϕ0.5mm	若干	米	
17		焊料、助焊剂		若干		

二、电路装配

1．绘制电路的元器件布置图

根据如图 3-3-1 所示的电路原理图，可画出本任务的元器件布置示意图，如图 3-3-6 所示。

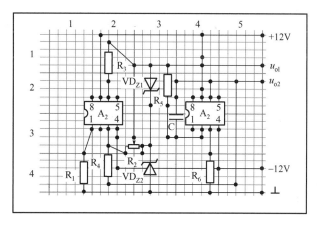

图 3-3-6　元器件布置示意图

2．元器件的检测

对电路中使用的元器件进行检测与筛选。

3．元器件的成形

将所用的元器件在插装前按插装工艺要求进行成形。

4．元器件的插装焊接

（1）电阻器均采用水平安装，要求贴紧电路板，电阻器的色环方向应一致。
（2）集成运放采用垂直安装，底部贴紧电路板，注意引脚应正确。

5．镀锡裸铜丝的焊接

根据电路原理图和元器件布置图进行镀锡裸铜丝的焊接。

6．焊接检查

焊接结束，首先检查电路有无漏焊、错焊、虚焊等问题。检查时可用尖嘴钳或镊子将每个元器件拉动一下，看有无松动，如果发现有松动现象，应重新焊接。

三、通电前的检查

电路安装完毕后，必须在不通电的情况下，对电路板进行认真细致的检查，以便纠正安装错误。检查中应注意以下问题：

（1）元器件引脚之间有无短路。

（2）检查集成运放引脚有无接错，用万用表欧姆挡检查引脚有无短路、开路等问题。

（3）检查集成运放输出端、电源端和接地端，这几个端子之间不能短路，否则将损坏元器件和电源。发现问题应及时纠正。

四、电路测试

1．电路调试

将稳压电源输出的±12V 直流电源与电路的正、负电源端相连接。用双踪示波器观察并描绘矩形波 u_{o1} 及三角波 u_{o2} 的波形（注意对应关系），测量其幅值及频率，填入表 3-3-2。

表 3-3-2　测量结果（1）

	u_o 的波形	U_{om} /V	f_0 /kHz
矩形波 u_{o1}	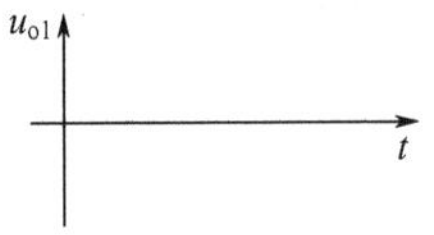		
三角波 u_{o2}	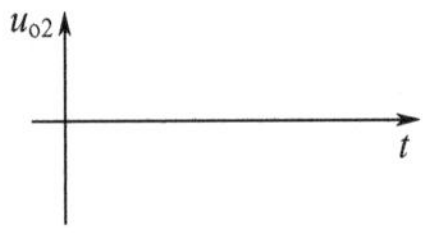		

2．故障分析

（1）改变 R_5 的值，观察 u_{o1}、u_{o2} 幅值及频率变化情况，并填入表 3-3-3。

表 3-3-3　测量结果（2）

$R_5=$	u_o 的波形	U_{om} /V	f_0 /KHz
矩形波 u_{o1}	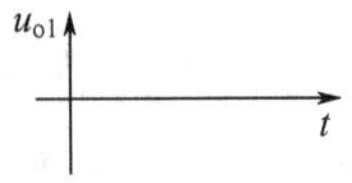		
三角波 u_{o2}	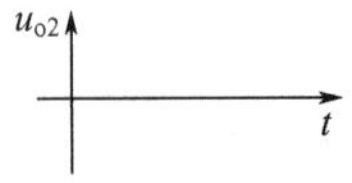		

（2）改变 R_4（或 R_2）的值，观察对 u_{o1}、u_{o2} 幅值及频率的影响，并填入表 3-3-4。

表 3-3-4　测量结果（3）

$R_4 =$	u_o 的波形	U_{om} /V	f_0 /KHz
矩形波 u_{o1}	u_{o1} 坐标图 t		
三角波 u_{o2}	u_{o2} 坐标图 t		

（3）在同一坐标纸上，按比例画出矩形波及三角波的波形，并标明时间和电压幅值。

 **操作提示**

调试中若无振荡信号输出，可检查直流电源极性是否正确、积分电容是否可靠接入、集成运放是否完好等，并进行故障排除。

 **任务测评**

对任务实施的完成情况进行检查，并将结果填入表 3-3-5。

表 3-3-5　任务测评表

序号	考核项目	评分标准	配分	扣分	得分
1	元器件安装	（1）元器件不按规定方式安装，扣 10 分 （2）元器件极性安装错误，扣 10 分 （3）布线不合理，一处扣 5 分	30		
2	电路焊接	（1）电路装接后与电路原理图一致，一处不符合扣 10 分 （2）焊点不合格，每处扣 2 分 （3）剪引脚留头长度有一处不合格，扣 2 分	20		
3	电路测试	（1）关键点电位不正常，扣 10 分 （2）放大倍数测量错误，扣 10 分 （3）仪器仪表使用错误，每次扣 5 分 （4）仪器仪表损坏，扣 20 分	40		
4	安全文明生产	（1）发生安全事故扣 10 分 （2）违反管理要求视情况扣 5～10 分	10		
5	合计		100		
6	工时定额	90min　　开始时间		结束时间	

 **知识拓展**

一、集成运放调零

由于集成运放失调电压和失调电流的存在，当输入电压为零时，输出电压并不为零。为保证当输入电压为零时，输出电压也为零，在输入信号为零时须对输出电压进行调零。

调零电路如图 3-3-7 所示，图中 RP 是调零电位器。调零时，首先将输入端对地短路，然后通过调整电位器的阻值进行调零。无调零引出端的，可在集成运放的输入端加一个补偿电压，以抵消运放本身的失调电压，从而达到调零的目的，其电路如图 3-3-8 所示。

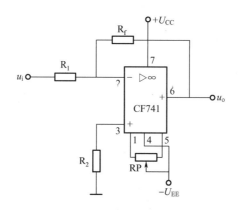

图 3-3-7　外接调零电位器的调零电路图

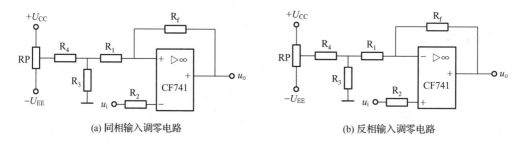

图 3-3-8　输入调零电路

二、集成运放使用中的保护

为防止集成运放在工作中造成损坏，所以集成运放在使用中应有各种健全的保护机制。

1．防止电源极性接反保护

为了防止电源极性接反而损坏集成运放，可利用二极管进行保护，如图 3-3-9 所示。图中二极管 VD_1、VD_2 串入集成运放直流电源电路中，当电源极性反接时，相应的二极管便截止，从而保护了集成运放。

2．输入保护电路

输入信号过大会影响集成运放的性能，甚至造成集成运放的损坏。图 3-3-10 所示是利用二极管 VD_1、VD_2 和电阻 R 构成双向限幅电路，对输入信号幅度加以限制。无论信号的正向电压或反向电压超过二极管的导通电压，两个二极管总会有一个导通，从而可限制输入信号，起到保护的作用。

3．输出保护电路

为了防止输出端触及过高电压而引起过电流或击穿，在集成运放输出端可接入两个对接的稳压二极管加以保护，如图 3-3-11 所示。它可以将输出电压限制在（U_Z+U_D）范围内，其中 U_Z 是稳压二极管的稳压值，U_D 是稳压二极管的正向导通压降。

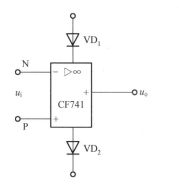

图 3-3-9 集成运放电源保护电路

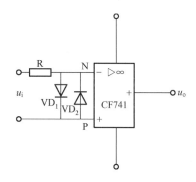

图 3-3-10 输入保护电路

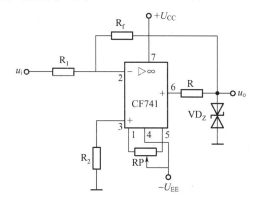

图 3-3-11 输出保护电路

巩固与提高

一、判断题（正确的打"√"，错误的打"×"）

1．集成运放调零时，应在输入信号作用下进行。　　　　　　　　　　　（　　）

2．在集成运放输出端接两个对接的稳压二极管是为了防止输出端触及过高电压而引起过电流或击穿。　　　　　　　　　　　　　　　　　　　　　　　　　（　　）

3．输入信号过大会影响集成运放的性能，甚至造成集成运放的损坏。　（　　）

4．集成运放调零电路只有同相输入调零电路。　　　　　　　　　　　（　　）

5．在矩形波-三角波发生器中，集成运放 A_1 工作在线性区。　　　　　（　　）

6．非正弦信号发生器的振荡条件与正弦信号发生器一样。　　　　　　（　　）

7．非正弦信号发生器只要反馈信号能使比较电路状态发生变化，即能产生周期性的振荡。　　　　　　　　　　　　　　　　　　　　　　　　　　　　　（　　）

8．方波发生电路使电容充放电时间常数相等，则输出信号变为矩形波。（　　）

9．非正弦波振荡电路的振荡频率主要取决于选频网络的参数。　　　　（　　）

10．锯齿波发生器的振荡频率与积分电路或 RC 充放电回路的时间常数有关，另外也与迟滞比较器的参数有关。　　　　　　　　　　　　　　　　　　　　（　　）

二、选择题（请将正确答案的序号填入括号内）

1. 在矩形波-三角波发生器中，集成运放 A_2 工作在（　　）。
   - A．线性区
   - B．非线性区
   - C．正反馈状态
   - D．饱和状态

2. 在矩形波-三角波发生器中，改变（　　）可改变其振荡频率。
   - A．R_1 的值
   - B．R_2 的值
   - C．R_2 和 R_4 的比值
   - D．R_S 的值

3. 为了防止电源极性接反而损坏集成运放，可将二极管（　　）。
   - A．并联在电源两端
   - B．串联在输入端
   - C．并联在输入端
   - D．串联在电源端

4. 在输出保护电路中，R 的作用是（　　）。
   - A．限流
   - B．既限流又调压
   - C．调压
   - D．不起作用

5. 在反相输入调零电路中，当输出电压为负时应将 RP（　　）。
   - A．滑动端往上调
   - B．滑动端往下调
   - C．滑动端调至中间
   - D．都可以

6. 三角波发生器由（　　）组成。
   - A．迟滞比较器和 RC 充放电回路
   - B．迟滞比较器和积分电路
   - C．积分电路和 RC 充放电回路

7. 锯齿波发生器由占空比可调的矩形波发生电路和（　　）组成。
   - A．积分电路
   - B．微分电路
   - C．积分和微分电路

三、计算题

在矩形波-三角波发生器中，设 $R_2 = 10\ \text{k}\Omega$，其他参数如图 3-3-12 所示，试计算矩形波-三角波发生器的振荡周期及输出矩形波信号的幅值。

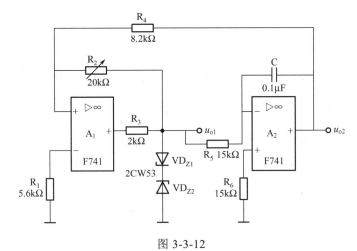

图 3-3-12

项目 4 晶闸管应用电路的 装配与调试

晶闸管不仅具有硅整流器的特性，更重要的是它能以小功率信号去控制大功率系统，可以作为强电-弱电的接口，高效完成对电能的转换和控制。晶闸管主要应用于交流或直流调压电路、可控整流电路、逆变电路及无触点开关等高电压和大电流电路中。本模块将对晶闸管及其应用电路进行介绍。

 ## 任务 1　单结晶体管触发电路的装配与调试

 **学习目标**

知识目标：
1. 能了解单结晶体管的性能、工作原理及使用方法。
2. 能理解单结晶体管触发电路控制原理。
3. 能正确识读单结晶体管触发电路的原理图、接线图和布置图。

能力目标：
1. 能够掌握手工焊接操作技能，会按照工艺要求正确焊装单结晶体管触发电路。
2. 能熟练掌握单结晶体管触发电路的装配与调试方法，并能独立排除调试过程中出现的故障。

 工作任务

单结晶体管又称双基极二极管，是一种在生产和生活中有着广泛应用的半导体器件。如图 4-1-1(a)所示是一个以单结晶体管为主要元件组成的触发电路，通过这一电路可以得到图 4-1-1(b)所示的脉冲电压。这一脉冲电压可用于为其他电路提供合适的触发信号。

本次任务的主要内容是，根据给定的技术指标，按照原理图装配并调试电路；同时能独立解决调试过程中出现的故障。

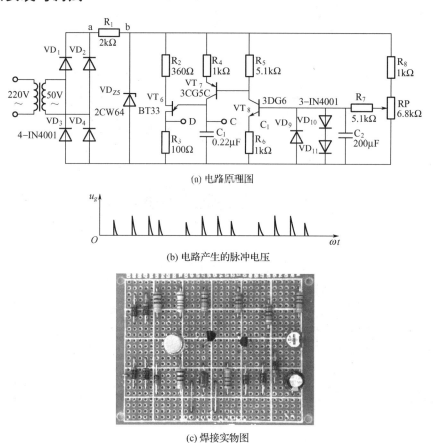

(a) 电路原理图

(b) 电路产生的脉冲电压

(c) 焊接实物图

图 4-1-1　单结晶体管触发电路

 **任务分析**

　　由单结晶体管构成的触发电路，具有简单、可靠、抗干扰能力强、温度补偿性能好等优点，在小容量的晶闸管装置中应用广泛。因此，在进行本次任务的学习时，必须首先了解单结晶体管的结构及工作原理分析，掌握单结晶体管的测试方法，进而掌握单结晶体管触发电路的装配与调试方法，最后通过该电路的装配与调试，掌握单结晶体管触发电路的特点及工作特性，为后续单相半波可控整流调光灯电路安装与调试和单相交流调压电路的装配与调试等任务学习奠定坚实的基础。

 **相关知识**

一、单结晶体管

1. 单结晶体管的结构、图形符号及等效电路

　　在一块高阻率的 N 型硅半导体基片的两端引出两个电极，分别为第一基极 b_1 和第二基极 b_2。在两个基极之间靠近 b_2 处掺入 P 型杂质，并从 P 型区引出电极，称为发射极 e。这样的具有三个电极、一个 PN 结的半导体器件称为单结晶体管，其结构、等效电路、图形符号及外形如图 4-1-2 所示。

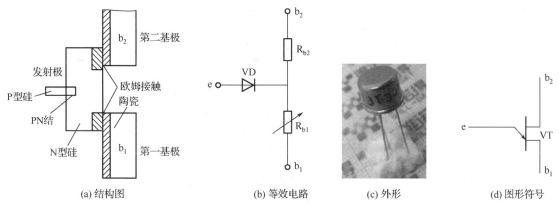

图 4-1-2 单结晶体管

2．单结晶体管的工作原理

如图 4-1-3 所示是单结晶体管的实验电路，S 接通时两个基极之间的电压 U_{bb} 由 R_{b1}、R_{b2} 分压，管子内部 A 点电压为

$$U_A = \frac{R_{b1}}{R_{b1}+R_{b2}}U_{bb} = \eta U_{bb}$$

式中 η——单结晶体管的分压比，由内部结构决定，通常为 0.3～0.9。

单结晶体管的伏安特性曲线如图 4-1-4 所示。U_e 电压从零开始增大，当 $U_e < U_A$ 时，二极管 VD 反偏，只有很小的反向漏电流，I_e 为负值，如图 4-1-4 中的 ab 段曲线。

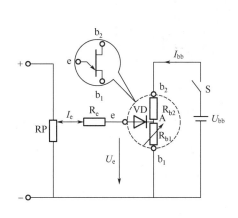

图 4-1-3 单结晶体管的实验电路

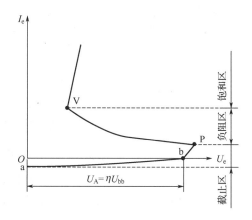

图 4-1-4 单结晶体管的伏安特性曲线

当 U_e 增大到与 U_A 相等时，二极管 VD 零偏，I_e 为零，如图 4-1-4 中的 b 点。

当 $U_A < U_e < U_A + U_D = U_A + 0.7V$ 时，二极管 VD 开始正偏，但未完全导通，I_e 大于零，但数值很小。

当 $U_e > U_A + U_D = U_A + 0.7V$ 时，二极管 I_e 流入发射极，由于发射极 P 区的空穴不断注入 N 区，使 N 区 R_{b1} 段中的载流子增加，R_{b1} 阻值减小，导致 U_A 下降，使 I_e 进一步增大。I_e 增大使 R_{b1} 进一步减小，因此在元器件内部形成强烈正反馈，使单结晶体管瞬时导通。当 R_{b1}

值的下降超过 I_e 的增大时，从元件 e、b_1 端观察，U_e 随 I_e 增加而减小，即动态电阻 $\Delta R_{eb1} = \dfrac{\Delta U_e}{\Delta I_e}$ 为负值，这就是单结晶体管所特有的负阻特性。

当 U_e 增大到 $U_P = U_A + U_D$（称为峰点电压）时管子进入负阻状态，若 I_e 再继续增大，注入 N 区的空穴来不及复合，剩余空穴使 R_{b1} 值增大，管子由负阻进入正阻饱和状态。U_V 称为谷点电压，是维持管子导通的最小发射电压，一旦 $U_e < U_V$ 时管子重新截止。

3．单结晶体管型号

单结晶体管的型号有 BT31、BT33 和 BT35。其中，B 表示半导体，T 表示特种管，3 表示 3 个电极，第 2 个数字表示单结晶体管的耗散功率，单位是 mW。

二、单结晶体管振荡电路

利用单结晶体管的负阻特性和 RC 电路的充放电特点，可以组成频率可调的单结晶体管振荡电路（也称弛张振荡器），用来产生晶闸管的触发脉冲，如图 4-1-5 所示。

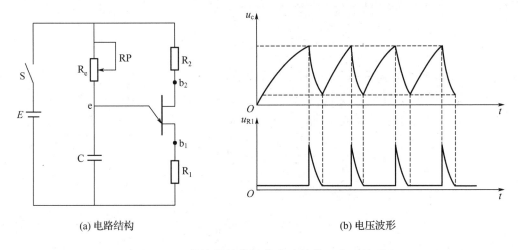

(a) 电路结构　　　　　　　　　　　　　　(b) 电压波形

图 4-1-5　单结晶体管振荡电路结构及电压波形

接通电源后，电源通过 R_2、R_1 加在单结晶体管的两个基极上，同时电源通过 RP 给电容 C 充电，电容两端电压 u_c（$u_c = u_e$）按指数规律增大，当 $u_c < U_P$ 时，单结晶体管截止，R_1 两端无电压输出；当 u_c 达到峰点电压 U_P 时，单结晶体管导通，电容 C 通过单结晶体管、电阻 R_1 迅速放电，$u_{R1} \approx u_c$，在 R_1 两端形成脉冲电压。

随着电容 C 放电，u_c 迅速下降，当 $u_c < U_V$ 时，单结晶体管截止，放电结束，输出电压又降至零，完成一次振荡。电源对电容再次充电，重复上述过程，于是在 R_1 两端产生一系列的尖脉冲电压，电压波形如图 4-1-5(b) 所示。

由上述分析可知，振荡过程的形成，利用了单结晶体管负阻特性和 RC 电路的充放电特性。改变 RP 的阻值（或电容 C 的大小），便可改变电容充电的快慢，使输出脉冲波形前移或后移，从而控制晶闸管的触发导通时刻。

三、单结晶体管触发电路的分析

如图 4-1-1(a)所示为单结晶体管触发电路原理图，触发电路由两部分组成，即四个二极管组成的桥式整流电路和一个 2CW64 稳压管、BT33 单结晶体管、RP 电位器以及 VT_7、VT_8 组成的直接耦合放大电路。电路由 D 点输出一组触发脉冲，调节电位器 RP 可以改变触发脉冲的第一个触发脉冲出现的时间，得到所需要的触发信号。

单结晶体管触发电路变压器的二次侧 50V 电压经单相桥式整流，得到脉动的直流电压波形，如图 4-1-6 所示。再经稳压管 VD_Z 削波得到梯形波电压，如图 4-1-7 所示。

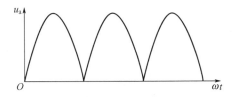

图 4-1-6 桥式整流后脉冲电压的理论波形

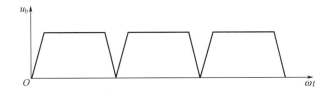

图 4-1-7 稳压管削波后梯形电压的理论波形

该电压既作为单结晶体管触发电路的同步电压，又作为单结晶体管的工作电源电压。R_8 电阻与电位器 RP 串联分压经电容滤波后作为给定电压。经 VD_{10}、VD_{11} 的正向限幅（约1.4V），VD_9 的反向限幅（约−0.7V）。控制三极管 VT_8 的电流，从而控制 VT_7 管电流，即电容 C_1 的充电电流大小，改变电容 C_1 的电压达到单结晶体管峰值电压 U_P 的时间，改变触发脉冲的第一个触发脉冲出现时间。VT_7、VT_8 组成的直接耦合放大电路，VT_7 采用 PNP 型管，VT_8 采用 NPN 型管，触发电路的给定电压由电位器 RP 调节，给定电压经 VT_8 放大后加到 VT_7。当给定电压增大时，VT_8 的集电极电流增加，VT_8 的集电极电位降低，VT_7 的基极电位降低，VT_7 的集电极电流增大，电容 C_1 的充电电流增大，使出现第一个触发脉冲时间前移。同理，当给定电压减小时，VT_8 的集电极电流减小，VT_8 的集电极电位升高，VT_7 的基极电位升高，VT_7 的集电极电流减小，使出现第一个触发脉冲时间后移。三极管 VT_7 相当于由 U_1 控制的一个可变电阻，它的作用与电位器 RP 的作用相同，起移相作用。

梯形同步电压经 R_4、VT_7 对电容 C_1 充电，电容 C_1 两端电压上升到单结晶体管峰点电压时，单结晶体管由截止变为导通，由电容 C_1 通过 e—b_1、R_3 放电，在电容 C_1 上形成锯齿波，如图 4-1-8 所示。同时放电电流在电阻 R_3 上产生一组尖脉冲电压，如图 4-1-9 所示。随着电容 C_1 的充电，电容两端电压下降至单结晶体管谷点电压时，单结晶体管重新截止，电容 C_1 重新充电，然后重复上述过程。输出脉冲与电源频率同步。

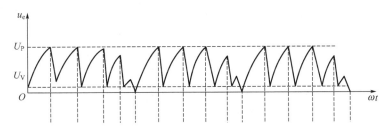

图 4-1-8 电容充放电形成的锯齿波

图 4-1-9　理论上的锯齿波

四、触发电路各元件的选择

1. 电阻 R_2 的选择

电阻 R_2 用来补偿温度对峰点电压 U_P 的影响，通常取值范围为 $200 \sim 600\,\Omega$。

2. 输出电阻 R_3 的选择

输出电阻 R_3 的大小将影响输出脉冲的宽度与幅值，通常取值范围为 $50 \sim 100\,\Omega$。

3. 电容 C_1 的选择

电容 C_1 的大小与脉冲宽窄和 R_E 的大小有关，通常取值范围为 $0.1 \sim 1\,\mu F$。

 任务实施

一、任务准备

实施本任务教学所使用的实训设备及工具材料可参考表 4-1-1。

表 4-1-1　实训设备及工具材料

序号	分类	名称	型号规格	数量	单位	备注
1	工具仪表	万用表	MF47 型	1	套	
2		常用电子组装工具		1	套	
3		双踪示波器		1	台	
4	设备器材	二极管 $VD_1 \sim VD_4$、$VD_9 \sim VD_{11}$	1N4001	7	只	
5		稳压管 VD_{Z5}	2CW64（18～21V）	1	只	
6		单结晶体管 VT_6	BT33A	1	只	
7		三极管 VT_7	3CG5C	1	只	
8		三极管 VT_8	3DG6	1	只	
9		碳膜电阻 R_1	2（或 1.2）$k\Omega$、1W	1	只	
10		碳膜电阻 R_2	360 Ω、1/8W	1	只	
11		碳膜电阻 R_3	100 Ω、1/8W	1	只	
12		碳膜电阻 R_4、R_6、R_8	1 $k\Omega$、1/8W	3	只	
13		碳膜电阻 R_5、R_7	5.1 $k\Omega$、1/8W	2	只	
14		电位器 RP	6.8 $k\Omega$、0.25W	1	只	
15		电容器 C_1	0.22μF /16V	1	只	
16		电容器 C_2	200μF /25V	1	只	
17		万能电路板		1	块	
18		镀锡铜丝	ϕ 0.5mm	若干	米	
19		焊料、助焊剂		若干		

二、电路装配

1. 绘制电路的元器件布置图

根据如图 4-1-1 所示的电路原理图,可画出本任务的元器件布置示意图,如图 4-1-10 所示。

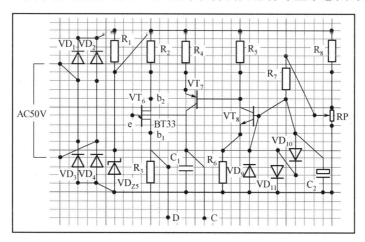

图 4-1-10　元器件布置示意图

2. 元器件的检测

对电路中使用的元器件进行检测与筛选。在此仅就单结晶体管的测试进行介绍,其检测方法如下。

（1）将万用表的量程置于电阻 R×1k 挡,用万用表红表笔接 e 端,黑表笔接 b_1 端,测量 e—b_1 两端的电阻,如图 4-1-11 所示。再将万用表黑表笔接 b_2 端,红表笔接 e 端,测量 b_2—e 两端的电阻,如图 4-1-12 所示。若单结晶体管正常,两次测量的电阻值均较大,通常在几十千欧。

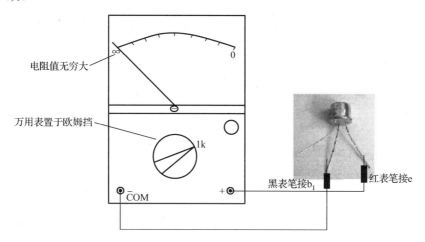

图 4-1-11　万用表红表笔接 e 端,黑表笔接 b_1 端测量

（2）将万用表黑表笔接 e 端,红表笔接 b_1 端,再次测量 b_1—e 两端的电阻,如图 4-1-13

所示。再将万用表黑表笔接 e 端，红表笔接 b_2 端，再次测量 b_2—e 两端的电阻，如图 4-1-14 所示。若单结晶体管正常，两次测量的电阻值均较小，通常在几千欧，且 $R_{b1} > R_{b2}$。

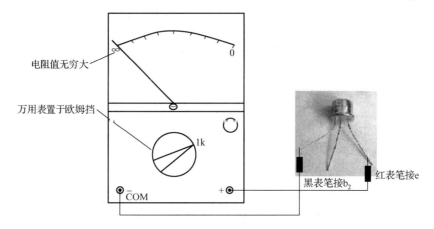

图 4-1-12　万用表黑表笔接 b_2 端，红表笔接 e 端测量

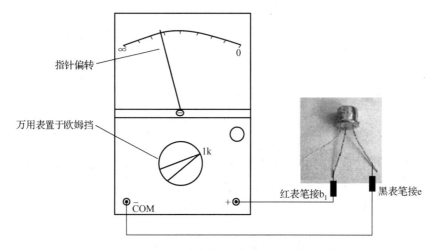

图 4-1-13　万用表黑表笔接 e 端，红表笔接 b_1 端测量

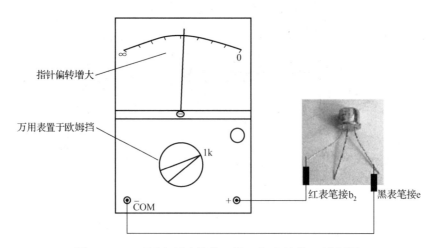

图 4-1-14　万用表黑表笔接 e 端，红表笔接 b_2 端测量

（3）将万用表红表笔接 b_1 端，黑表笔接 b_2 端，测量 b_1—b_2 两端的电阻，测量结果如图 4-1-15 所示。再将万用表黑表笔接 b_1，红表笔接 b_2 端，再次测量 b_1—b_2 两端的电阻，测量结果如图 4-1-16 所示。若单结晶体管正常，b_1—b_2 间电阻 R_{bb} 应为固定值。

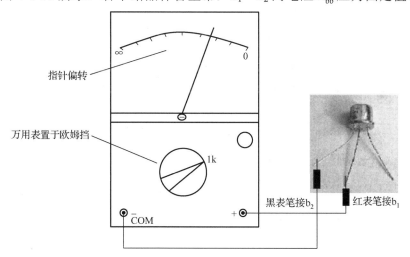

图 4-1-15　万用表红表笔接 b_1 端，黑表笔接 b_2 端测量

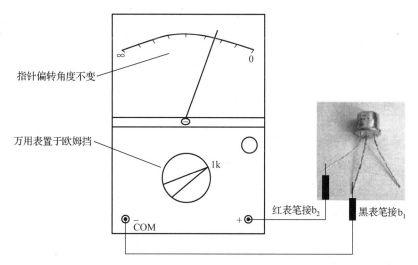

图 4-1-16　万用表黑表笔接 b_1，红表笔接 b_2 端测量

3．元器件的成形

将所用的元器件在插装前按插装工艺要求进行成形。

4．元器件的插装焊接

（1）电阻器均采用水平安装，要求贴紧电路板，电阻器的色环方向应一致。

（2）单结晶体管采用垂直安装，注意引脚应正确。

5．镀锡裸铜丝的焊接

根据电路原理图和元器件布置图进行镀锡裸铜丝的焊接。要求布线正确，焊点合格，无虚焊、短路现象。

6．焊接检查

焊接结束，首先检查电路有无漏焊、错焊、虚焊等问题。检查时可用尖嘴钳或镊子将每个元器件拉动一下，看有无松动，如果发现有松动现象，应重新焊接。

三、通电前的检查

电路安装完毕后，必须在不通电的情况下，对电路板进行认真细致的检查，以便纠正安装错误。检查中应注意以下问题：

（1）元器件引脚之间有无短路。

（2）检查单结晶体管引脚有无接错，用万用表欧姆挡检查引脚有无短路、开路等问题。

四、电路测试

单结晶体管触发电路的调试以及在今后的使用过程中的检修是通过几个点的典型波形来判断电路及其各个元器件是否正常工作的。其主要的波形测试方法如下。

1．桥式整流后脉冲电压的波形测试

（1）经上述检查确认没有错误后，将交流 50V 电源与电路的桥式整流电路相接。

（2）接通示波器电源，调整示波器使输入、输出电压波形稳定显示（1～3 个周期），将双通道示波器 Y_1 探头的测试端接于如图 4-1-1 所示的 a 点，接地端接于电路中的接地端；调节示波器旋钮"t/div"和"V/div"，使示波器稳定显示至少一个周期的完整波形，然后将所测得的波形绘制出来。

2．同步电压的波形测试

将双通道示波器 Y_1 探头的测试端接于如图 4-1-1 所示的 b 点，接地端接于电路中的接地；调节示波器旋钮"t/div"和"V/div"，使示波器稳定显示至少一个周期的完整波形，然后将所测得的波形绘制出来。

3．电容电压的波形测试

（1）将双通道示波器 Y_1 探头的测试端接于如图 4-1-1 所示的 C 点，接地端接于电路中的接地端；调节示波器旋钮"t/div"和"V/div"，使示波器稳定显示至少一个周期的完整波形，测得 C 点的波形。

（2）调节电位器 RP 的旋钮，可发现 C 点（即单结晶体管发射极）的电压波形可随之变化，观察 C 点波形的变化范围。

4．输出脉冲波形的测试

（1）将双通道示波器 Y_1 探头的测试端接于如图 4-1-1 所示的 D 点，接地端接于电路中的接地端；调节示波器旋钮"t/div"和"V/div"，使示波器稳定显示至少一个周期的完整波形，测得 D 点的波形。

（2）调节电位器 RP 的旋钮，可发现 D 点（即输出端）的电压波形可随之变化，这样即可实现根据不同的需要，输出不同波形的触发信号。观察 D 点波形的变化范围。

 **操作提示**

在安装过程中，容易出现的问题有：二极管及稳压管反接，电位器 RP 的可调接线错误，单结晶体管的 b_1、b_2 接错等。以上问题在检修过程中，一定要特别注意。

任务测评

对任务实施的完成情况进行检查，并将结果填入表 4-1-2。

表 4-1-2　任务测评表

序号	考核项目	评分标准	配分	扣分	得分
1	单结晶体管的检测	（1）不能正确检测引脚，扣 5 分 （2）不能正确判断单结晶体管的质量，扣 5 分	10		
2	元器件安装	（1）元器件不按规定方式安装，扣 10 分 （2）元器件极性安装错误，扣 10 分 （3）布线不合理，一处扣 5 分	20		
3	电路焊接	（1）电路装接后与电路原理图一致，一处不符合扣 10 分 （2）焊点不合格，每处扣 2 分 （3）剪引脚留头长度有一处不合格，扣 2 分	20		
4	电路测试	（1）关键点波形不正常，每个扣 10 分 （2）示波器探头使用不正确，扣 10 分 （3）仪器仪表使用错误，每次扣 5 分 （4）仪器仪表损坏，扣 20 分	40		
5	安全文明生产	（1）发生安全事故扣 10 分 （2）违反管理要求视情况扣 5～10 分	10		
6	合计		100		
7	工时定额	120min	开始时间		结束时间	

巩固与提高

一、选择题（请将正确答案的序号填入括号内）

1. 单结晶体管是由（　　）组成的。
　　A．NPN 管　　　　B．PNP 管　　　　C．一个 PN 结　　D．一个 PN 结与两个基极

2. 单结晶体管的两个基极 b_1、b_2 在使用时（　　）。
　　A．可以交换接线　　　　　　　　B．b_2 电位必须高于 b_1
　　C．b_2 电位必须高于 b_1　　　　D．需要查手册才能确定接法

3. 单结晶体管弛张振荡电路，电容上的电压波形是（　　）。
　　A．锯齿波　　　B．正弦波　　　C．矩形波　　　D．尖脉冲

4. 单结晶体管弛张振荡电路输出的电压波形是（　　）。
　　A．锯齿波　　　B．正弦波　　　C．矩形波　　　D．尖脉冲

二、判断题（正确的打"√"，错误的打"×"）

1. 单结晶体管是一种具有负阻特性的双基极二极管。　　　　　　（　　）
2. 单结晶体管触发电路中，发射极电阻 R_E 无论取多大都能正常工作。　　（　　）

三、简答题

1. 单结晶体管与普通二极管的主要区别是什么？
2. 简述万用表检测单结晶体管的方法。

 任务 2　单相半波可控整流调光灯电路的装配与调试

 学习目标

知识目标：

1. 知道晶闸管的性能、工作原理及使用方法。
2. 能正确识读单相半波晶闸管调光电路的原理图、接线图和布置图。
3. 能理解单相半波晶闸管调光电路工作原理。

能力目标：

1. 掌握手工焊接操作技能，能按照工艺要求正确焊装单相半波晶闸管调光电路。
2. 会进行单相半波晶闸管调光电路的测试，并能独立排除调试过程中出现的故障。

工作任务

晶闸管是一种用硅材料制成的大功率半导体器件，可以用于整流、调压、调速、开关和变频等方面，有着广泛的应用。如图 4-2-1 所示的调光台灯就是利用晶闸管来实现调光功能的，其电路原理图如图 4-2-2(a)所示。其安装完成的实际电路如图 4-2-2(b)所示，调节电位器，即图中的红色旋钮，可控制灯的明暗程度。

图 4-2-1　调光台灯

本次任务的主要内容是，根据给定的技术指标，按照原理图装配并调试电路；同时能独立解决调试过程中出现的故障。

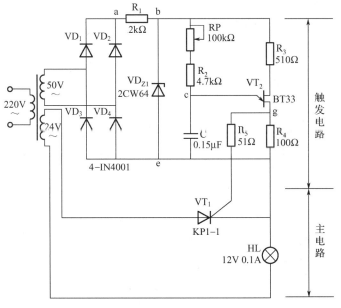

(a) 单相半波可控整流调光灯电路原理图

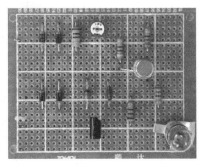

(b) 单相半波可控整流调光灯实际电路图

图 4-2-2　单相半波可控整流调光灯实际电路图与原理图

 **任务分析**

　　本任务是一个简单的单相半波整流调光灯电路，该电路利用晶闸管来实现类似生活中常用的调光台灯的调光功能；电路由主电路和触发电路两部分构成，其触发电路就是任务1 分析的单结晶体管触发电路。因此，在学习本任务时通过测试了解晶闸管的基本工作特性，并完成单相半波整流调光电路的安装与调试，观察电路输出电压和晶闸管两端电压的波形特点，掌握其主电路的工作原理。

相关知识

一、晶闸管的结构及工作原理

1. 晶闸管的结构

　　晶闸管（SCR）是一种用硅材料制成的大功率 PNPN 四层半导体器件，可以用于整流、调压、调速、开关和变频等方面，有着广泛的应用。晶闸管具有三个 PN 结，引出三个电极：阳极 A、阴极 K 和控制极（也称门极）G。其外形及符号如图 4-2-3 所示。晶闸管的外形大致有三种：塑封型、螺栓型和平板型。塑封型的多为额定电流 5A 以下，螺栓型一般为 5A 以上 200A 以下，平板型的用于 200A 以上。

　　晶闸管的内部结构和等效电路如图 4-2-4 所示。

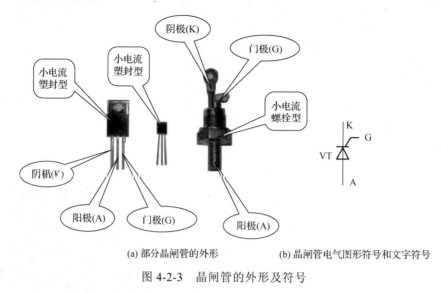

(a) 部分晶闸管的外形　　　　(b) 晶闸管电气图形符号和文字符号

图 4-2-3　晶闸管的外形及符号

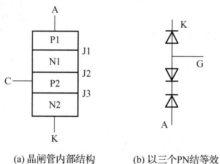

(a) 晶闸管内部结构　　　(b) 以三个PN结等效

图 4-2-4　晶闸管的内部结构及等效电路

2. 晶闸管的工作原理

为了进一步说明晶闸管的工作原理，可把晶闸管看成由一个 PNP 和一个 NPN 型晶体管连接而成，连接形式如图 4-2-5 所示。阳极 A 相当于 PNP 型三极管 VT_1 的发射极，阴极 K 相当于 NPN 型三极管 VT_2 的发射极。

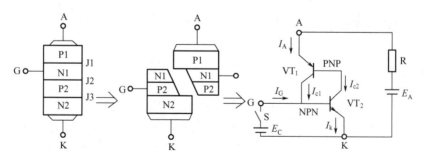

图 4-2-5　晶闸管工作原理等效电路

当晶闸管阳极承受正向电压，控制极也加正向电压时，三极管 VT_2 处于正向偏置，E_C 产生的控制极电流 I_G 就是 VT_2 的基极电流 I_{B2}，VT_2 的集电极电流 $I_{C2}=\beta_2 I_G$。而 I_{C2} 又是三极管 VT_1 的基极电流，VT_1 的集电极电流 $I_{C1}=\beta_1 I_{C2}=\beta_1\beta_2 I_G$（$\beta_1$ 和 β_2 分别是 VT_1 和 VT_2 的电

流放大系数）。电流 I_{C1} 又流入 VT$_2$ 基极，再一次放大。这样循环下去，形成了强烈的正反馈，使两个三极管很快达到饱和导通，这就是晶闸管的导通过程。导通后，晶闸管上的压降很小，电源电压几乎全部加在负载上，晶闸管中流过的电流即为负载电流。

晶闸管导通之后，它的导通状态完全依靠管子本身的正反馈作用来维持，即使控制极电流消失，晶闸管仍处于导通状态。因此，控制极的作用仅是触发晶闸管使其导通，导通之后，控制极就失去了控制作用。要想关断晶闸管，最根本的方法就是将阳极电流减小到使之不能维持正反馈的程度，也就是将晶闸管的阳极电流减小到小于维持电流。可采用的方法有：将阳极电源断开；改变晶闸管的阳极电压，即在阳极和阴极之间加反向电压。

二、晶闸管的伏安特性和主要参数

1. 晶闸管的伏安特性曲线

晶闸管阳极与阴极间的电压和阳极电流的关系，称为晶闸管的伏安特性，如图 4-2-6 所示。晶闸管的伏安特性位于第一象限的是正向伏安特性，位于第三象限的是反向伏安特性。晶闸管的正向特性有阻断状态和导通状态之分（简称断态和通态）。在门极电流 $I_G=0$ 情况下，逐渐增大晶闸管的正向阳极电压。先是晶闸管处于断态，只有很小的正向漏电流，随着正向阳极电压的增加，当达到正向转折电压 U_{BO} 时，漏电流突然剧增，特性从高阻区（阻断状态）经负阻区到达低阻区（导通状态），如图 4-2-6 所示。这样的导通称为晶闸管硬开通。这种导通方法易造成晶闸管的损害，正常情况下是不允许的。

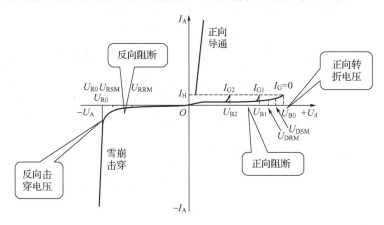

图 4-2-6　晶闸管的阳极伏安特性曲线

当门极加上正向电压后，即 $I_G > 0$ 时，晶闸管仍有一定的阻断能力，但此时使晶闸管从正向阻断转化为正向导通所对应的阳极电压比 U_{BO} 要低，且 I_G 越大，相应的阳极电压低得越多。也就是说，当晶闸管的阳极加上一定的正向电压时，在其门极再加适当的触发电压，晶闸管便触发导通，这正利用了晶闸管的可控导通性。晶闸管导通后可以通过很大的电流，而本身压降很低，所以导通后的特性曲线靠近纵坐标而且陡直，与二极管的正向特性曲线相似。

2. 晶闸管的主要参数

在实际使用过程中，我们往往要根据实际的工作条件进行晶闸管的合理选择，以达到满意的技术经济效果。为了正确选择和使用晶闸管，需要理解和掌握晶闸管的主要参数。表 4-2-1 列出了晶闸管的主要参数，表 4-2-2 为晶闸管正反向重复峰值电压等级。

表 4-2-1　晶闸管的主要参数

通态平均电流	断态正反向重复峰值电压	断态正反向重复峰值电流	工作结温	门极触发电流	门极触发电压	断态电压临界上升率	通态电流临界上升率	浪涌电流
$I_{T(AV)}$	U_{DSM}/U_{RRM}	I_{DSM}/I_{RRM}	T_J	I_{GT}	U_{GT}	du/dt	di/dt	I_{TSM}
A	V	mA	℃	mA	V	V/μs	A/μs	A
1	50～1600	≤3		3～30	≤2.5			20
5		≤8		5～70				90
10	100～2000			5～100		25～800		190
20		≤10	−40～+100		≤3.5		25～50	380
30	100～2400			8～150		50～1000		560
50		≤20						940
100							25～100	1880
200		≤40		10～250	≤4		50～200	3770
300								5650
400		≤50		20～300			50～300	7540
500	100～3000		−10～+125			100～1000		9420
600					≤5			11160
800				30～350			50～500	14920
1000				40～400				18600

表 4-2-2　晶闸管标准电压等级

级别	正反向重复峰值电压（V）	级别	正反向重复峰值电压（V）	级别	正反向重复峰值电压（V）
1	100	8	800	20	2000
2	200	9	900	22	2200
3	300	10	1000	24	2400
4	400	12	1500	26	2600
5	500	14	1400	28	2800
6	600	16	1600	30	3000
7	700	18	1800		

1）额定电压 U_{Tn}

由图 4-2-6 所示晶闸管的伏安特性曲线可见，当门极开路，元件处于额定结温时，所测定正向不重复峰值电压 U_{DSM} 和反向不重复峰值电压 U_{RSM}，再各乘以 0.9，即得正向断态重复峰值电压 U_{DRM} 和反向阻断重复峰值电压 U_{RRM}。将 U_{DRM} 和 U_{RRM} 中较小的那个值按百位取整后作为该晶闸管的额定电压值。

例如，一个晶闸管实测正向重复峰值电压 U_{DRM}=840V，反向重复峰值电压 U_{RRM}=960V，将二者较小的 840V 按表 4-2-1 取整数得 800V，该晶闸管的额定电压为 800V 即 8 级。

晶闸管使用时，若外加电压超过反向击穿电压，会造成元件永久性损坏。若超过正向转折电压，元件就会误导通，经数次这种导通后，也会造成元件损坏。此外元件的耐压还会因散热条件恶化和结温升高而降低。因此选择时应注意留有充分的裕量，一般应按工作电路中可能承受的最大瞬时值电压 U_{TM} 的 2～3 倍来选择晶闸管的额定电压，即

$$U_{\text{Tn}} \geq (2\sim3)\, U_{\text{TM}}$$

2）额定电流 $I_{\text{T(AV)}}$

元件的额定电流也称额定通态平均电流，指在环境温度为 40℃ 和规定的冷却条件下，晶闸管在导通角不小于 170° 的电阻性负载电路中，当不超过额定结温且稳定时，所允许通过的工频正弦半波电流的平均值。将该电流按晶闸管标准电流系列取值（表 4-2-1），称为该晶闸管的额定电流。

晶闸管的额定电流用通态平均电流来表示，是因为晶闸管是可控的单向导通元件。但是，决定晶闸管结温的是管子耗损的发热效应，表征热效应的电流是以有效值表示的，不论流经晶闸管的电流波形如何，导通角有多大，只要电流有效值相等，其发热就是相同的。

由于整流设备的输出端所接负载常用平均电流来表示，晶闸管额定电流的标定与其他电器设备不同，采用的是平均电流，而不是有效值，因此又称额定通态平均电流。但是管子的发热又与流过管子的有效值有关，其两者的关系为

$$I_{\text{Tn}} = 1.57\, I_{\text{T(AV)}}$$

晶闸管在实际选择时，其额定电流的确定一般按以下原则：管子的额定电流大于其所在电路中可能流过的最大电流的有效值，同时取 1.5～2 倍的余量，即

$$1.57\, I_{\text{T(AV)}} = I_{\text{T}} \geq (1.5\sim2)\, I_{\text{Tm}}$$

所以

$$I_{\text{T(AV)}} = (1.5\sim2)\frac{I_{\text{Tm}}}{1.57}$$

【例】 一个晶闸管接在 220V 交流回路中，通过器件的电流有效值为 50A，则应选择什么型号的晶闸管？

解： 晶闸管额定电压为

$$U_{\text{Tn}} = (2\sim3)U_{\text{TM}} = (2\sim3)\sqrt{2}\times220\text{V} = 622\sim933\text{V}$$

按晶闸管参数系列取 700V，即 7 级。

晶闸管的额定电流

$$I_{\text{T(AV)}} = (1.5\sim2)\frac{I_{\text{Tm}}}{1.57} = (1.5\sim2)\times\frac{50}{1.57}\text{A} = 48\sim63\text{A}$$

按晶体管参数系列取 50A，所以选取晶闸管型号为 KP50-7。

3．晶闸管的型号

根据国家的有关规定，普通的晶闸管的型号意义如下：

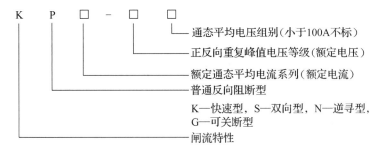

4．选型方法

本任务中晶闸管的型号可按以下步骤确定。

（1）确定单相半波可控整流调光电路晶闸管可能承受的最大电压

$$U_{TM} = \sqrt{2}U_2 = \sqrt{2} \times 24 \approx 40V$$

（2）考虑 2～3 倍的余量。

$$(2 \sim 3)U_{TM} = (2 \sim 3) \times 40 = 80 \sim 120V$$

（3）确定所需晶闸管的额定电压等级

因为电路无储能元器件，因此选择电压等级为 1 的晶闸管即可满足正常工作的需要。

（4）根据白炽灯的额定值计算出其阻值的大小。

$$R_d = \frac{12}{0.1} = 120\Omega$$

（5）确定流过晶闸管电流的有效值。

在单相半波可控整流调光电路中，当 $\alpha = 0°$ 时，流过晶闸管的电流最大，且电流的有效值是平均值的 1.57 倍。由前面的分析可以得到流过晶闸管的平均电流为

$$I_d = 0.45\frac{U_2}{R_d} \cdot \frac{1+\cos\alpha}{2} = 0.45 \times \frac{24}{120} \times \frac{1+\cos 0°}{2} = 0.09A$$

由此可得，当 $\alpha = 0°$ 时流过晶闸管的最大有效值为

$$I_{Tm} = 1.57I_d = 1.57 \times 0.09 = 0.1413A$$

（6）考虑 1.5～2 倍的余量，确定晶闸管的额定电流。

$$I_{T(AV)} \geq (1.5 \sim 2)\frac{I_{Tm}}{1.57}(1.5 \sim 2)\frac{0.1413}{1.57} = 0.135 \sim 0.18A$$

因为电路无储能元器件，因此选择额定电流为 1A 的晶闸管就可以满足正常工作的需要了。由以上分析可以确定晶闸管应选用的型号为 KP1-1。

三、单相半波可控整流调光灯电路工作原理

单相半波可控整流调光灯电路实际上就是负载为阻性的单相半波可控整流电路，通过对电路的输出波形 u_d 和晶闸管两端电压 u_{VT} 波形的分析来判断电路工作是否正常是调试及维修过程中非常重要的方法。现在假设触发电路正常工作，对电路工作情况分析如下。

如图 4-2-7 所示为主电路部分，接通电源后，便可在负载两端得到脉动的直流电压，其输出电压的波形可以用示波器进行测量，分析如下。

1．$\alpha = 0°$ 时的波形分析

如图 4-2-8 所示为 $\alpha = 0°$ 时负载两端的理论波形。从理论波形图中可以分析出，在电压 u_2 正半周区间内，在电源电压的过零点，即 $\alpha = 0°$ 时刻加入触发脉冲，晶闸管 VT_1 导通，负载上得到输出电压 u_d 的波形是与电源电压 u_2 相同形状的波形；当电源电压 u_2 过零时，晶闸管也同时关断，负载上得到的输出电压 u_d 为零；在电源电压 u_2 负半周内，晶闸管承受反向电压不能导通，直到第二周期 $\alpha = 0°$ 触发电路再次加入触发脉冲时，晶闸管再次导通。

如图 4-2-8(b) 所示为 $\alpha = 0°$ 时晶闸管两端的理论波形图。在晶闸管导通期间，忽略晶闸管的管压降，$u_{VT} = 0$，在晶闸管截止期间，管子将承受全部反向电压。

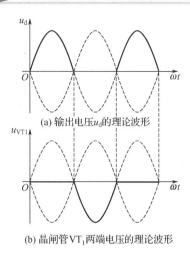

(a) 输出电压 u_d 的理论波形

(b) 晶闸管 VT$_1$ 两端电压的理论波形

图 4-2-8　$\alpha = 0°$ 时输出电压 u_d 和晶闸

管 VT$_1$ 两端电压的理论波形

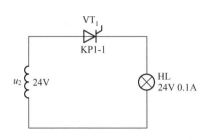

图 4-2-7　单相半波可控整流调光灯主电路

2．$\alpha = 30°$ 时的波形分析

改变晶闸管的触发时刻，即控制角 α 的大小即可改变输出电压的波形，如图 4-2-9(a)所示为 $\alpha = 30°$ 的输出电压的理论波形。在 $\alpha = 30°$ 时，晶闸管承受正向电压，此时加入触发脉冲晶闸管导通，负载上得到输出电压 u_d 与电源电压 u_2 的波形相同；同样当电源电压 u_2 过零时，晶闸管承受反向电压关断，负载上得到的输出电压 u_d 为零；从电源电压过零点到 $\alpha = 30°$ 之间的区间上，虽然晶闸管已经承受正向电压，但由于没有触发脉冲，晶闸管依然处于截止状态。

如图 4-2-9(b)所示为 $\alpha = 30°$ 晶闸管两端的理论波形。其原理与 $\alpha = 0°$ 时相同。

3．不同的控制角 α 下的电路工作波形分析

继续改变触发脉冲的加入时刻，可以分别得到控制角 α 为 60°、90°、120° 时输出电压和管子两端的波形，如图 4-2-10、图 4-2-11 和图 4-2-12 所示。其原理请读者自行分析。

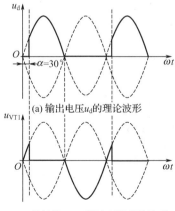

(a) 输出电压 u_d 的理论波形

(b) 晶闸管 VT$_1$ 两端电压的理论波形

图 4-2-9　$\alpha = 30°$ 时输出电压 u_d 和晶闸

管 VT$_1$ 两端电压的理论波形

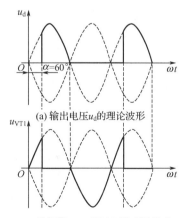

(a) 输出电压 u_d 的理论波形

(b) 晶闸管 VT$_1$ 两端电压的理论波形

图 4-2-10　$\alpha = 60°$ 时输出电压 u_d 和晶闸

管 VT$_1$ 两端电压的理论波形

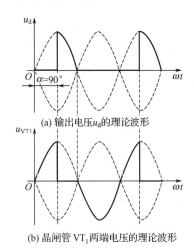

(a) 输出电压u_d的理论波形

(b) 晶闸管 VT_1 两端电压的理论波形

图 4-2-11　$\alpha = 90°$时输出电压 u_d 和晶闸
管 VT_1 两端电压的理论波形

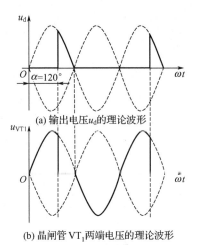

(a) 输出电压u_d的理论波形

(b) 晶闸管 VT_1 两端电压的理论波形

图 4-2-12　$\alpha = 120°$时输出电压 u_d 和晶闸
管 VT_1 两端电压的理论波形

值得一提的是，电路中晶闸管能够被触发导通是因为触发脉冲在晶闸管阳极电压为正的区间内出现。因此必须根据被触发晶闸管的阳极电位，提供相应的触发电路的同步信号电压，以确保晶闸管需要脉冲的时刻触发电路能够正确送出脉冲。这种正确选择同步信号电压相位以及得到不同相位同步信号电压的方法，称为晶闸管装置的同步或定相。

在本任务中，触发电路与主电路是分别接在同一变压器的两套次级绕组上的，这就保证了触发电路的输入信号电压经桥式整流和稳压削波后得到的同步梯形电压与晶闸管阳极电压的过零点一致，这样就能够保证在每半周的开始电容从零开始充电，触发电路每半周送出的第一个脉冲距离过零点的时刻即控制角 α 的大小是相同的，起到同步的作用，其主电路与触发电路的相位对应关系如图 4-2-13 所示。

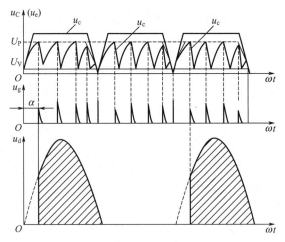

图 4-2-13　主电路与触发电路的相位对应关系

4．结论

由以上分析可得出：

（1）在单相半波整流电路中，改变的 α 大小即改变触发脉冲在每周期内出现的时刻，

则 u_d 和 i_d 的波形也随之改变，但是直流输出电压瞬时值 u_d 的极性不变，其波形只在 u_2 的正半周出现，这种通过对触发脉冲的控制来实现改变直流输出电压大小的控制方式称为相位控制方式，简称相控方式。

（2）理论上移相范围为 $0° \sim 180°$。在本任务中若要实现移相范围达到 $0° \sim 180°$，则需要改进触发电路以扩大移相范围。

（3）单相半波可控整流带电阻性负载电路参数的计算。

输出电压平均值的计算公式：

$$U_d = 0.45 U_2 \frac{1 + \cos\alpha}{2}$$

负载电流平均值的计算公式：

$$I_d = \frac{U_d}{R_d} = 0.45 \frac{U_2}{R_d} \cdot \frac{1 + \cos\alpha}{2}$$

负载电流有效值的计算公式：

$$I = \frac{U_2}{R_d} \sqrt{\frac{1}{4\pi} \sin 2\alpha + \frac{\pi - \alpha}{2\pi}}$$

晶闸管可能承受的最大电压为

$$U_{TM} = \sqrt{2} U_2$$

 **任务实施**

一、任务准备

实施本任务教学所使用的实训设备及工具材料可参考表 4-2-3。

表 4-2-3 实训设备及工具材料

序号	分类	名称	型号规格	数量	单位	备注
1	工具仪表	万用表	MF47 型	1	套	
2		常用电子组装工具		1	套	
3		双踪示波器		1	台	
4	设备器材	二极管 $VD_1 \sim VD_4$	1N4001	4	只	
5		稳压管 VD_{Z5}	2CW64（18~21V）	1	只	
6		单结晶体管 VT_6	BT33A	1	只	
7		晶闸管 VT_7	KP1-4	1	只	
8		碳膜电阻 R_1	2（或 1.2）kΩ、1W	1	只	
9		碳膜电阻 R_2	4.7 kΩ、1/8W	1	只	
10		碳膜电阻 R_3	510 Ω、1/8W	1	只	
11		碳膜电阻 R_4	100 Ω、1/8W	1	只	
12		碳膜电阻 R_5	51 Ω、1/8W	1	只	
13		电位器 RP	100 kΩ、0.25W	1	只	
14		电容器 C	0.15 μF /160V	1	只	
15		灯泡	12V	1	只	
16		万能电路板		1	块	
17		镀锡铜丝	$\phi 0.5$mm	若干	米	
18		焊料、助焊剂		若干		

电子电路安装与调试

二、电路装配

1．绘制电路的元器件布置图

根据如图 4-2-1 所示的电路原理图，可画出本任务的元器件布置示意图，如图 4-2-14 所示。

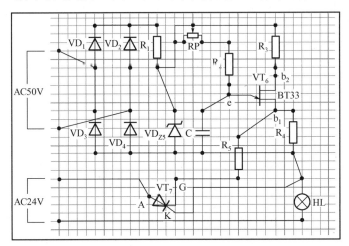

图 4-2-14　元器件布置示意图

2．元器件的检测

对电路中使用的元器件进行检测与筛选。在此仅就晶闸管的测试进行介绍，其检测方法如下。

（1）将万用表的量程置于电阻 R×100 挡，用万用表红表笔接晶闸管的阳极，黑表笔接晶闸管的阴极观察指针摆动情况，如图 4-2-15 所示。再将万用表黑表笔接晶闸管的阳极，红表笔接晶闸管的阴极观察指针摆动情况，如图 4-2-16 所示。晶闸管若正常工作，正反向电阻值应均为很大。其原因是，晶闸管的四层三端半导体器件，在阳极和阴极之间有三个 PN 结，无论如何加电压，总有一个 PN 结处于反向阻断状态。

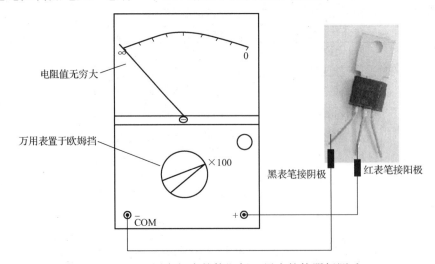

图 4-2-15　万用表红表笔接阳极，黑表笔接阴极测试

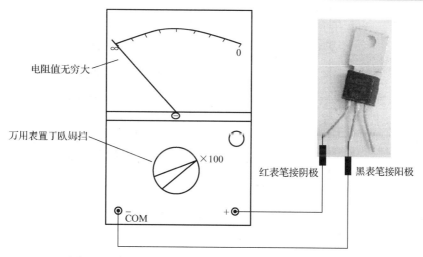

图 4-2-16　万用表黑表笔接阳极，红表笔接阴极测试

（2）将万用表红表笔接晶闸管的控制极，黑表笔接晶闸管的阴极观察指针摆动情况，如图 4-2-17 所示。再将万用表黑表笔接晶闸管的控制极，红表笔接晶闸管的阴极观察指针摆动情况，如图 4-2-18 所示。

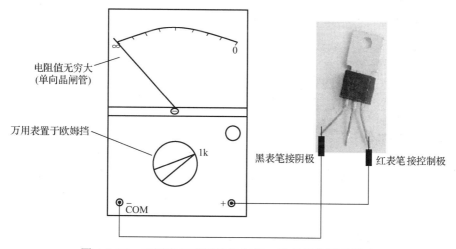

图 4-2-17　万用表红表笔接控制极，黑表笔接阴极测试

晶闸管正常工作的情况下，当黑表笔接控制极，红表笔接阴极时，阻值应很小；当红表笔接控制极，黑表笔接阴极时，由于在晶闸管内部控制极与阴极之间反并联了一个二极管，对加到控制极与阴极之间的反向电压进行限幅，防止晶闸管控制极与阴极之间的 PN 结反向击穿，因此，所测得的阻值也应不大。

3．元器件的成形

将所用的元器件在插装前按插装工艺要求进行成形。

4．元器件的插装焊接

（1）电阻器均采用水平安装，要求贴紧电路板，电阻器的色环方向应一致。

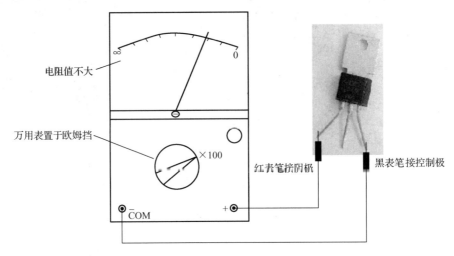

图 4-2-18 万用表黑表笔接控制极，红表笔接阴极测试

（2）晶闸管、单结晶体管等元器件采用垂直安装，注意引脚应正确。

5. 镀锡裸铜丝的焊接

根据电路原理图和元器件布置图进行镀锡裸铜丝的焊接。要求布线正确，焊点合格，无虚焊、短路现象。

6. 焊接检查

焊接结束，首先检查电路有无漏焊、错焊、虚焊等问题。检查时可用尖嘴钳或镊子将每个元器件拉动一下，看有无松动，如果发现有松动现象，应重新焊接。

三、通电前的检查

电路安装完毕后，必须在不通电的情况下，对电路板进行认真细致的检查，以便纠正安装错误。检查中应注意以下问题：

（1）元器件引脚之间有无短路。

（2）检查单结晶体管、晶闸管引脚有无接错，用万用表欧姆挡检查引脚有无短路、开路等问题。

四、电路测试

焊接完成经检查合格后，将主电路和触发电路的电源端按电压等级接到具有两个次级绕组的变压器上，然后送电对各点进行相应的调试和测量。

在单相整流电路中，把晶闸管从承受正向阳极电压起到受触发脉冲触发而导通之间的电角度 α 称为控制角，亦称触发延迟角或移相角。晶闸管在一个周期内导通时间对应的电角度用 θ 表示，称为导通角，且 $\theta = \pi - \alpha$。单相半波可控整流调光电路输出电压 u_d 和晶闸管两端承受电压 u_{VT} 波形的测量方法及步骤如下。

（1）将示波器探头接于负载两端，探头的测试端接高电位，探头的接地端接低电位，荧光屏上显示的应是单相半波可控整流调光电路的输出电压 u_d 的波形。调节电位器 RP 可

改变控制角 α 从 180°～0° 变化可改变输出电压的波形，小灯泡的明暗程度也随之相应变化，电路的调光功能即由此实现。

（2）用示波器测试控制角 α 从 180°～0° 变化时与输出电压 U_d 对应的晶闸管两端承受的电压 u_{VT} 波形。

 操作提示

在测量 u_{VT} 时，探头的测试端接管子的阳极，接地端接管子的阴极。

 任务测评

对任务实施的完成情况进行检查，并将结果填入表 4-2-4。

表 4-2-4　任务测评表

序号	考核项目	评分标准	配分	扣分	得分
1	晶闸管的检测	（1）不能正确检测引脚，扣 5 分 （2）不能正确判断单结晶体管的质量，扣 5 分	10		
2	元器件安装	（1）元器件不按规定方式安装，扣 10 分 （2）元器件极性安装错误，扣 10 分 （3）布线不合理，一处扣 5 分	20		
3	电路焊接	（1）电路装接后与电路原理图一致，一处不符合扣 10 分 （2）焊点不合格，每处扣 2 分 （3）剪引脚留头长度有一处不合格，扣 2 分	20		
4	电路测试	（1）关键点波形不正常，每个扣 10 分 （2）示波器探头使用不正确，扣 10 分 （3）仪器仪表使用错误，每次扣 5 分 （4）仪器仪表损坏，扣 20 分	40		
5	安全文明生产	（1）发生安全事故扣 10 分 （2）违反管理要求视情况扣 5～10 分	10		
6	合计		100		
7	工时定额	120min　开始时间	结束时间		

巩固与提高

一、选择题（请将正确答案的序号填入括号内）

1．晶闸管是由（　　）个 PN 结组成的。

　　A．2　　　　　　B．3　　　　　　　　C．4　　　　　　D．5

2．晶闸管由（　　）层 P 型与 N 型半导体组成。

　　A．2　　　　　　B．3　　　　　　　　C．4　　　　　　D．5

3．晶闸管只要（　　）就一定关断。

　　A．阳极加上反向电压　　　　　　　B．控制极加上反向电压

　　C．控制极不加电压　　　　　　　　D．输出负电压

4．对普通晶闸管，如果在阳极加上正向电压、控制极（　　）是不能导通的。

　　A．加上正脉冲　　　　　　　　　　B．加上负脉冲

C．加上直流正电压　　　　　　　　D．加上正弦交流电压

5．对于普通晶闸管，导通后如果在控制极（　　）则电路就能关断。

A．再次加上正脉冲　　　　　　　　B．加上负脉冲

C．不加电压　　　　　　　　　　　D．以上说法都不对

二、简答题

1．和普通二极管相比，晶闸管具有哪些特性？

2．简述用万用表检测晶闸管的方法。

三、计算题

某单相半波可控整流电路，负载电阻 $R_d = 20\Omega$，直接接在交流 220V 电源上，计算 $\alpha = 60°$ 时的输出电压 U_d 并画出其波形，计算晶闸管上的最高电压 U_{TM} 和平均电流值 I_d。

任务3　单相交流调压电路的装配与测试

　学习目标

知识目标：

1．知道双向晶闸管的性能、工作原理及使用方法。

2．能正确识读单相交流调压电路的原理图、接线图和布置图。

3．能理解单相交流调压电路工作原理。

能力目标：

1．掌握手工焊接操作技能，能按照工艺要求正确焊装单相交流调压电路。

2．会进行单相交流调压电路的测试，并能独立排除调试过程中出现的故障。

　工作任务

在调速系统中，许多时候都要求获得幅值（大小）可调。最常见的是电风扇的无极调速器，它是一种典型的单相调压的应用，如图 4-3-1 所示。其电路原理图如图 4-3-2 所示。焊接电路实物图如图 4-3-3 所示。

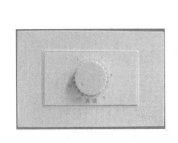

图 4-3-1　无极调速开关

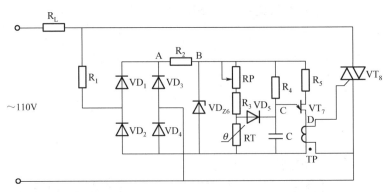

图 4-3-2　单相交流调压电路原理图

图 4-3-3　单相交流调压电路焊接实物图

本次任务的主要内容是，根据给定的技术指标，按照原理图装配并调试电路；同时能独立解决调试过程中出现的故障。

 任务分析

本任务是一个简单的单相交流调压电路，该电路利用双向晶闸管来实现类似生活中常用的电风扇的调速功能。因此，在学习本任务时通过测试了解双向晶闸管的触发性能，并完成单相交流调压电路的安装与调试，观察电路输出电压和双向晶闸管两端电压的波形特点，掌握其电路的工作原理。

 **相关知识**

一、双向晶闸管

1. 双向晶闸管的结构及图形符号

双向晶闸管是在单向晶闸管的基础上开发出来的一种交流型功率控制器件。双向晶闸管不仅能够取代两个反向并联的单向晶闸管，而且只需要一个触发电路，使用很方便。双向晶闸管有三个引脚，分别称为第一阳极 T_1、第二阳极 T_2 和控制极（门极）G，常见平板 KS 型双向晶闸管实物、图形符号及等效电路如图 4-3-4 所示。双向晶闸管的特点是可以等效为两个单向晶闸管反向并联。双向晶闸管可以控制双向导通，因此除控制极 G 外的另两个电极称为主电极 T_1、T_2。

(a) 实物

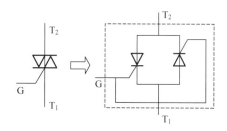

(b) 图形符号及等效电路

图 4-3-4　双向晶闸管实物、图形符号及等效电路

常见双向晶闸管的外形有多种形式，其引脚排列如图 4-3-5 所示。

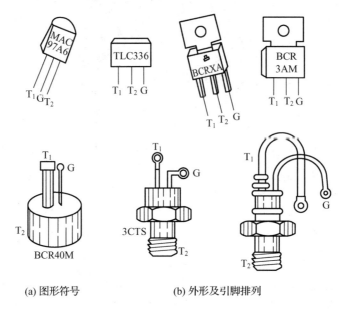

(a) 图形符号   (b) 外形及引脚排列

图 4-3-5　双向晶闸管的图形符号和外形及引脚排列

2．双向晶闸管的工作特性

如图 4-3-6 所示是双向晶闸管的导通实验原理图。在电路中加上交流电源电压 u_1，控制极上无触发脉冲，电灯组不亮。说明双向晶闸管此时不导通。然后，在控制极加上触发电压 u_2。

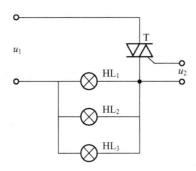

图 4-3-6　双向晶闸管的导通实验

可以通过实验证明双向晶闸管具有以下特点。

（1）控制极上无触发电压时，双向晶闸管不导通。

（2）无论主极电压极性如何，控制极的触发信号无论是正还是负，只要电压足够大，均可触发双向晶闸管导通。

（3）双向晶闸管一旦导通，控制极即失去控制作用。主电极电流减小至维持电流时，双向晶闸管即关断。

由于双向晶闸管主电极可以双向导通，所以一般用于交流负载。

二、单相交流调压电路的工作原理

如图 4-3-7(a)所示为单相交流调压的主电路，电路采用了双向晶闸管。双向晶闸管也可用两只晶闸管反并联替代，如图 4-3-7(b)所示。但如果采用两只晶闸管反并联的形式，则需要两组独立的脉冲电路分别控制两只晶闸管。

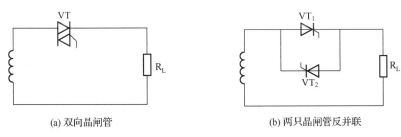

(a) 双向晶闸管   (b) 两只晶闸管反并联

图 4-3-7　单相交流调压的主电路

1．$\alpha = 30°$ 时的波形分析

改变双向晶闸管的触发时刻，以及控制角 α 的大小即可改变输出电压的波形，如图 4-3-8 所示为 $\alpha = 30°$ 的输出电压的理论波形。

电源电压 u_2 为正时双向晶闸管承受相电压，但由于没有触发脉冲，双向晶闸管依然处于截止状态；在 $\alpha = 30°$ 时加入触发脉冲，双向晶闸管导通，电流如图 4-3-9(a)所示，负载上得到正半周输出电压 u_d 的波形与电源电压 u_2 相同。

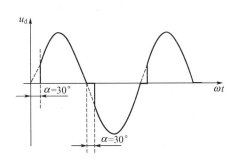

图 4-3-8　$\alpha = 30°$ 的输出电压 u_d 的理论波形

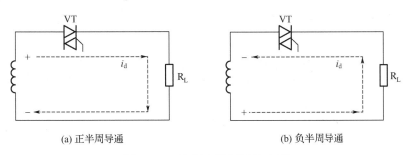

(a) 正半周导通   (b) 负半周导通

图 4-3-9　单相交流调压的电流

当电源电压 u_2 过零时，双向晶闸管承受反相电压关断，负载上得到的输出电压 u_d 为零；电源电压 u_2 为负时双向晶闸管承受负相电压，但由于没有触发脉冲，双向晶闸管依然处于截止状态；在 $\alpha = 30°$ 时加入触发脉冲，双向晶闸管导通，电流如图 4-3-9(b)所示，负载上得到正半周输出电压 u_d 的波形与电源电压 u_2 相同。

2．不同的控制角 α 下的电路工作波形分析

继续改变触发脉冲的加入时刻，可以分别得到控制角 α 为 60°、90°、120° 时输出电压和管子两端的波形，如图 4-3-10、图 4-3-11 和图 4-3-12 所示。其原理请自行分析。

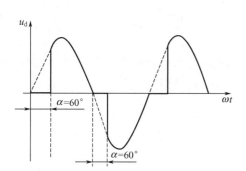

图 4-3-10　$\alpha = 60°$ 的输出电压 u_d 的理论波形

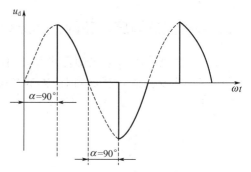

图 4-3-11　$\alpha = 90°$ 的输出电压 u_d 的理论波形

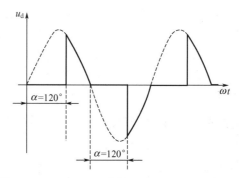

图 4-3-12　$\alpha = 120°$ 的输出电压 u_d 的理论波形

 **任务实施**

一、任务准备

实施本任务教学所使用的实训设备及工具材料可参考表 4-3-1。

表 4-3-1　实训设备及工具材料

序号	分类	名称	型号规格	数量	单位	备注
1	工具仪表	万用表	MF47 型	1	套	
2		常用电子组装工具		1	套	
3		双踪示波器		1	台	
4	设备器材	二极管 $VD_1 \sim VD_5$	2CZ13	4	只	
5		稳压管 VD_{Z6}	2CW21J	1	只	
6		单结晶体管 VT_7	BT35	1	只	
7		双向晶闸管 VT_8	KS10-4	2	只	
8		电阻 R_1、R_2	2.2 kΩ、1W	2	只	
9		电阻 R_3	2.2 kΩ、1/2W	1	只	
10		电阻 R_4	2.7 kΩ	1	只	
11		电阻 R_5	100 kΩ	1	只	
12		热敏电阻 RT	5 kΩ	1	只	
13		电位器 RP	WT、10 kΩ、1/2W	1	只	

续表

序号	分类	名称	型号规格	数量	单位	备注
14		电位器 RP	100 kΩ、1/2W	1	只	
15		电容器 C	0.22 μF /160V	1	只	
16	设备器材	电阻 R_L	300 Ω、2W	1	只	
17		万能电路板		1	块	
18		镀锡铜丝	φ 0.5mm	若干	米	
19		焊料、助焊剂		若干		

二、电路装配

1. 绘制电路的元器件布置图

根据如图 4-3-2 所示的电路原理图，可画出本任务的元器件布置示意图，如图 4-3-13 所示。

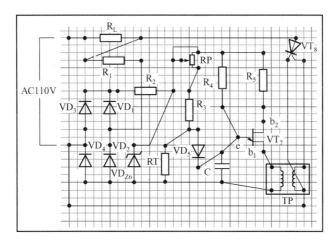

图 4-3-13　元器件布置示意图

2. 元器件的检测

对电路中使用的元器件进行检测与筛选。在此仅就双向晶闸管的测试进行介绍。

（1）用万用表的 R×100 或 R×1k 挡，测量双向晶闸管的第一阳极 T_1 和第二阳极 T_2 之间的电阻，如图 4-3-14 所示，阻值均为无穷大。

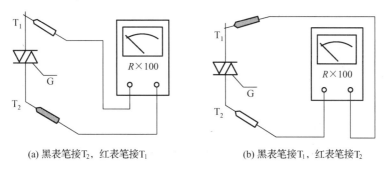

(a) 黑表笔接T_2，红表笔接T_1　　　　(b) 黑表笔接T_1，红表笔接T_2

图 4-3-14　第一阳极 T_1 和第二阳极 T_2 之间的电阻

（2）测量双向晶闸管的第二阳极 T_2 与控制极 G 之间的电阻，如图 4-3-15 所示，阻值很小，仅为几十至一百欧，黑表笔接 G，红表笔接 T_2 所测得的正向电阻比黑表笔接 T_2，红表笔接 G 所测得的反向电阻小。

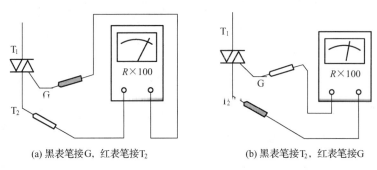

(a) 黑表笔接G，红表笔接T_2 (b) 黑表笔接T_2，红表笔接G

图 4-3-15　第二阳极 T_2 与控制极 G 之间的电阻

（3）测量双向晶闸管的第一阳极 T_1 和控制极 G 之间的电阻，如图 4-3-16 所示，阻值均为无穷大。

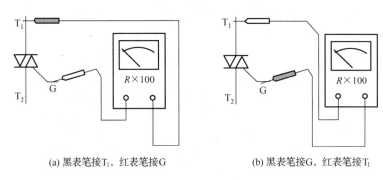

(a) 黑表笔接T_1，红表笔接G   (b) 黑表笔接G，红表笔接T_1

图 4-3-16　第一阳极 T_1 和控制极 G 之间的电阻

通过以上测试可知，可采用万用表的 R×100 或 R×1k 挡判别双向晶闸管引脚，测量出阻值较小的两个引脚为控制极 G 和第二阳极 T_2，另外一个就是第一阳极 T_1，再分别测量第二阳极 T_2 与控制极 G 正反向电阻，阻值较小的一次黑表笔接的引脚为控制极 G，红表笔接的引脚为第二阳极 T_2。

3．元器件的成形

将所用的元器件在插装前按插装工艺要求进行成形。

4．元器件的插装焊接

（1）电阻器均采用水平安装，要求贴紧电路板，电阻器的色环方向应一致。
（2）双向晶闸管、单结晶体管等元器件垂直安装，注意引脚应正确。

5．镀锡裸铜丝的焊接

根据电路原理图和元器件布置图进行镀锡裸铜丝的焊接。要求布线正确，焊点合格，无虚焊、短路现象。

6. 焊接检查

焊接结束，首先检查电路有无漏焊、错焊、虚焊等问题。检查时可用尖嘴钳或镊子将每个元器件拉动一下，看有无松动，如果发现有松动现象，应重新焊接。

三、通电前的检查

电路安装完毕后，必须在不通电的情况下，对电路板进行认真细致的检查，以便纠正安装错误。检查中应注意以下问题。

（1）元器件引脚之间有无短路。

（2）检查单结晶体管、双向晶闸管引脚有无接错，用万用表欧姆挡检查引脚有无短路、开路等问题。

四、电路测试

焊接完成经检查合格后，将主电路和触发电路的电源端按电压等级接到具有两个次级绕组的变压器上，然后送电对各点进行相应的调试和测量。

（1）用示波器测量单结晶体管触发电路 A、B、C、D 点典型波形，并与上一任务所测的波形进行比较。

（2）将示波器探头接于负载两端，探头的测试端接高电位，探头的接地端接低电位，荧光屏上显示的应是单相交流调压电路180°~0°范围的输出电压 u_d 的波形。

操作提示

在测量输出电压 u_d 时，探头的测试端接高电位，接地端接低电位。

任务测评

对任务实施的完成情况进行检查，并将结果填入表 4-3-2。

表 4-3-2　任务测评表

序号	考核项目	评分标准	配分	扣分	得分
1	双向晶闸管的检测	（1）不能正确检测引脚，扣 5 分 （2）不能正确判断双向晶闸管的质量，扣 5 分	10		
2	元器件安装	（1）元器件不按规定方式安装，扣 10 分 （2）元器件极性安装错误，扣 10 分 （3）布线不合理，一处扣 5 分	20		
3	电路焊接	（1）电路装接后与电路原理图一致，一处不符合扣 10 分 （2）焊点有一处不合格，每处扣 2 分 （3）剪引脚留头长度有一处不合格，扣 2 分	20		
4	电路测试	（1）关键点波形不正常，每个扣 10 分 （2）示波器探头使用不正确，扣 10 分 （3）仪器仪表使用错误，每次扣 5 分 （4）仪器仪表损坏，扣 20 分	40		
5	安全文明生产	（1）发生安全事故扣 10 分 （2）违反管理要求视情况扣 5~10 分	10		
6	合计		100		
7	工时定额	120min　开始时间　　　　结束时间			

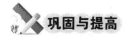 巩固与提高

一、判断题（正确的打"√"，错误的打"×"）

1．双向晶闸管的额定电流与普通晶闸管一样是平均值而不是有效值。　　　（　　）
2．交流开关可用两只普通晶闸管或者两只自关断电力电子器件反并联组成。（　　）
3．单相交流调压电路带电阻负载时移相范围为0°～180°。　　　　　　　　（　　）
4．双向晶闸管是在单向晶闸管的基础上开发出来的一种直流型功率控制器件。
　　　　　　　　　　　　　　　　　　　　　　　　　　　　　　　　　　（　　）
5．双向晶闸管控制极上无触发电压时，双向晶闸管不导通。　　　　　　　（　　）
6．双向晶闸管一旦导通，控制极即失去控制作用。　　　　　　　　　　　（　　）
7．改变双向晶闸管的触发时刻，以及控制角α的大小即可改变输出电压的波形。
　　　　　　　　　　　　　　　　　　　　　　　　　　　　　　　　　　（　　）

二、选择题（请将正确答案的序号填入括号内）

1．双向晶闸管（　　）上无触发电压时，双向晶闸管不导通。
　　A．主电极　　　　　B．第一阳极　　　C．第二阳极　　　D．控制极
2．由于双向晶闸管主电极可以双向导通，所以一般用于（　　）负载。
　　A．交流　　　　　　B．直流　　　　　C．电感性　　　　D．电容性
3．单相交流调压电路带电阻负载时移相范围为（　　）。
　　A．0°～60°　　　　B．0°～90°　　　C．0°～120°　　　D．0°～180°

三、简答题

1．和普通晶闸管相比，双向晶闸管具有哪些特点？
2．简述用万用表检测双向晶闸管的方法。

项目 **5** 异地控制照明灯电路

的装配与调试

电子电路所处理的信号可以分为两大类，一类是在时间和数值上连续变化的信号，称为模拟信号；另一类是在时间和数值上离散的信号，称为脉冲信号。脉冲信号只有高电平和低电平两种取值，可以分别用数字 1 或 0 来表示，故称数字信号。用来处理数字信号的电路称为数字电路。在前面模块任务中介绍了模拟电子电路的有关知识和技能，从本模块任务开始陆续对数字电子电路进行介绍。

 任务 1 基本逻辑门电路的装配与调试

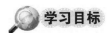 **学习目标**

知识目标：

1. 掌握三种基本逻辑关系，三种基本门电路组成、逻辑符号。
2. 掌握三种基本门电路的工作原理分析，真值表的列写方法。
3. 能正确识读基本门电路的原理图、接线图和布置图。

能力目标：

1. 能够掌握手工焊接操作技能，会按照工艺要求正确焊装基本门电路。
2. 能熟练掌握基本门电路的装配与调试方法，并能独立排除调试过程中出现的故障。

 **工作任务**

在工业控制中，经常会遇到开关的接通或断开、负载的通电或断电等一些相互对立的状态现象，这些现象可以分别用"1"或"0"来表示，这里"1"或"0"并不表示数值的大小，而是表示两种相反的逻辑状态。

数字电路中的基本逻辑关系有"与逻辑"、"或逻辑"、"非逻辑"三种，其他任何复杂的逻辑关系都可以用这三种基本逻辑的组合来表示。能实现某种逻辑功能的数字电路称为逻辑门电路，逻辑门电路可以有一个或多个输入端，但只有一个输出端。当输入条件满足时，门电路开启，按一定的逻辑关系输出信号，否则门电路关闭。如图 5-1-1 所示为基本逻辑门电路的原理图。其焊接电路实物图如图 5-1-2 所示。

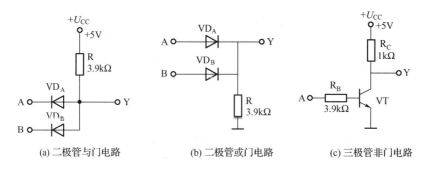

(a) 二极管与门电路　　　　(b) 二极管或门电路　　　　(c) 三极管非门电路

图 5-1-1　基本逻辑门电路的原理图

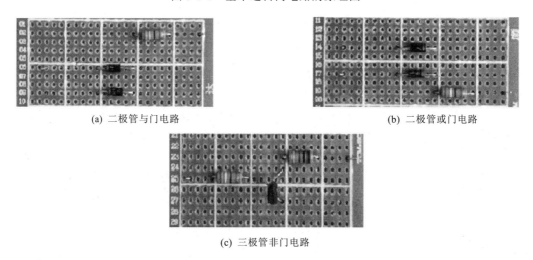

(a) 二极管与门电路　　　　　　　　　　　　　　(b) 二极管或门电路

(c) 三极管非门电路

图 5-1-2　基本逻辑门电路的焊接实物图

本次任务的主要内容是，根据给定的技术指标，按照原理图装配并调试电路；同时能独立解决调试过程中出现的故障。

　任务分析

基本逻辑门电路是数字电路的最基本电路。因此，在进行本次任务的学习时，必须首先了解数字电路的特点，进而了解"与逻辑"、"或逻辑"、"非逻辑"三种逻辑关系，以及三种基本逻辑门电路的组成、逻辑符号及工作原理分析，掌握真值表的列写方法，最后通过二极管与门、或门，三极管非门电路的装配与调试，掌握基本逻辑门电路的特点及电路输入/输出信号之间的逻辑关系，为后续异地控制电路安装与调试任务奠定坚实的基础。

　相关知识

一、数字电路

电子电路的工作信号可分为模拟信号和数字信号两种类型。

1．模拟信号

模拟信号是指在时间和数值上都是连续变化的信号。例如，由声音、温度、压力等物理量转化的电压信号或电流信号。如图 5-1-3(a)所示，用以处理模拟信号的电路称为模拟电路。

2．数字信号

数字信号是一种离散信号，它的变化在时间和数值上都是不连续的。例如，电子表的秒信号、计数器的计数信号等。如图 5-1-3(b)所示，它们的变化发生在一系列离散的瞬间，用来处理数字信号的电路称为数字电路。

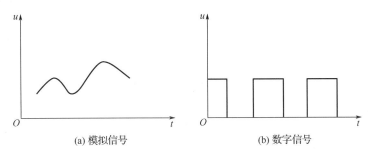

(a) 模拟信号　　　　　　　(b) 数字信号

图 5-1-3　模拟信号和数字信号

二、数字电路的特点

目前，随着超大规模数字集成电路及计算机技术的发展，数字电路不仅广泛应用于工业电气控制系统，而且音频、视频和图像信号也由数字电路进行处理。数字电路具有以下主要特点。

（1）数字电路中的信号可以用电子元件的导通或截止状态来实现，因此数字电路单元结构简单、功耗低、发热量小、容易制造和便于集成化。

（2）一般情况下，干扰信号与数字信号在频率和幅度等方面有较大的区别，容易识别和滤除干扰信号，故数字电路的抗干扰能力较强。

（3）与模拟信号相比，数字信号更容易存储、压缩、再现和传输。

（4）数字电路具有数值计算和逻辑处理能力，适用于各种控制电路。

（5）在数字电路中，重点研究输入信号和输出信号之间的逻辑关系。电路功能的表示方法常采用功能表、真值表、逻辑函数式、特性方程以及状态图等。

三、三种基本逻辑关系及其门电路

所谓逻辑关系，就是指事情发生发展的因果关系。在电路上，就是指电路输入/输出状态之间的对应关系。

1．与逻辑和"与"门电路

1）与逻辑关系

只有当决定一件事情的所有条件全部具备时，这件事情才会发生，这种因果关系称为与逻辑关系。

如图 5-1-4 所示电路中，只有当开关 A 与开关 B 全闭合时，灯泡 Y 才会亮；只要有一个开关断开，灯泡 Y 就不亮。如果把开关通、断作为条件，把灯泡的状态作为结果，串联的开关 A、B 与灯泡 Y 是与逻辑关系，并记为 $Y=A \cdot B$，读作 Y 等于 A 与 B。电路的控制关系见表 5-1-1，这种表示电路控制功能的表格称为功能表。

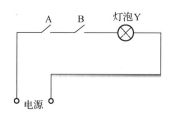

图 5-1-4 与逻辑电路

表 5-1-1 与逻辑举例功能表

开关 A	开关 B	灯泡 Y
断开	断开	灭
断开	闭合	灭
闭合	断开	灭
闭合	闭合	亮

2）与门电路

实现与逻辑关系的电路称为与门电路。

（1）与门电路和符号。

如图 5-1-5 所示，图中 A、B 是输入信号，它们在低电平时为 0V，高电平时为 3V；Y 是输出信号。两个输入端的与门符号如图 5-1-5(b)所示，它采用矩形轮廓的图形符号，内加限定字符"&"表示与逻辑（AND），A、B 是逻辑变量输入端，Y 是逻辑变量输出端。为了更清晰地表示

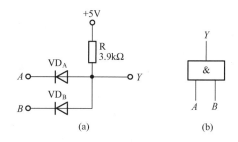

图 5-1-5 二极管与门的电路和符号

电路的逻辑关系，门电路符号只标识具有逻辑关系的引脚，而将电源和接地引脚隐去。

（2）工作原理。

对于图 5-1-5(a)所示的电路，两个输入信号有四种不同取值，相应的输出可以通过估算求出，进而可得到输入与输出之间的逻辑关系。

① $U_A = U_B = 3V$，即均为高电平。由于 U_A、U_B 正极均通过电阻 R 接到电源+5V，都是正向接法，故必然都导通，所以输出电压为高电平，即

$$U_Y = U_A + U_D = （3+0.7）V = 3.7V$$

其中，U_A、U_B 分别为 A、B 点的电压，U_Y 为 Y 点的电压，U_D 为 VD_A、VD_B 导通时的管子电压降。

② $U_A = 3V$，$U_B = 0V$，即一高一低。此时，U_B 导通，输出电压为低电平，即

$$U_Y = U_B + U_D = （0+0.7）V = 0.7V$$

二极管 VD_A 承受反向电压而截止。

③ 同理当 $U_A = 0V$，$U_B = 3V$ 时，VD_A 导通、VD_B 截止，输出电压为低电平，即

$$U_Y = U_A + U_D = （0+0.7）V = 0.7V$$

④ $U_A = U_B = 0V$，且均为低电平。同理，由于 VD_A、VD_B 正极均通过电阻 R 接到电源+5V，都是正向接法，故必然都导通，所以输出电压为低电平，即

$$U_Y = U_A + U_D = （0 +0.7）V = 0.7V$$

整理四种不同输入情况下 U_Y 估算的结果可得到反映电路输入、输出电平高低对应关系的表格，简称电压功能表，见表 5-1-2。

表 5-1-2　二极管与门电路的电压功能表

U_A/V	U_B/V	U_Y/V	U_A/V	U_B/V	U_Y/V
0	0	0.7	3	0	0.7
0	3	0.7	3	3	3.7

由表 5-1-2 可知，要输出 U_Y 为高电平，U_A 与 U_B 必须全部是高电平，所以是与逻辑关系，故图 5-1-5(a)所示是与门电路。

（3）关于高、低电平的概念。

上述已有多处用到了高电平和低电平的概念，以后还要经常使用。其实电平就是电位（电路中某点对参考点的电压），在数字电路中，人们习惯于用高、低电平来描述电位的高低。高电平是一种状态，而低电平则是另外一种不同的状态，它们表示的是一定的电压范围，而不是一个固定不变的数值。例如，在 TTL 电路中，通常规定高电平的额定值为 3V，低电平的额定值为 0.2V，而 0～0.8V 都算作低电平，2～5V 都算作高电平，如图 5-1-6 所示。如果超出规定的范围（高电平的上限值和低电平的下限值）则不仅会破坏电路的逻辑功能，而且还可能造成器件性能下降甚至损坏。

（4）与逻辑真值表。

为了方便分析，在数字电路中，经常用符号"1"和"0"表示高电平和低电平。如果用 1 表示高电平，用 0 表示低电平，用 A、B 表示 U_A、U_B，用 Y 表示 U_Y，代入表 5-1-2 中，则可得表 5-1-3 所列的与逻辑真值表，简称真值表。逻辑真值表能准确地描述输入和输出之间的逻辑关系。由表 5-1-3 可以看出，输入信号 A、B 与输出信号 Y 之间的关系和算术中的逻辑关系叫做逻辑乘法，其表达式为

$$Y = A \cdot B$$

式中，"·"表示 A、B 相乘，不仅可读作 Y 等于 A 与 B，而且也可读作 Y 等于 A 乘 B。

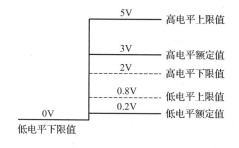

图 5-1-6　电路高、低电平的变化范围

表 5-1-3　与门电路的逻辑真值表

A	B	Y
0	0	0
0	1	0
1	0	0
1	1	1

2. 或逻辑和"或"门电路

1）或逻辑关系

在决定一件事情的全部条件中，只要具备一个或者一个以上的条件，这件事情就会发生，这种因果关系称为或逻辑关系。如图 5-1-7 所示电路中，开关 A 或 B 闭合时，灯泡 Y 都能亮；只有开关全部断开时，灯泡 Y 才不会亮。因此，并联的开关 A、B 和灯泡 Y 是或

逻辑关系。因为开关 A 或者开关 B，只要有一个闭合，灯泡就会亮，并记作 $Y = A+B$，读作 Y 等于 A 或 B，其逻辑关系举例功能表见表 5-1-4。

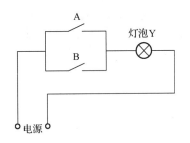

图 5-1-7 或逻辑电路

表 5-1-4 或逻辑举例功能表

开关 A	开关 B	灯泡 Y
断开	断开	灭
断开	闭合	亮
闭合	断开	亮
闭合	闭合	亮

2）或门电路

实现或逻辑关系的电路称为或门电路。

（1）或门电路和符号。

或门电路如图 5-1-8(a)所示，A、B 是输入信号，Y 是输出信号。或门电路的符号如图 5-1-8(b)所示，矩形轮廓的图形符号内 "≥1" 表示或逻辑（OR）。

（2）工作原理。

根据如图 5-1-8(a)所示的或门电路，通过类似于二极管与门电路的分析估算，可以列出二极管或门电路的电压功能表，见表 5-1-5。

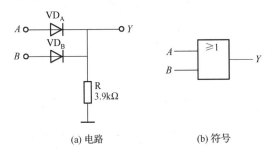

(a) 电路   (b) 符号

图 5-1-8 二极管或门电路和符号

表 5-1-5 二极管或门电路的电压功能表

U_A/V	U_B/V	U_Y/V
0	0	0
0	3	2.3
3	0	2.3
3	3	2.3

由表 5-1-5 可知，输入信号 U_A 或者 U_B，只要有一个为高电平，输出 U_Y 就是高电平，所以是或逻辑关系，故图 5-1-8(a)所示电路是或门电路。

如果用符号 "1" 表示高电平，用符号 "0" 表示低电平，则可得到或逻辑真值表，见表 5-1-6。由表 5-1-6 可以看出，输入信号 A、B 与输出信号 Y 之间的关系和算数中的加法很相似，因此也把这种或逻辑关系叫做逻辑加法，其表达式为

表 5-1-6 或门电路的逻辑真值表

A	B	Y	A	B	Y
0	0	0	1	0	1
0	1	1	1	1	1

$$Y=A+B$$

式中 "+" 号表示 A 和 B 相加，上式不仅可以读作 Y 等于 A 或 B，而且也可以读作 Y 等于 A 和 B。

值得注意的是，这里的 1+1 =1，1+1≠2，因为是逻辑加，而不是一般的算数加，所以 A、B、Y 的取值都只有两种可能，不是 1 就是 0，这里的 1 和 0 表示两个不同状态——高电平和低电平，没有数量的意思。$Y = A+B$ 表示对 Y 来说，A 和 B 之间是或逻辑关系。

（3）关于正逻辑和负逻辑的概念。

如果用"1"表示高电平，用"0"表示低电平，则称为正逻辑；如果用"0"表示高电平，用"1"表示低电平，则称为负逻辑。如果没有特殊说明，就意味着是正逻辑。

3．非逻辑与"非"门电路

1）非逻辑关系

决定一件事情的条件只有一个，当条件具备时，这件事情不会发生；当条件不具备时，这件事情一定发生，这种因果关系称为非逻辑。非就是相反的意思。在图 5-1-9 所示电路中，开关 A 闭合时，灯泡 Y 不亮；A 断开时，灯泡 Y 亮。因此，开关和灯是非逻辑关系。并记作 $Y=\overline{A}$，A 上面的一横读作非或者反，等式读作 Y 等于 A 反或 A 非。其逻辑关系功能表见表 5-1-7。

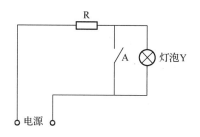

图 5-1-9 非逻辑电路

表 5-1-7 非逻辑举例功能表

开关 A	灯泡 Y
断开	亮
闭合	灭

2）非门电路（反相器）

实现非逻辑关系的电路称为非门电路。

（1）非门电路和符号。

如图 5-1-10 所示，U_I 为输入信号，U_O 为输出信号。非门电路的符号如图 5-1-10(b)所示，矩形轮廓的图形符号内加限定字符"1"表示缓冲器，输出端的小圆圈表示非逻辑（NOT）。

（2）工作原理。

由图 5-1-10(a)所示电路的工作原理如下。

① 当输入为低电平 $U_I = 0V$ 时，三极管截止，输出高电平 $U_O = +5V$。

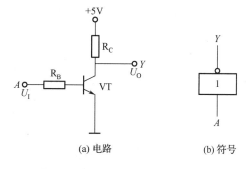

(a) 电路   (b) 符号

图 5-1-10 非门电路的电路和符号

② 当输入为高电平 $U_I = 3V$ 时，三极管饱和，输出低电平 $U_O = +0.3V$。

至此，可以得出图 5-1-10(a)所示电路为非门电路。非逻辑关系表达式为

$$Y=\overline{A}$$

表 5-1-8 和表 5-1-9 分别为非门电路的电压功能表和真值表。

表 5-1-8 非门电路的电压功能表

U_I/V	U_O/V
0	5
3	0.3

表 5-1-9 非门电路的真值表

A	Y
0	1
1	0

任务实施

一、任务准备

实施本任务教学所使用的实训设备及工具材料可参考表 5-1-10。

表 5-1-10　实训设备及工具材料

序号	分类	名称	型号规格	数量	单位	备注
1	工具仪表	万用表	MF47 型	1	套	
2		常用电子组装工具		1	套	
3		直流稳压电源		1	台	
4		逻辑笔		1	支	
5	设备器材	碳膜电阻器 R、R_B	3.9kΩ	3	只	
6		碳膜电阻器 R_C	1kΩ	1	只	
7		三极管 VT	9011	1	只	
8		二极管 VD_A、VD_B	4003	4	只	
9		万能电路板		1	块	
10		镀锡铜丝	ϕ0.5mm	若干	米	
11		焊料、助焊剂		若干		

二、电路装配

1. 绘制电路的元器件布置图

根据如图 5-1-1 所示的电路原理图，可画出本任务的元器件布置示意图，如图 5-1-11 所示。

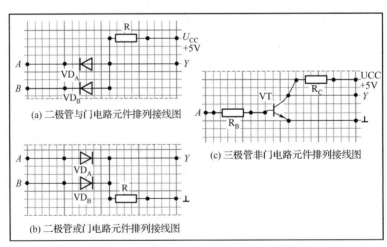

图 5-1-11　元器件布置示意图

2. 元器件的检测

对电路中使用的元器件进行检测与筛选。

3．元器件的成形

将所用的元器件在插装前按插装工艺要求进行成形。

4．元器件的插装焊接

依据图 5-1-10 所示的元器件布置示意图，按照装配工艺要求进行元器件的插装焊接。

5．镀锡裸铜丝的焊接

根据电路原理图和元器件布置图进行镀锡裸铜丝的焊接。

6．焊接检查

焊接结束，首先检查电路有无漏焊、错焊、虚焊等问题。检查时可用尖嘴钳或镊子将每个元器件拉动一下，看有无松动，如果发现有松动现象，应重新焊接。

三、通电前的检查

电路安装完毕后，必须在不通电的情况下，对电路板进行认真细致的检查，以便纠正安装错误。检查中应注意以下问题：

（1）元器件引脚之间有无短路。

（2）二极管极性有无接反。

（3）检查三极管引脚有无接反。

四、电路测试

（1）分别用万用表和逻辑笔对二极管与门电路逻辑关系进行测试，将测试结果填入表 5-1-11。

（2）分别用万用表和逻辑笔对二极管或门电路逻辑关系进行测试，并将测试结果填入表 5-1-12。

表 5-1-11　与门电路测试结果

输入电压		输出电压	输出状态
U_A /V	U_B /V	U_Y /V	
0	0		
0	3		
3	0		
3	3		

表 5-1-12　或门电路测试结果

输入电压		输出电压	输出状态
U_A /V	U_B /V	U_Y /V	
0	0		
0	3		
3	0		
3	3		

（3）分别用万用表和逻辑笔对三极管非门电路逻辑关系进行测试，并将测试结果填入表 5-1-13。

表 5-1-13　非门电路测试结果

输入电压	输入状态	输出电压	输出状态
U_A /V		U_Y /V	
0.3			
3			

电子电路安装与调试

操作提示

（1）测试中注意逻辑笔的电源极性不能接反，否则会导致测试错误。

（2）当测得某些逻辑关系不正确时，应检查二极管、三极管是否完好，极性接法是否正确，电源极性是否正确等，直至故障排除。

任务测评

对任务实施的完成情况进行检查，并将结果填入表 5-1-14。

表 5-1-14　任务测评表

序号	考核项目	评分标准	配分	扣分	得分
1	元器件安装	（1）元器件不按规定方式安装，扣 10 分 （2）元器件极性安装错误，扣 10 分 （3）布线不合理，一处扣 5 分	30		
2	电路焊接	（1）电路装接后与电路原理图一致，一处不符合扣 10 分 （2）焊点有一处不合格，每处扣 2 分 （3）剪引脚留头长度有一处不合格，扣 2 分	20		
3	电路测试	（1）关键点电位不正常，扣 10 分 （2）逻辑笔使用不正确，扣 10 分 （3）仪器仪表使用错误，每次扣 5 分 （4）仪器仪表损坏，扣 20 分	40		
4	安全文明生产	（1）发生安全事故扣 10 分 （2）违反管理要求视情况扣 5～10 分	10		
5	合计		100		
6	工时定额	90min　　开始时间　　　　　　　　结束时间			

知识拓展

化简逻辑函数

在数字电路中，相同的逻辑功能可以用不同形式的逻辑函数式表示，而这些逻辑函数式的简繁程度往往相差甚远。逻辑函数式越简单，它所表示的逻辑关系越清晰，与之对应的逻辑电路也越简单，利用最少的电子器件来实现这个逻辑函数，所以简化逻辑函数有其重要意义。常用的简化工具是逻辑代数定律、卡诺图和相应的计算机软件。

"与或"式是最基本的逻辑函数式，最简"与或"逻辑函数式的标准是：

（1）逻辑函数式中乘积项个数最少（即与之对应的与门最少）。

（2）每个乘积项中逻辑变量数最少（即每个与门的输入端最少）。

一、逻辑代数与普通代数的区别

逻辑代数和普通代数一样也用字母表示变量，但是，逻辑代数的变量取值只有"1"和"0"两种，即所谓逻辑"1"和逻辑"0"，没有第三种可能。这里"1"和"0"所表示的不是数量的大小，而是两种不同的状态，这是逻辑代数与普通代数本质上的区别。

二、逻辑代数运算法则和基本定律

1．逻辑代数的运算法则

逻辑代数的运算法则见表 5-1-15。

2．逻辑代数的交换律、结合律和分配律

逻辑代数的交换律、结合律和分配律见表 5-1-16。

表 5-1-15　逻辑代数运算法则

逻辑乘	逻辑加	反转律
$A \times 0 = 0$	$A + 0 = A$	
$A \times 1 = A$	$A + 1 = 1$	$\overline{\overline{A}} = A$
$A \times A = A$	$A + A = A$	
$A \times \overline{A} = 0$	$A + \overline{A} = 1$	

表 5-1-16　逻辑代数交换律、结合律和分配律

交换律	$A + B = B + A$
	$AB = BA$
结合律	$A + B + C = (A + B) + C = A + (B + C)$
	$ABC = (AB)C = A(BC)$
分配律	$A(B + C) = AB + AC$
	$A + BC = (A + B)(A + C)$

3．逻辑代数的吸收律

逻辑代数的吸收律见表 5-1-17。

4．逻辑代数的摩根定律（反演律）

逻辑代数的摩根定律见表 5-1-18。

表 5-1-17　逻辑代数吸收律

吸收律	证明
$A + AB = A$	$A + AB = A(1 + B) = A$
$A(A + B) = A$	$A(A + B) = AA + AB = A + AB = A(1 + B) = A$
$A + \overline{A}B = A + B$	$A + B = (A + \overline{A})(A + B) = A + AB + \overline{A}B = A + \overline{A}B$

表 5-1-18　逻辑代数摩根定律

摩根定律	摩根定律的推广式
$\overline{AB} = \overline{A} + \overline{B}$	$\overline{A \cdot B \cdot C \cdots} = \overline{A} + \overline{B} + \overline{C} + \cdots$
$\overline{A + B} = \overline{A} \cdot \overline{B}$	$\overline{A + B + C + \cdots} = \overline{A} \cdot \overline{B} \cdot \overline{C} \cdots$

巩固与提高

一、判断题（正确的打"√"，错误的打"×"）

1．与门电路的逻辑功能是输入有 1，输出为 1。　　　　　　　　　　（　　）

2．数字电路中，三极管工作在放大状态。　　　　　　　　　　　　　（　　）

3．用 1 表示高电平，用 0 表示低电平是正逻辑。　　　　　　　　　　（　　）

4．非逻辑就是否定逻辑。　　　　　　　　　　　　　　　　　　　　（　　）

5．或门电路的逻辑功能是输入有 0，输出为 0。　　　　　　　　　　（　　）

6．在数字信号中 0 和 1 表示两个不同的数值。　　　　　　　　　　（　　）

7．在时间和幅度上都断续的信号是数字信号，语音信号不是数字信号。（　　）

8．数字电路与模拟电路相比，其抗干扰能力强，功耗低，速度快。　（　　）

9．逻辑电路中，一律用"1"表示高电平，用"0"表示低电平。　　　（　　）

10．与门的逻辑功能是"有 1 出 1，全 0 出 0"。　　　　　　　　　　（　　）

11．输入是"1"，输出也是"1"的电路，实质上是反相器。　　　　　（　　）

12. 输入全是"1"时输出为"1"的电路，是与门电路。 （　　）

13. 逻辑"1"大于逻辑"0"。 （　　）

14. 当 TTL 与非门的输入端悬空时相当于输入为逻辑 1。 （　　）

二、选择题（请将正确答案的序号填入括号内）

1. 与逻辑关系为（　　）。
   A．输入有 1，输出为 1 　　　　　　B．输入有 0，输出为 0
   C．输入全 1，输出为 0 　　　　　　D．输入有 0，输出为 1

2. 或逻辑关系为（　　）。
   A．输入有 1，输出为 1 　　　　　　B．输入有 0，输出为 0
   C．输入全 1，输出为 0 　　　　　　D．输入有 0，输出为 1

3. 非逻辑关系为（　　）。
   A．输入有 1，输出为 1 　　　　　　B．输入有 0，输出为 0
   C．输入全 1，输出为 1 　　　　　　D．输入为 0，输出为 1

4. TTL 门电路中，低电平的上限值为（　　）。
   A．0.8V 　　　　B．0.7V 　　　　C．2V 　　　　D．3V

5. TTL 门电路中，高电平的下限值为（　　）。
   A．0.8V 　　　　B．0.7V 　　　　C．2V 　　　　D．3V

6. 符合或逻辑关系的表达式是（　　）。
   A．1+1=2 　　　　B．1+1=10 　　　　C．1+1=1 　　　　D．1+1=0

三、简答题

1. 什么是高电平？什么是低电平？TTL 电路的高、低电平是如何规定的？

2. 什么是与逻辑关系？写出其真值表。

3. 什么是或逻辑关系？写出其真值表。

4. 分别画出与门、或门、非门的逻辑符号，写出其逻辑表达式。

任务 2　复合逻辑门电路的装配与调试

学习目标

知识目标：

1. 掌握与非门电路、或非门电路的组成、逻辑符号及工作原理。

2. 能正确识读与非门、或非门的原理图、接线图和布置图。

能力目标：

1. 能够掌握手工焊接操作技能，会按照工艺要求正确焊装与非门、或非门。

2. 能熟练掌握与非门、或非门的装配与调试，并能独立排除调试过程中出现的故障。

 **工作任务**

在数字电路中除了上一任务中介绍的"与逻辑"、"或逻辑"、"非逻辑"三种基本逻辑关系外，还有一些较为复杂的逻辑组合，如与非逻辑就是与逻辑和非逻辑的组合；实现与非逻辑关系的电路称为与非门电路，它属于复合逻辑门电路的一种。如图 5-2-1 所示为复合逻辑门电路的原理图。其焊接电路实物图如图 5-2-2 所示。

本次任务的主要内容是，根据给定的技术指标，按照原理图装配并调试电路；同时能独立解决调试过程中出现的故障。

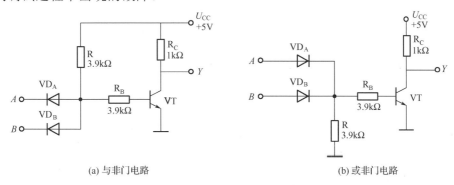

(a) 与非门电路　　　　　(b) 或非门电路

图 5-2-1　复合逻辑门电路的原理图

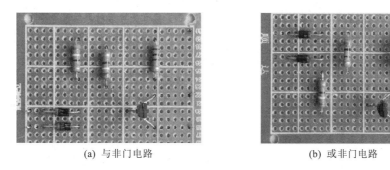

(a) 与非门电路　　　　　(b) 或非门电路

图 5-2-2　复合逻辑门电路的焊接实物图

 **任务分析**

复合逻辑门电路主要包括与非门电路和或非门电路两个最基本的电路。因此，在进行本次任务的学习时，必须首先了解与非门电路、或非门电路的组成、逻辑符号及工作原理，然后通过分立元件与非门、或非门电路的装配与调试，掌握复合门电路的特点及电路输入/输出信号之间的逻辑关系，为后续异地控制电路安装与调试任务奠定坚实的基础。

相关知识

一、与非门

与非逻辑是与逻辑和非逻辑的组合逻辑，运算顺序是先逻辑与后逻辑非，实现与非逻辑关系的电路称为与非门。

1．与非门电路和符号

如图 5-2-3 所示，A、B 是输入信号，Y 是输出信号。

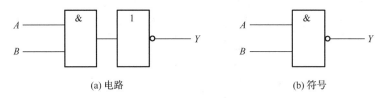

(a) 电路　　　　　　　　　　　　　　(b) 符号

图 5-2-3　与非门电路和符号

2．工作原理

与非门是由与门和非门结合而成的。即在与门之后接一个非门，就构成了与非门。与非门的逻辑函数表达式为

$$Y=\overline{AB}$$

上式读作 Y 等于 A 与 B 非。与非门的逻辑真值表见表 5-2-1。

表 5-2-1　与非门电路的逻辑真值表

A	B	Y	A	B	Y
0	0	1	1	0	1
0	1	1	1	1	0

由真值表可知，与非门的逻辑功能是输入有 0，输出为 1；输入全 1，输出为 0。

3．与非门的特点

与非门带负载能力强、抗干扰能力强，应用广泛。任何逻辑都可用与非门实现，与非运算具有完备性。

二、或非门

或非逻辑是或逻辑和非逻辑的组合逻辑，运算顺序是先逻辑或后逻辑非。实现或非逻辑关系的电路称为或非门。

1．或非门电路和符号

如图 5-2-4 所示，A、B 是输入信号，Y 是输出信号。

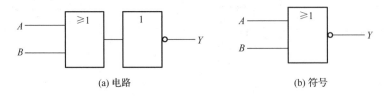

(a) 电路　　　　　　　　　　　　　　(b) 符号

图 5-2-4　或非门电路和符号

2．工作原理

或非门是由或门和非门结合而成的。即在或门之后接一个非门，就构成了或非门。或

非门的逻辑表达式为

$$Y = \overline{A + B}$$

上式读作 Y 等于 A 或 B 非。或非门的逻辑真值表见表 5-2-2。

表 5-2-2　或非门电路的逻辑真值表

A	B	Y	A	B	Y
0	0	1	1	0	0
0	1	0	1	1	0

由真值表可知，或非门的逻辑功能是输入有 1，输出为 0，输入全 0，输出为 1。

3．或非门的特点

或非门带负载能力强、抗干扰能力强，应用广泛，任何逻辑关系都可用或非门实现，或非运算具有完备性。

 **任务实施**

一、任务准备

实施本任务教学所使用的实训设备及工具材料可参考表 5-2-3。

表 5-2-3　实训设备及工具材料

序号	分类	名称	型号规格	数量	单位	备注
1	工具仪表	万用表	MF47 型	1	套	
2		常用电子组装工具		1	套	
3		直流稳压电源		1	台	
4		逻辑笔		1	支	
5	设备器材	碳膜电阻器 R、R_B	3.9kΩ	4	只	
6		碳膜电阻器 R_C	1kΩ	2	只	
7		三极管 VT	9011	2	只	
8	设备器材	二极管 VD_A、VD_B	4003	4	只	
9		万能电路板		1	块	
10		镀锡铜丝	ϕ0.5mm	若干	米	
11		焊料、助焊剂		若干		

二、电路装配

1．绘制电路的元器件布置图

根据如图 5-2-1 所示的电路原理图，可画出本任务的元器件布置示意图，如图 5-2-5 所示。

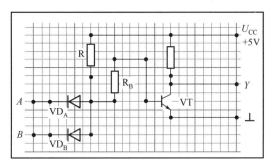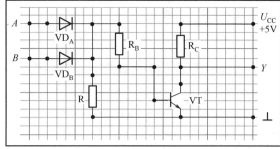

(a) 与非门电路　　　　　　　　　　(b) 或非门电路

图 5-2-5　元器件布置示意图

2．元器件的检测

对电路中使用的元器件进行检测与筛选。

3．元器件的成形

将所用的元器件在插装前按插装工艺要求进行成形。

4．元器件的插装焊接

（1）电阻器均采用水平安装，要求贴紧电路板，电阻器的色环方向应一致。

（2）二极管采用水平安装，底部贴紧电路板，注意引脚应正确。

（3）三极管采用垂直安装，底部离开电路板 5mm，注意引脚应正确。

5．镀锡裸铜丝的焊接

根据电路原理图和元器件布置图进行镀锡裸铜丝的焊接。

6．焊接检查

焊接结束，首先检查电路有无漏焊、错焊、虚焊等问题。检查时可用尖嘴钳或镊子将每个元器件拉动一下，看有无松动，如果发现有松动现象，应重新焊接。

三、通电前的检查

电路安装完毕后，必须在不通电的情况下，对电路板进行认真细致的检查，以便纠正安装错误。检查中应注意以下问题：

（1）元器件引脚之间有无短路。

（2）二极管极性有无接反。

（3）检查三极管引脚有无接反。

四、电路测试

（1）分别用万用表和逻辑笔对与非门电路逻辑关系进行测试，将测试结果填入表 5-2-4。

（2）分别用万用表和逻辑笔对或非门电路逻辑关系进行测试，将测试结果填入表 5-2-5。

表 5-2-4 与非门电路测试结果

输入电压		输出电压	输出状态
U_A /V	U_B /V	U_Y /V	
0	0		
0	3		
3	0		
3	3		

表 5-2-5 或非门电路测试结果

输入电压		输出电压	输出状态
U_A /V	U_B /V	U_Y /V	
0	0		
0	3		
3	0		
3	3		

 操作提示

（1）焊接时注意三极管的引脚不能接错。

（2）测试中注意逻辑笔电源极性不能接反，否则会导致测试结果的错误。

 任务测评

对任务实施的完成情况进行检查，并将结果填入表 5-2-6。

表 5-2-6 任务测评表

序号	考核项目	评分标准	配分	扣分	得分
1	元器件安装	（1）元器件不按规定方式安装，扣 10 分 （2）元器件极性安装错误，扣 10 分 （3）布线不合理，一处扣 5 分	30		
2	电路焊接	（1）电路装接后与电路原理图一致，一处不符合扣 10 分 （2）焊点有一处不合格，每处扣 2 分 （3）剪引脚留头长度有一处不合格，扣 2 分	20		
3	电路测试	（1）关键点电位不正常，扣 10 分 （2）逻辑笔使用不正确，扣 10 分 （3）仪器仪表使用错误，每次扣 5 分 （4）仪器仪表损坏，扣 20 分	40		
4	安全文明生产	（1）发生安全事故扣 10 分 （2）违反管理要求视情况扣 5～10 分	10		
5	合计		100		
6	工时定额	90min　开始时间　　　　　　　　结束时间			

 知识拓展

在数字电路中普遍使用集成电路（简称 IC），集成电路可以将一个完整逻辑电路中的全部元件和连线制作在一块很小的硅片上，它具有体积小、质量轻、速度快、功耗低和可靠性高等优点。常用的数字集成逻辑电路有 TTL 和 CMOS 两大类。TTL 电路的输入级和输出级均采用三极管，所以称为三极管—三极管逻辑电路，简称 TTL 电路。

一、TTL 集成与非门电路的组成及工作原理

1. 电路组成

TTL 集成与非门电路和符号如图 5-2-6 所示，A，B 是信号输入端，Y 是输出端。它由输入级、中间级和输出级三部分组成。

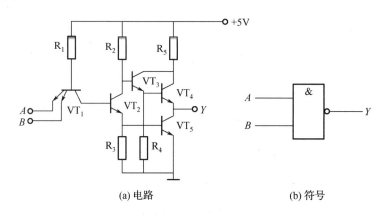

(a) 电路　　　　　　　　　　(b) 符号

图 5-2-6　TTL 集成与非门电路和符号

1）输入级

输入级由多发射极三极管 VT_1 和 R_1 组成，多发射极三极管 VT_1 的发射极作为逻辑输入端，实现多个输入信号的逻辑与运算。

2）中间级

中间级由 R_2、VT_2、R_3 组成。它的主要作用是从三极管 VT_2 的集电极和发射极上同时输出两个相位相反的电压信号，作为 VT_3、VT_5 的驱动信号，以保证 VT_4 和 VT_5 一个导通时另一个截止。

3）输出级

输出级由 VT_3、VT_4、VT_5、R_4 和 R_5 组成，其中 VT_3 和 VT_4 构成复合管。由于该复合管与 VT_5 的输入信号相反，所以当 VT_5 导通时，VT_4 截止；VT_4 导通时，VT_5 截止。这种电路形式称为推挽式结构，具有较强的带负载能力。输出级完成逻辑非运算。

2. 工作原理

当输入信号全为高电平（$U_{IH}=3.6V$）时，电源+5V 经 R_1，VT_1（bc 结）向 VT_2、VT_5 提供基极电流，VT_2、VT_5 导通，VT_4 截止，输出电压为低电平，门电路导通电压值为

$$U_Y = U_{CESS} = 0.3V$$

当输入信号有一个或全部为低电平（$U_{IL}=0.3V$）时，VT_1 导通，VT_1 基极电位为 1V（0.3V+0.7V=1V），不足以向 VT_2、VT_5 提供基极电流，所以 VT_2，VT_5 截止，电源+5V 经 R_2 向 VT_3、VT_4 提供基极电流，VT_4 导通，输出电压为高电平，门电路截止电压值为

$$U_Y = U_{CC} - I_B R_2 - U_{be3} - U_{be4} \approx 5 - 0.7 - 0.7 = 3.6V$$

显然，输出与输入是"全 1 出 0，有 0 出 1"的与非逻辑关系，其逻辑函数式为

$$Y=\overline{AB}$$

二、集成电路引脚排列

集成电路引脚的编号按逆时针方向排列，即将集成电路正面朝上，开口在左侧，左前方第 1 个引脚编号为 1，右前方第 1 个引脚编号最大。一般情况下，左边最后一个引脚为电源的负极，右前方第 1 个引脚为电源的正极。

与非门 74LS00、或非门 74LS02、非门 74LS04、或门 74LS32、与门 74LS08 引脚排列如图 5-2-7 所示。

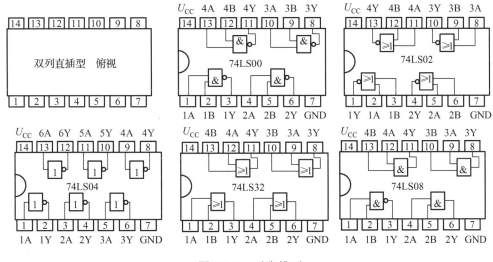

图 5-2-7 引脚排列

三、TTL 集成电路的分类

自 20 世纪 60 年代 TTL 电路应用以来，为了降低功耗和提高工作速度，人们对 TTL 电路不断地进行改进，于是产生了多种系列产品。在不同系列的 TTL 器件中，只要器件型号的后几位数码完全相同，则它们的逻辑功能、外形尺寸和引脚排列完全一样。74 系列 TTL 集成电路型号分类见表 5-2-7。

表 5-2-7 74 系列 TTL 集成电路型号分类

型号	名称	型号	名称
74××	标准型	74AS××	先进肖特基型
74LS××	低功耗肖特基型	74ALS××	先进低功耗肖特基型
74S××	肖特基型	74F××	高速型

四、常见 TTL 与非门

常用 TTL 与非门电路器件见表 5-2-8。

表 5-2-8 常用 TTL 与非门电路器件

品种代号	品种名称	品种代号	品种名称
00	四-二输入与非门	20	双四输入与非门
01	四-二输入与非门（OC）	21	双四输入与门
02	四-二输入或非门	22	双四输入与非门（OC）
03	四-二输入或非门（OC）	27	三-三输入或非门
04	六反相器	30	八输入与非门
05	六反相器（OC）	32	四-二输入或门
06	六高压输出反相缓冲/驱动器（OC，30V）	37	四-二输入与非缓冲器
07	六高压输出同相缓冲/驱动器（OC，30V）	40	双四输入与非缓冲器
08	四-二输入与门	136	四-二输入或非门（OC）
10	三-三输入与非门	245	八双向总线发送/接收器
12	三-三输入与非门（OC）		

巩固与提高

一、判断题（正确的打"√"，错误的打"×"）

1．与非运算具有完备性。 （ ）

2．用与非门只能实现与非逻辑关系。 （ ）

3．用或非门可以实现与逻辑关系。 （ ）

4．或非门的逻辑功能是输入有 0，输出就为 0。 （ ）

5．与非门的逻辑功能是输入有 1，输出就为 0。 （ ）

二、选择题（请将正确答案的序号填入括号内）

1．与非门的逻辑关系表达式为（ ）。

A．$Y=A \cdot B$ B．$Y=A+B$ C．$Y=A \oplus B$ D．$Y=A \odot B$

2．或非门的逻辑关系表达式为（ ）。

A．$Y=A \cdot B$ B．$Y=A+B$ C．$Y=A \oplus B$ D．$Y=A \odot B$

3．TTL 与非门的输入端悬空时，相当于输入信号为（ ）。

A．低电平   B．低电平的上限值   C．高电平   D．高电平的上限值

4．集成电路左边最后一个引脚为（ ）。

A．电源的正极   B．电源的负极

C．与非门的输入端   D．与非门的输出端

5．在（ ）的情况下，与非运算的结果是逻辑 0。

A．全部输入是 0   B．任一输入是 0

C．仅一输入是 0   D．全部输入是 1

6．在（ ）的情况下，或非运算的结果是逻辑 0。

A．全部输入是 0   B．全部输入是 1

C．任一输入是 0，其他输入是 1   D．任一输入是 1

7．一个两输入端的门电路，当输入为 1 和 0 时，输出不是 1 的门是（ ）。

A．与非门   B．或门   C．或非门   D．异或门

三、简答题

1．什么是与非逻辑关系？写出其真值表。

2．什么是或非逻辑关系？写出其真值表。

3．分别画出与非门、或非门的逻辑符号并写出其逻辑表达式。

任务 3　照明灯异地控制电路的装配与调试

 学习目标

知识目标：

1．掌握异或门的电路组成、逻辑符号及工作原理。

2．能正确识读照明灯异地控制电路的原理图、接线图和布置图。

能力目标：

1．能够掌握手工焊接操作技能，会按照工艺要求正确焊装照明灯异地控制电路。

2．能熟练掌握照明灯异地控制电路的调试方法，并能独立排除调试过程中电路出现的故障。

 工作任务

异或门是一种有两个输入端和 1 个输出端的门电路，它的应用相当广泛。如图 5-3-1 所示的照明灯异地控制电路就是典型的异或门电路的应用。其焊接电路实物图如图 5-3-2 所示。

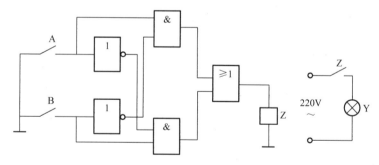

图 5-3-1　照明灯异地控制电路原理图

图 5-3-2　照明灯异地控制电路焊接实物图

电子电路安装与调试

本次任务的主要内容是，根据给定的技术指标，按照原理图装配并调试电路；同时能独立解决调试过程中出现的故障。

任务分析

照明灯异地控制电路是异或门电路的实际应用。因此，在进行本次任务的学习时，必须首先了解异或门的电路组成、逻辑符号及工作原理，然后通过照明灯异地控制电路的装配与调试，掌握数字控制电路的特点及分析方法，并能独立排除调试过程中出现的故障。

相关知识

一、异或门

异或门是一种有两个输入端和 1 个输出端的门电路，异或逻辑功能是：当两个输入端的电平相同时，输出端为低电平；当两个输入端的电平相异时，输出端为高电平。实现异或逻辑关系的电路称为异或门。

1．电路和符号

异或门电路和逻辑符号如图 5-3-3 所示，A、B 是输入信号，Y 是输出信号。

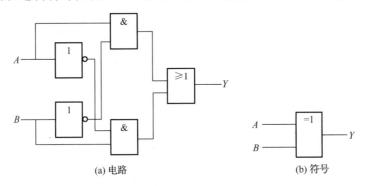

(a) 电路   (b) 符号

图 5-3-3　异或门电路和符号

2．工作原理

异或门是由非门、与门和或门组合而成的。异或门的逻辑关系为

$$Y = \overline{A}B + A\overline{B} = A \oplus B$$

上式读作 Y 等于 A 异或 B。异或门的逻辑真值表见表 5-3-1。

表 5-3-1　异或门电路的逻辑真值表

A	B	Y	A	B	Y
0	0	0	1	0	1
0	1	1	1	1	0

由真值表可知，异或门的逻辑功能是输入 A、B 取值相同，输出为 0；A、B 取值不同，输出为 1。这样的因果关系称为异或逻辑关系。

二、照明灯异地控制电路及工作原理

1．控制电路

照明灯异地控制电路如图 5-3-1 所示，图中 A、B 是安放在不同两地的控制开关，Z 是直流继电器，Y 是被控照明灯。

2．工作原理

由图 5-3-1 可知，控制电路是由两个开关和异或门组成的。当两个控制开关 A、B 状态相同时，异或门输出低电平，直流继电器 Z 不吸合，串联在照明灯电路中的常开触点断开，灯泡 Y 不亮；当两个控制开关 A、B 状态不同时，异或门输出高电平，直流继电器 Z 吸合，串联在照明灯电路的常开触头闭合，灯泡 Y 点亮。

任务实施

一、任务准备

实施本任务教学所使用的实训设备及工具材料可参考表 5-3-2。

表 5-3-2　实训设备及工具材料

序号	分类	名称	型号规格	数量	单位	备注
1	工具仪表	万用表	MF47 型	1	套	
2		常用电子组装工具		1	套	
3		直流稳压电源		1	台	
4		逻辑笔		1	支	
5	设备器材	纽扣开关 A	ATE	1	只	
6		纽扣开关 B	ATE	1	只	
7		灯泡 Y	15W/220V	1	只	
8	设备器材	直流继电器 Z	G2R-1-5V	1	只	
9		非门	74LS04	1	只	
10		与门	74LS08	1	只	
11		或门	74LS32	1	只	
12		万能电路板		1	块	
13		镀锡铜丝	$\phi 0.5mm$	若干	米	
14		焊料、助焊剂		若干		

二、电路装配

1．绘制电路的元器件布置图

根据如图 5-3-1 所示的电路原理图，可画出本任务的元器件布置示意图，如图 5-3-4 所示。

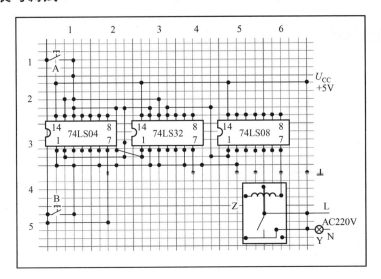

图 5-3-4　元器件布置示意图

2．元器件的检测

对电路中使用的元器件进行检测与筛选。在这里主要介绍直流继电器的检测方法。直流继电器有一组线圈、两组常开开关和两组常闭开关，如图 5-3-5 所示。

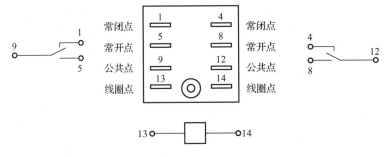

图 5-3-5　直流继电器引脚图

1）检测线圈好坏

其方法是用万用表的欧姆挡，量程可根据继电器的标称值或通过线圈的额定电压估测确定，额定电压越高，阻值也就越大，一般选择 R×100 挡或 R×1k 挡。将两表笔分别接到线圈的两引脚，如测得的阻值与标称值基本相同，表明线圈良好，如电阻值为∞，表明线圈开路。如果线圈有局部短路，用此方法，不易发现。

2）检测继电器常闭触点

用万用表的 R×1 挡，表笔分别接常闭触点的两引脚，其阻值应为 0Ω。然后给继电器线圈通电，使衔铁动作，将常闭转为开路，再用上述方法进行检测，其阻值正好与初次测量相反，阻值为∞，表明触点良好。如果触点闭合，测出有阻值，说明该触点在打开时阻值不为∞，也说明触点有问题，须检测后再用。

3）检测继电器常开触点

用万用表的 R×1 挡，表笔分别接常开触点的两引脚，其阻值应为∞。然后给继电器线圈通电，使衔铁动作，将常开转为闭路，再用上述方法进行检测，其阻值正好与初次测量相反，阻值为 0，表明触点良好。如果触点闭合，测出有阻值∞，也说明触点有问题，须检测后再用。

3．元器件的成形

将所用的元器件在插装前按插装工艺要求进行成形。

4．元器件的插装焊接

1）直流继电器的插装

直流继电器的插装采用垂直安装，底部贴紧电路板。

2）集成电路的插装焊接

集成电路的插装和分立元器件的插装与焊接方法大体一致，只是集成电路的引脚数目相对较多，在对集成电路进行插装或焊接时，需要更加仔细一些。

集成电路在进行插装时，直接对照电路板的插孔将其插入即可，如图 5-3-6 所示。

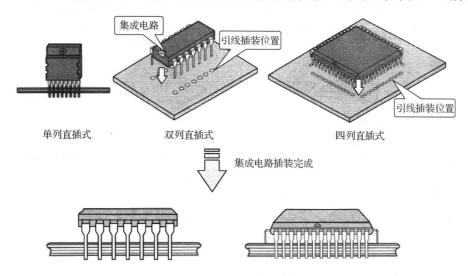

图 5-3-6　集成电路的插装

> **提示**　不同的电路板集成电路的插装方式不同。为了使集成电路更好地散热，在集成电路的底部安装一个集成电路插座，通过集成电路插座对集成电路进行固定。

在对集成电路进行焊接时，同样要遵循焊接操作要领进行焊接，如图 5-3-7 所示为集成电路的焊接方法。

5．镀锡裸铜丝的焊接

根据电路原理图和元器件布置图进行镀锡裸铜丝的焊接。

6．焊接检查

焊接结束，首先检查电路有无漏焊、错焊、虚焊等问题。检查时可用尖嘴钳或镊子将每个元器件拉动一下，看有无松动，如果发现有松动现象，应重新焊接。

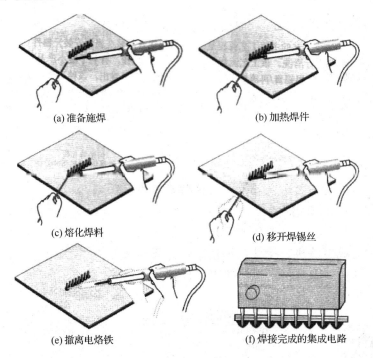

(a) 准备施焊　　　　　　　　　　(b) 加热焊件

(c) 熔化焊料　　　　　　　　　　(d) 移开焊锡丝

(e) 撤离电烙铁　　　　　　　　　(f) 焊接完成的集成电路

图 5-3-7　集成电路的焊接方法

三、通电前的检查

电路安装完毕后，必须在不通电的情况下，对电路板进行认真细致的检查，以便纠正安装错误。检查中应注意以下问题：

（1）直流继电器引脚之间有无接错。

（2）集成芯片引脚之间有无接反。

四、电路测试

（1）按表 5-3-3 中的要求对电路进行调试，观察灯泡的状态，将观察结果填入表 5-3-3 中。

（2）分别用万用表和逻辑笔对各种输入状态下的各门电路逻辑关系进行测试，将测试结果填入表 5-3-3。

表 5-3-3　电路测试结果

开关状态		非门输出电压/V	与门输出电压/V	或门输出电压/V	继电器状态	灯泡状态
开关 A	开关 B					
断开	断开					
断开	闭合					
闭合	断开					
闭合	闭合					

操作提示

（1）焊接集成电路引脚时应注意焊接时间不能超过 2s，不能出现引脚粘连现象。

（2）测试中，为了安全起见也可用发光二极管代替继电器，可不接交流 220V 照明电路，只要发光二极管亮，就代表灯泡亮。

对任务实施的完成情况进行检查，并将结果填入表 5-3-4。

表 5-3-4　任务测评表

序号	考核项目	评分标准	配分	扣分	得分
1	元器件安装	（1）元器件不按规定方式安装，扣 10 分 （2）元器件极性安装错误，扣 10 分 （3）布线不合理，一处扣 5 分	30		
2	电路焊接	（1）电路装接后与电路原理图一致，一处不符合扣 10 分 （2）焊点有一处不合格，每处扣 2 分 （3）剪引脚留头长度有一处不合格，扣 2 分	20		
3	电路测试	（1）关键点电位不正常，扣 10 分 （2）逻辑笔使用不正确，扣 10 分 （3）仪器仪表使用错误，每次扣 5 分 （4）仪器仪表损坏，扣 20 分	40		
4	安全文明生产	（1）发生安全事故扣 10 分 （2）违反管理要求视情况扣 5～10 分	10		
5	合计		100		
6	工时定额	90min　　开始时间	结束时间		

巩固与提高

一、判断题（正确的打"√"，错误的打"×"）

1．异或门只能由与或非门组成。　　　　　　　　　　　　　　　　　　　　　　（　　）

2．异或门是一种复合门。　　　　　　　　　　　　　　　　　　　　　　　　　（　　）

3．异或门可由与非门组成。　　　　　　　　　　　　　　　　　　　　　　　　（　　）

4．异或门的输入端并联使用，可完成非门的逻辑关系。　　　　　　　　　　　　（　　）

二、选择题（请将正确答案的序号填入括号内）

1．异或门的输入端并联使用，其输出为（　　）。

A．0　　　　　　　　　　　B．1　　　C．不定　　　D．A^2

2．保证异或门输出为 1，要求输入必须（　　）。

A．相同　　　　　　　　　　B．不同　　　C．随意　　　D．接地

3．对异或门输出取非逻辑关系中，下列正确的表达式是（　　）。

A．$A=1$、$B=0$、$Y=1$　　　　　B．$A=0$、$B=1$、$Y=0$

C．$A=0$、$B=0$、$Y=0$　　　　　D．$A=1$、$B=1$、$Y=0$

三、简答题

1．什么是异或逻辑关系？写出其真值表。

2．画出异或门的逻辑符号，并写出其逻辑表达式。

项目 6 抢答器电路的装配与调试

任务 1 基本 RS 触发器的装配与调试

学习目标

知识目标：

1. 掌握 RS 触发器、同步 RS 触发器的电路组成、逻辑符号。
2. 掌握 RS 触发器、同步 RS 触发器的工作原理真值表与特性方程。
3. 能正确识读 RS 触发器的原理图、接线图和布置图。

能力目标：

1. 能够掌握手工焊接操作技能，会按照工艺要求正确焊装 RS 触发器。
2. 能熟练掌握 RS 触发器的装配与调试方法，并能独立排除调试过程中出现的故障。

工作任务

在数字电路中，凡在某一时刻电路的输出状态不仅取决于当时的输入状态，并且还与电路原来的状态有关，这样的电路称为时序逻辑电路，显然，时序逻辑电路能够记忆电路的原状态。触发器是构成各种时序逻辑电路的记忆单元，撤销输入信号后，触发器仍保持有信号时的状态，除非再输入新的信号。

触发器按照逻辑功能可分为 RS 触发器、JK 触发器、D 触发器、T 触发器和 T′触发器。如图 6-1-1 所示就是 RS 触发器电路原理图。其电路焊接实物图如图 6-1-2 所示。

本次任务的主要内容是，根据给定的技术指标，按照原理图装配并调试电路；同时能独立解决调试过程中出现的故障。

任务分析

基本 RS 触发器是各类触发器中结构最简单的一种，也是构成其他触发器的基本单元。因此，在进行本次任务的学习时，必须首先了解触发器的特性，进而了解基本 RS 触发器和同步 RS 触发器的电路组成、逻辑符号及工作原理、真值表与特性方程，然后掌握基本 RS 触发器和同步 RS 触发器的电路的装配和调试方法，通过电路的装配与调试，掌握触发器电路的特点及分析方法，并能独立排除调试过程中出现的故障。

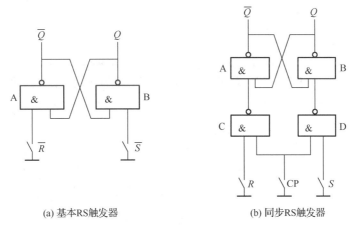

(a) 基本RS触发器   (b) 同步RS触发器

图 6-1-1   RS 触发器电路原理图

(a) 基本 RS 触发器   (b) 同步 RS 触发器

图 6-1-2   RS 触发器电路焊接实物图

 相关知识

一、触发器的特性

触发器是一种能存储一位二进制信息的双稳态存储单元，它具有以下 2 个基本特性：

（1）有两个能自行保持的稳定状态，即"0"状态或"1"状态。输入信号撤销后，触发器仍保持有信号时的状态，除非输入新的信号，即触发器具有记忆功能。

（2）在输入信号的作用下，可以从一种稳定状态翻转到另一种稳定状态。

二、基本 RS 触发器

1. 电路组成和逻辑符号

基本 RS 触发器是一种最简单的触发器，是构成各种功能触发器的基本单元。它可以由两个与非门或两个或非门组成，由两个与非门组成的基本 RS 触发器如图 6-1-3(a)所示，其逻辑符号如图 6-1-3(b)所示。电路有两个信号输入端 $\overline{R}$ 和 $\overline{S}$ 和两个互补的输出端 Q 和 $\overline{Q}$，通常将 Q 端的状态作为触发器的状态。例如，触发器为 1 状态，$Q=1$，$\overline{Q}=0$。

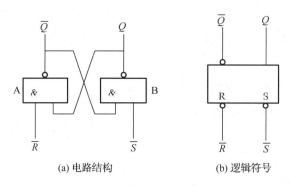

(a) 电路结构　　　　　　(b) 逻辑符号

图 6-1-3　基本 RS 触发器

2. 工作原理

由图 6-1-3(a)所示电路可知，与非门 A 的输出 $\overline{Q}$ 反馈到与非门 B 的输入端，与非门 B 的输出 Q 反馈到与非门 A 的输入端。设触发器的初始状态为 $Q=1$，$\overline{Q}=0$。

（1）当输入端 $\overline{R}=\overline{S}=1$ 时，与非门 A 的输出 $\overline{Q}=0$，加到与非门 B 的输入端，因为与非门 B 有一个输入端为 0，所以输出必为 1；与非门 B 的输出 $Q=1$，加到与非门 A 的输入端，使得与非门 A 两个输入端全为 1，则与非门 A 输出必为 0。如果将触发器初始状态，即接收输入信号之前的状态，称为现态，用 Q^n 表示，触发器变化（又称翻转）以后的状态，即接收输入信号之后的状态，称为次态，用 Q^{n+1} 表示，则有 $Q^{n+1}=Q^n=1$；如果设触发器的初始状态 $Q=0$，$\overline{Q}=1$，同理可得 $Q^{n+1}=Q^n=0$。触发器维持原状态不变，即 $Q^{n+1}=Q^n$。

（2）当输入端 $\overline{R}=0$，$\overline{S}=1$ 时，因为与非门 A 有一个输入端为 0，所以输出必为 1，与非门 A 的输出 $\overline{Q}=1$，加到与非门 B 的输入端，使得与非门 B 的两个输入端全为 1，则与非门 B 的输出必为 0，即 $Q^{n+1}=0$。由此可见，无论触发器原来为何状态，当输入端 $\overline{R}=0$，$\overline{S}=1$ 时，都将使触发器的次态 $Q^{n+1}=0$，即称为触发器被置 0，又称触发器被"复位"。

（3）当输入端 $\overline{R}=1$，$\overline{S}=0$ 时，无论触发器原来为何状态，同理可得当输入端 $\overline{R}=1$，$\overline{S}=0$ 时，都将使触发器的次态 $Q^{n+1}=1$，即称为触发器被置 1，又称触发器被"置位"。

（4）当输入端 $\overline{R}=\overline{S}=0$ 时，因为与非门 A、B 输入端都有 0，所以将使输出 Q 和 $\overline{Q}$ 同时为 1，即 $Q=\overline{Q}=1$，违背了正常工作互补输出的原则，此时若两个输入信号同时由 0 返回 1 则触发器的输出状态由两个与非门传输时间的长短而决定，难以确定此时 Q 端是 0 还是 1，此时触发器的状态不定。这种情况在触发器正常工作时不允许出现。

3. 真值表

由上述工作原理可列出基本 RS 触发器的真值表，见表 6-1-1，由表可知，基本 RS 的逻辑功能为置 0、置 1 和保持输出状态不变（故称 RS 触发器为 RS 锁存器）。

表 6-1-1 基本 RS 触发器真值表

输 入			输 出	逻辑功能
$\overline{R}$	$\overline{S}$	Q^n	Q^{n+1}	
0	0	0	×	不定态，应约束
0	0	1	×	
0	1	0	0	置 0
0	1	1	0	
1	0	0	1	置 1
1	0	1	1	
1	1	0	0	保持
1	1	1	1	

基本 RS 触发器的简化真值表见表 6-1-2。

表 6-1-2 基本 RS 触发器简化真值表

$\overline{R}$	$\overline{S}$	Q^{n+1}	逻辑功能
0	0	不定态	应避免出现
0	1	0	$\overline{R}$ 有效置 0
1	0	1	$\overline{S}$ 有效置 1
1	1	Q^n	$\overline{R}$，$\overline{S}$ 均无效，保持（记忆）状态

4．特性方程

将具有置 0、置 1 和保持的功能的触发器定义为 RS 触发器。$\overline{R}$ 输入端称为置 0 端，S 输入端称为置 1 端；同理，输入信号 $\overline{R}$ 称为置 0 信号或复位信号，输入信号 $\overline{S}$ 称为置 1 信号或置位信号。输入信号低电平有效，即输入为 0 时代表有信号输入，输入为 1 时代表无信号输入。表示 RS 触发器输入、输出信号之间逻辑关系的特性方程为

$$\begin{cases} Q^{n+1} = S + \overline{R}Q^n \\ RS = 0（条件约束） \end{cases}$$

5．电路特点

基本 RS 触发器的优点是电路简单，可以存放一位二进制数；其缺点是输入信号直接控制输出，当输入信号出现扰动时，输出状态随之发生变化，抗干扰能力差，同时输入信号之间有约束，使用不方便。

三、同步 RS 触发器

1．电路组成和逻辑符号

同步 RS 触发器电路和符号如图 6-1-4 所示。图中 A 门、B 门组成基本 RS 触发器，C 门、D 门是控制门，CP 是时钟控制信号，又称选通脉冲。为了克服基本 RS 触发器直接控制的缺点，在电路中接入两个控制门，引入一个钟控制信号，让输入信号通过控制门传输。

2．工作原理

当时钟控制脉冲（简称时钟脉冲）CP =0 时，传输门 C 门、D 门被封锁，输入通道被切断，无论输入信号如何变化，都加不到基本 RS 触发器的输入端，C 门、D 门输出恒等于 1，基本 RS 触发器保持原状态不变。当时钟脉冲 CP =1 时，控制门 C 门、D 门打开，接收输入信号，C 门、D 门的输出分别为 $\overline{R}$ 和 $\overline{S}$，从而实现 RS 触发器的功能。同步 RS 触发器的真值表、特性方程与基本 RS 触发器的相同，只不过它的有效时钟条件是 CP=1，即表 6-1-1 和上式所表示的逻辑关系，在同步 RS 触发器中，只有当时钟脉冲 CP 上升沿到

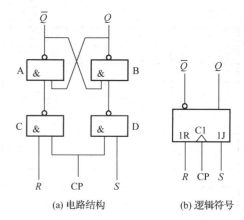

图 6-1-4 同步 RS 触发器电路和符号

来后才有效。输入信号 R、S 为高电平有效，即当 $R=1$ 或 $S=1$ 时代表有信号输入，当 $R=0$ 或 $S=0$ 时代表没有信号输入。

3．电路特点

（1）选通控制，提高了电路的抗干扰能力。

（2）在 CP =1 期间，输入信号 R、S 不允许同时为 1，输入信号依然存在约束。

 **任务实施**

一、任务准备

实施本任务教学所使用的实训设备及工具材料可参考表 6-1-3。

表 6-1-3 实训设备及工具材料

序号	分类	名称	型号规格	数量	单位	备注
1	工具仪表	万用表	MF47 型	1	套	
2		常用电子组装工具		1	套	
3		直流稳压电源		1	台	
4		逻辑笔		1	支	
5	设备器材	纽扣开关	ATE	5	台	
6		与非门	74LS00	6	只	
7		万能电路板		1	块	
8		镀锡铜丝	$\phi 0.5mm$	若干	米	
9		焊料、助焊剂		若干		

二、电路装配

1．绘制电路的元器件布置图

根据如图 6-1-1 所示的电路原理图，可画出本任务的元器件布置示意图，如图 6-1-5 所示。

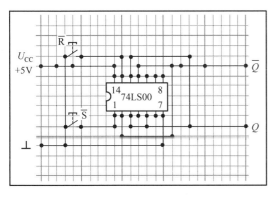

(a) 基本RS触发器

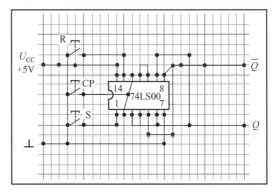

(b) 同步RS触发器

图 6-1-5　元器件布置示意图

2．元器件的检测

对电路中使用的元器件进行检测与筛选。

3．元器件的成形

将所用的元器件在插装前都要按插装工艺要求进行成形。

4．元器件的插装焊接

依据图 6-1-5 所示的元器件布置示意图，按照装配工艺要求进行元器件的插装焊接。注意集成电路底部贴紧电路板。

5．镀锡裸铜丝的焊接

根据电路原理图和元器件布置图进行镀锡裸铜丝的焊接。

6．焊接检查

焊接结束，首先检查电路有无漏焊、错焊、虚焊等问题。检查时可用尖嘴钳或镊子将每个元器件拉动一下，看有无松动，如果发现有松动现象，应重新焊接。

三、通电前的检查

电路安装完毕后，必须在不通电的情况下，对电路板进行认真细致的检查，以便纠正安装错误。检查中应注意集成电路引脚有无接错。

四、电路测试

（1）对基本 RS 触发器通电调试，使电路满足逻辑功能的要求。

（2）用逻辑笔测试触发器的逻辑功能，填写触发器的真值表（表 6-1-4）。

表 6-1-4　基本 RS 触发器真值表

$\overline{R}$	$\overline{S}$	Q	$\overline{R}$	$\overline{S}$	Q
0	0		1	0	
0	1		1	1	

 操作提示

（1）焊接集成电路引脚时注意焊接时间不能超过 2s，不能出现引脚粘连现象。

（2）测试中若某些逻辑关系不正确，则应检查与非门 74LS00 是否完好，进行故障排除。

 任务测评

对任务实施的完成情况进行检查，并将结果填入表 6-1-5 的任务测评表内。

表 6-1-5　任务测评表

序号	考核项目	评分标准	配分	扣分	得分
1	元器件安装	（1）元器件不按规定方式安装，扣 10 分 （2）元器件极性安装错误，扣 10 分 （3）布线不合理，一处扣 5 分	30		
2	电路焊接	（1）电路装接后与电路原理图一致，一处不符合扣 10 分 （2）焊点不合格，每处扣 2 分 （3）剪引脚留头长度有一处不合格，扣 2 分	20		
3	电路测试	（1）关键点电位不正常，扣 10 分 （2）逻辑笔使用不正确，扣 10 分 （3）仪器仪表使用错误，每次扣 5 分 （4）仪器仪表损坏，扣 20 分	40		
4	安全文明生产	（1）发生安全事故扣 10 分 （2）违反管理要求视情况扣 5～10 分	10		
5	合计		100		
6	工时定额	90min	开始时间		结束时间	

巩固与提高

一、判断题（正确的打"√"，错误的打"×"）

1．RS 触发器的输入信号取值是任意的。　　　　　　　　　　　　　　（　　）

2．RS 触发器具有计数的功能。　　　　　　　　　　　　　　　　　　（　　）

3．一个触发器可以存放一位二进制数。　　　　　　　　　　　　　　（　　）

4．RS 触发器具有置"0"、置"1"和保持的功能。　　　　　　　　　（　　）

5．同步 RS 触发器的输入信号之间没有约束。　　　　　　　　　　　（　　）

6．触发器进行复位后，其两个输出端均为 0。　　　　　　　　　　　（　　）

7．触发器与组合电路两者都没有记忆能力。　　　　　　　　　　　　（　　）

8．基本 RS 触发器可由两个与非门交叉耦合构成，也可由两个或非门交叉耦合构成。　　　　　　　　　　　　　　　　　　　　　　　　　　　　（　　）

9．基本 RS 触发器要受时钟脉冲控制。　　　　　　　　　　　　　　（　　）

10．Q^{n+1} 表示触发器原来所处的状态，即现态。　　　　　　　　　（　　）

11．由与非门组成的基本 RS 触发器在 $\overline{R}=0$，$\overline{S}=0$ 时，触发器置 1。　（　　）

12. 基本 RS 触发器 $\overline{R}=1$，$\overline{S}=1$，可认为输入端悬空，没有加入输入信号，此时具有记忆功能。 （　　）

13. 基本 RS 触发器与同步 RS 触发器的逻辑功能均为置 0、置 1 和保持。 （　　）

14. 同步 RS 触发器的 $\overline{RD}$、$\overline{SD}$ 端不受时钟脉冲控制就能置 0 或置 1。 （　　）

15. 同步 RS 触发器存在空翻现象，而边沿触发器克服了空翻。 （　　）

二、选择题（请将正确答案的序号填入括号内）

1. 触发器是由门电路组成的，它的特点是（　　）。

　　A．与门电路相同　　　　　　　B．有记忆的功能

　　C．没有记忆的功能　　　　　　D．是组合电路

2. RS 触发器特性方程的约束条件是（　　）。

　　A．$RS=0$　　　　B．$RS=1$　　　　C．无约束　　　　D．$\overline{R}\,\overline{S}=0$

3. 同步 RS 触发器状态的改变发生在时钟脉冲的（　　）。

　　A．下降沿　　　　B．低电平　　　　C．高电平　　　　D．上升沿

4. 同步 RS 触发器的输入信号是（　　）有效。

　　A．高电平　　　　B．低电平　　　　C．任意　　　　D．下降沿

5. 同步 RS 触发器在 CP＝1 期间，当 R、S 的变化同时由（　　）时，会出现状态不定的情况。

　　A．$10 \rightarrow 00$　　B．$11 \rightarrow 00$　　C．$00 \rightarrow 11$　　D．$10 \rightarrow 01$

6. 对于同步 RS 触发器，若要求其输出"0"状态不变，则输入的 R、S 信号应为（　　）。

A．$RS=X0$　　　　B．$RS=0X$　　　　C．$RS=X1$　　　　D．$RS=1X$

三、作图题

1. 画出 RS 触发器的逻辑电路图和代表符号，并写出真值表及其特性方程。

2. 画出同步 RS 触发器的逻辑电路图和代表符号，写出真值表。

任务 2　JK 触发器的装配与调试

🔍 **学习目标**

知识目标：

1. 掌握 JK、D 触发器的电路组成，JK、D、T、T′ 触发器的逻辑符号及工作原理，真值表与特性方程。

2. 熟悉 JK 触发器转换成 D、T、T′ 触发器的方法。

3. 能正确识读 JK 触发器的原理图、接线图和布置图。

能力目标：

1. 能够掌握手工焊接操作技能，会按照工艺要求正确焊装 JK 触发器。

2. 能熟练掌握 JK 触发器的装配与调试，并能独立排除调试过程中出现的故障。

工作任务

基本 RS 触发器的输出状态受输入信号的直接控制，不能实现与其他触发器同时动作。在实际应用中，数据往往由多位触发器所构成，例如一字节的数据由 8 个触发器构成，为了保证数据一致变化，因此希望所有触发器能在同一个时钟脉冲作用下同时动作，简称同步触发。为了提高数字电路的抗干扰能力，又进一步要求在同一个时钟脉冲信号的上升沿或下降沿时刻的输入信号为有效信号，即脉冲边沿触发器。JK 触发器是目前功能完善、种类较多和通用性最强的一种脉冲边沿触发器，也是构成计数器的基础。如图 6-2-1 所示就是 JK 触发器电路原理图。其焊接电路实物图如图 6-2-2 所示。

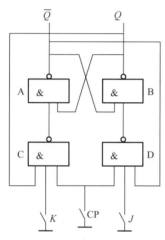

图 6-2-1 JK 触发器电路原理图

图 6-2-2 JK 触发器电路焊接实物图

本次任务的主要内容是，根据给定的技术指标，按照原理图装配并调试电路；同时能独立解决调试过程中出现的故障。

 **任务分析**

由于 JK 触发器是目前功能完善、种类较多和通用性最强的一种脉冲边沿触发器，也是构成计数器的基础。因此，在进行本次任务的学习时，必须首先了解 JK 触发器、D 触发器的电路组成，进而了解 JK、D、T、T′ 触发器的逻辑符号及工作原理、真值表与特性方程，然后掌握 JK 触发器转换成 D、T、T′ 触发器的方法，最后通过 JK 触发器电路的装配与调试，掌握 JK 触发器电路的特点及逻辑功能，并能独立排除调试过程中出现的故障。

相关知识

一、JK 触发器

1. 电路组成和逻辑符号

同步 RS 触发器在时钟脉冲 CP $=1$ 期间，R、S 不允许同时为 1，输入信号依然有约束。为了克服这个缺点，将基本 RS 触发器互补的两个输出 Q 和 $\overline{Q}$ 分别引回到控制门 C 门和 D

门的输入端，这样就可以避免在时钟脉冲 CP =1 期间，C 门、D 门输出同时为 0 的情况，从而彻底解决了输入信号存在约束的问题。为了区别于同步 RS 触发器，将这种触发器的输入信号分别用 J、K 表示，并将其称为 JK 触发器，其电路组成和逻辑符号如图 6-2-3 所示。

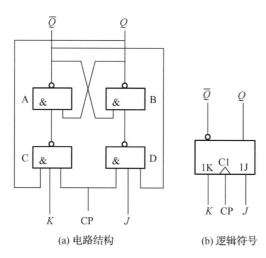

(a) 电路结构　　　　　　　(b) 逻辑符号

图 6-2-3　JK 触发器电路和符号

2．工作原理

设触发器的初始状态为 $Q=0$，$\overline{Q}=1$。其工作原理如下。

（1）当输入信号 $J=K=0$ 时，时钟脉冲 CP 上升沿到来后，控制门 C 门、D 门输出都为 1，基本 RS 触发器保持原状态不变。

（2）当输入信号 $J=1$、$K=0$ 时，时钟脉冲 CP 上升沿到来后，控制门 C 门输入有 0，输出为 1；D 门输入全为 1，输出为 0，基本 RS 触发器被置 1，即 $Q^{n+1}=1$。

（3）当输入信号 $J=0$、$K=1$，设触发器的初始状态为 $Q=1$、$\overline{Q}=0$ 时，时钟脉冲 CP 上升沿到来后，控制门 C 门输入全为 1，输出为 0；D 门输入有 0，输出为 1，基本 RS 触发器被置 0，即 $Q^{n+1}=0$。

（4）当输入信号 $J=K=1$，$Q=0$、$\overline{Q}=1$ 时，时钟脉冲 CP 上升沿到来后，控制门 C 门输入有 0，输出为 1；D 门输入全为 1，输出为 0，基本 RS 触发器被置 1，即 $Q^{n+1}=1$。同理当输入信号 $J=K=1$，$Q=1$、$\overline{Q}=0$ 时，时钟脉冲 CP 上升沿到来后，触发器将被置 0。由此可见，当输入信号 $J=K=1$ 时，触发器每来一个时钟脉冲，其输出状态就改变一次，即 $Q^{n+1}=\overline{Q^{n}}$，将这种工作情况称为计数工作状态。

3．真值表

由上述工作原理可列出 JK 触发器的真值表，见表 6-2-1。由表可知，JK 触发器具有置 0、置 1、保持和计数的功能。

表 6-2-1　JK 触发器真值表

输　入		输　出		逻辑功能
J	K	Q^n	Q^{n+1}	
0	0	0	0	保持
0	0	1	1	
0	1	0	0	置 0
0	1	1	0	
1	0	0	1	置 1
1	0	1	1	
1	1	0	1	计数
1	1	1	0	

4．特性方程

将具有置 0、置 1、保持和计数功能的触发器定义为 JK 触发器。表示 JK 触发器输入、输出信号之间逻辑关系的特性方程是

$$Q^{n+1} = J\overline{Q^n} + \overline{K}Q^n$$

二、D 触发器

1．电路组成和逻辑符号

为了克服 RS 触发器输入信号 R、S 之间有约束的缺点，将同步 RS 触发器的输入端 R 接至控制门 D 门的输出端，这样在 CP 脉冲为 1 期间，$R=\overline{S}$，从而彻底解决了输入信号存在约束的问题。为了区别于同步 RS 触发器，将这种触发器的输入信号 S 改为 D，并将其称为 D 触发器，其电路组成和逻辑符号如图 6-2-4 所示。

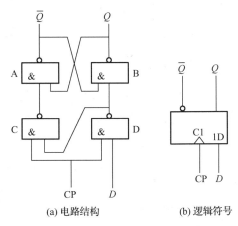

(a) 电路结构　　　　(b) 逻辑符号

图 6-2-4　D 触发器电路和符号

2．工作原理

当时钟脉冲 CP =0 时，控制门 C 门、D 门关闭，输出都为 1，基本 RS 触发器保持原来的状态不变；当时钟脉冲 CP =1 时，控制门 C 门、D 门打开，接收输入信号 D。

（1）当 D=0 时，控制门 D 门输出为 1，使控制门 C 门的输入全为 1，则 C 门输出为 0，基本 RS 触发器输出为 Q^{n+1} =0。

（2）当 D =1 时，控制门 D 门输入全为 1，则 D 门输出为 0，D 门输出的 0 加到控制门 C 门的输入端，使控制门 C 门的输入有 0，则 C 门输出为 1，基本 RS 触发器输出为 Q^{n+1}=1。

3．真值表

表 6-2-2　D 触发器真值表

D	Q^{n+1}	D	Q^{n+1}
0	0	1	1

由以上分析可得，D 触发器的真值表见表 6-2-2，由表可知，D 触发器具有置 0 和置 1 功能。将只具有置 0 和置 1 功能的触发器定义为 D 触发器。

4．特性方程

D 触发器的特性方程为

$$Q^{n+1}=D$$

三、JK 触发器转换成 D 触发器

将 JK 触发器的输入端 J 经非门与输入端 K 相接，并将输入端 I 改名为 D，则称为 D 触发器，如图 6-2-5 所示。

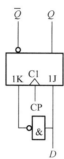

图 6-2-5　D 触发器

四、JK 触发器转换成 T 触发器

1．电路组成和逻辑符号

将 JK 触发器的输入端 J 与输入端 K 直接相接，并将输入端改名为 T，则称为 T 触发器，如图 6-2-6 所示。

2．工作原理

当 $T=0$ 时，相当于 JK 触发器 $J=K=0$，则触发器保持原状态不变，即 $Q^{n+1}=Q^n$；当 $T=1$ 时，相当于 JK 触发器 $J=K=1$，则触发器每来一个时钟脉冲，输出状态就改变一次，即触发器工作在计数状态，输出次态为 $Q^{n+1}=\overline{Q^n}$。

由此可见，T 触发器只具有保持和计数功能。将只具有保持和计数功能的触发器定义为 T 触发器。T 触发器的特性方程是

$$Q^{n+1}=T\overline{Q^n}+\overline{T}Q^n$$

T 触发器的真值表见表 6-2-3。

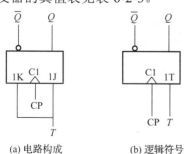

(a) 电路构成　　　　(b) 逻辑符号

图 6-2-6　T 触发器电路和符号

表 6-2-3　T 触发器真值表

T	Q^{n+1}
0	保持
1	计数

五、JK 触发器转换成 T′ 触发器

在 T 触发器中令 $T=1$，则 JK 触发器就转换成 T′ 触发器，如图 6-2-7 所示。由 T 触发器工作原理分析可知，此时触发器只具有计数功能。将只具有计数功能的触发器定义为 T′ 触发器。T′ 触发器的特性方程是

$$Q^{n+1} = \overline{Q^n}$$

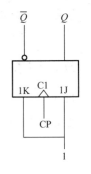

图 6-2-7　T′ 触发器

一、任务准备

实施本任务教学所使用的实训设备及工具材料可参考表 6-2-4。

表 6-2-4　实训设备及工具材料

序号	分类	名称	型号规格	数量	单位	备注
1	工具仪表	万用表	MF47 型	1	套	
2		常用电子组装工具		1	套	
3		直流稳压电源		1	台	
4		逻辑笔		1	支	
5	设备器材	纽扣开关 K、CP、J	ATE	3	只	
6		与非门 A、B、C、D	74LS00	4	只	
7		万能电路板		1	块	
8		镀锡铜丝	Φ0.5mm	若干	米	
9		焊料、助焊剂		若干		

二、电路装配

1. 绘制电路的元器件布置图

根据如图 6-2-1 所示的电路原理图，可画出本任务的元器件布置示意图，如图 6-2-8 所示。

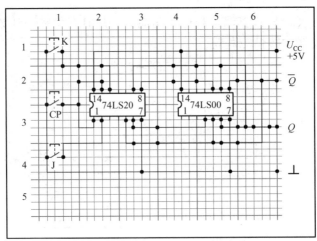

图 6-2-8　元器件布置示意图

2．元器件的检测

对电路中使用的元器件进行检测与筛选。

3．元器件的成形

将所用的元器件在插装前都要按插装工艺要求进行成形。

4．元器件的插装焊接

依据图 6-2-8 所示的元器件布置示意图，按照装配工艺要求进行元器件的插装焊接。焊接时注意集成电路底部贴紧电路板。

5．镀锡裸铜丝的焊接

根据电路原理图和元器件布置图进行镀锡裸铜丝的焊接。

6．焊接检查

焊接结束，首先检查电路有无漏焊、错焊、虚焊等问题。检查时可用尖嘴钳或镊子将每个元器件拉动一下，看有无松动，如果发现有松动现象，应重新焊接。

三、通电前的检查

电路安装完毕后，必须在不通电的情况下，对电路板进行认真细致的检查，以便纠正安装错误。检查中应注意集成电路引脚有无接错。

四、电路测试

（1）用逻辑笔和万用表分别测试 JK 触发器的逻辑功能，并填写 JK 触发器的真值表（表 6-2-5）。

（2）将 JK 触发器转换成 D、T 和 T′ 触发器并分别测试其各触发器的逻辑功能，将测试结果分别填入 D、T 和 T′ 触发器的真值表（表 6-2-6～表 6-2-8）。

表 6-2-5　JK 触发器真值表

J	K	Q
0	0	
0	1	
1	0	
1	1	

表 6-2-6　D 触发器真值表

D	Q
0	
1	

表 6-2-7　T 触发器真值表

T	Q
0	
1	

表 6-2-8　T′ 触发器真值表

T′	Q^n	Q^{n+1}
1	0	
1	1	

 操作提示

（1）焊接集成电路引脚时应注意焊接时间不能超过 2s，不能出现引脚粘连现象。

（2）测试中若某些逻辑关系不正确，则应检查与非门 74LS00、74LS20 是否完好，接线是否正确，并进行故障排除。

任务测评

对任务实施的完成情况进行检查，并将结果填入表 6-2-9。

表 6-2-9　任务测评表

序号	考核项目	评分标准	配分	扣分	得分
1	元器件安装	（1）元器件不按规定方式安装，扣 10 分 （2）元器件极性安装错误，扣 10 分 （3）布线不合理，一处扣 5 分	30		
2	电路焊接	（1）电路装接后与电路原理图一致，一处不符合扣 10 分 （2）焊点有一处不合格，每处扣 2 分 （3）剪引脚留头长度有一处不合格，扣 2 分	20		
3	电路测试	（1）关键点电位不正常，扣 10 分 （2）逻辑笔使用不正确，扣 10 分 （3）仪器仪表使用错误，每次扣 5 分 （4）仪器仪表损坏，扣 20 分	40		
4	安全文明生产	（1）发生安全事故扣 10 分 （2）违反管理要求视情况扣 5～10 分	10		
5	合计		100		
6	工时定额	90min　　开始时间	结束时间		

知识拓展

一、常用的触发器

常用触发器的品种见表 6-2-10。

表 6-2-10　常用触发器的品种

品种代号	品种名称	品种代号	品种名称
70	与门输入上升沿 JK 触发器（带预置、清零端）	109	双上升沿 JK 触发器（带预置、清零端）
71	与或门输入主从 JK 触发器（带预置端）	110	与门输入主从 JK 触发器（带预置、清零端，有数据锁定功能）
72	与门输入主从 JK 触发器（带预置、清零端）	111	双主从 JK 触发器（带预置、清零端，有数据锁定功能）
74	双上升沿 D 触发器（带预置、清零端）	112	双下降沿 JK 触发器（带预置、清零端）
78	双主从 JK 触发器（带预置、公共清零、公共时钟端）	174	六上升沿 D 触发器（Q 端输出，带公共清零端）
107	双下降沿 JK 触发器（带清零端）	175	四上升沿 D 触发器（带公共清零端）
108	双下降沿 JK 触发器（带预置、公共清零、公共时钟端）	374	八上升沿 D 触发器

二、74LS74 型 D 触发器引脚排列

74LS74 型 D 触发器引脚排列如图 6-2-9 所示。

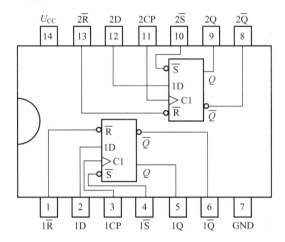

图 6-2-9　74LS74 型 D 触发器引脚排列

三、74LS112 型双 JK 触发器引脚排列

74LS112 型双 JK 触发器引脚排列如图 6-2-10 所示。

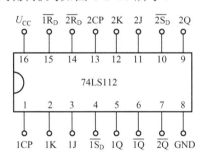

图 6-2-10　74LS112 型双 JK 触发器引脚排列

巩固与提高

一、判断题（正确的打"√"，错误的打"×"）

1．D 触发器的特性方程是 $Q^{n+1}=D$。　　　　　　　　　　　　　　　（　　）

2．T′ 触发器具有计数和保持的功能。　　　　　　　　　　　　　　　（　　）

3．JK 触发器只具有计数和保持的功能。　　　　　　　　　　　　　　（　　）

4．JK 触发器只有满足时钟条件后输出状态才会发生改变。　　　　　　（　　）

5．D 触发器状态的改变受时钟脉冲的控制。　　　　　　　　　　　　　（　　）

6．JK 触发器是一种全功能触发器。　　　　　　　　　　　　　　　　（　　）

7．用 JK 触发器可构成多种类型的触发器。　　　　　　　　　　　　　（　　）

8. 对边沿 JK 触发器，在 CP 为高电平期间，当 $J=K=1$ 时，状态会翻转一次。（　　）

9. 边沿 JK 触发器在 CP=1 期间，J、K 端输入信号变化时，对输出端 Q 的状态不会有影响。（　　）

10. T′ 触发器具有保持和取反两个功能。（　　）

11. T′ 触发器与 T 触发器具有相同的逻辑功能。（　　）

二、选择题（请将正确答案的序号填入括号内）

1. T 触发器具有的功能是（　　）。

　　A. 保持　　　　B. 计数　　　　C. 保持和计数　　　　D. 置 0

2. JK 触发器输入信号的取值（　　）。

　　A. 有约束　　　B. 有两种　　　C. 有三种　　　　D. 有四种

3. JK 触发器转换成 T 触发器时，其输入端的连接是（　　）。

　　A. $J=\bar{K}$　　　B. $K=\bar{J}$　　　C. $K=J$　　　　D. 随意

4. D 触发器具有的功能是（　　）。

　　A. 置 0　　　　B. 置 0 和置 1　C. 置 1　　　　D. 保持

5. JK 触发器的功能是（　　）。

　　A. 置 0　　　　B. 置 1　　　　C. 保持　　　　D. 置 0、置 1、计数和保持

6. D 触发器的特性方程是（　　）。

　　A. $Q=D$　　　B. $Q^n=D$　　　C. $Q^{n+1}=D$　　　D. $Q^{n+1}=\bar{D}$

7. JK 触发器，当 $J=1$、$K=1$、$Q^n=1$ 时，触发器的次态为（　　）。

　　A. 不变　　　　B. 置 1　　　　C. 置 0　　　　D. 不定

8. 功能最为齐全、通用性强的触发器为（　　）。

　　A. RS 触发器　B. JK 触发器　C. T 触发器　　　D. D 触发器

9. JK 触发器不具备（　　）功能。

　　A. 置 0　　　　B. 置 1　　　　C. 计数　　　　D. 模拟

10. JK 触发器的输入 J 和 K 都接高电平，如果现态为 $Q^n=0$，则其次态应为（　　）。

　　A. 0　　　　　B. 1　　　　　C. 高阻　　　　D. 不定

11. JK 触发器在 CP 作用下，若状态必须发生翻转，则应使（　　）。

　　A. $J=K=0$　　B. $J=K=1$　　C. $J=0$，$K=1$　　D. $J=1$，$K=0$

三、作图题

1. 画出 JK 触发器转换成 D、T、T′ 触发器的电路。

2. 根据图 6-2-11 画出图示电路 Q 端输出信号的波形（初始状态为 0）。

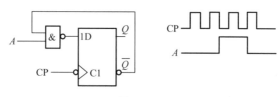

图 6-2-11

3. 根据图 6-2-12 画出图示电路 Q 端的输出波形（初始状态为 0）。

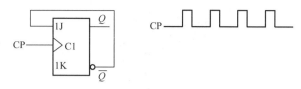

图 6-2-12

4. 根据图 6-2-13 画出电路 Q 端的输出波形（初始状态 $Q=0$）。

图 6-2-13

5. 根据图 6-2-14 画出电路 Q 端的输出波形（初始状态 $Q=1$）。

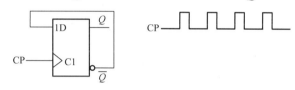

图 6-2-14

任务 3　3 路抢答器电路的装配与调试

 **学习目标**

知识目标：

1. 掌握具有记忆功能的抢答器电路组成及工作原理。

2. 能正确识读具有记忆功能的抢答器电路的原理图、接线图和布置图。

能力目标：

1. 能够掌握手工焊接操作技能，会按照工艺要求正确焊装具有记忆功能的抢答器电路。

2. 能熟练掌握具有记忆功能的抢答器电路的调试方法，并能独立排除调试过程中电路出现的故障。

 工作任务

抢答器常用于各种知识竞赛，它为各种竞赛增添了刺激性、娱乐性，在一定程度上丰富了人们的业余文化生活。实现抢答器功能的方式有多种，如图 6-3-1 所示为具有记忆功能的竞赛抢答器的实物图。其电路原理图如图 6-3-2 所示。焊接电路实物图如图 6-3-3 所示。

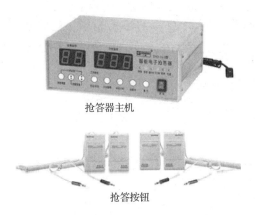

图 6-3-1 具有记忆功能的竞赛抢答器的实物图

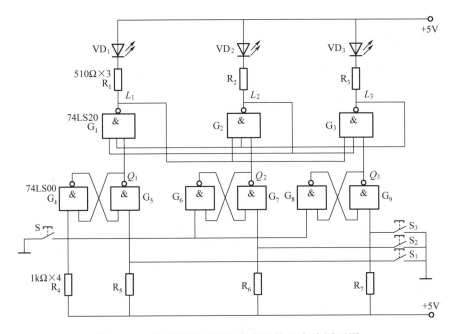

图 6-3-2 具有记忆功能的竞赛抢答器电路原理图

图 6-3-3 具有记忆功能的竞赛抢答器电路焊接实物图

　　本次任务的主要内容是，根据给定的技术指标，按照原理图装配并调试电路；同时能独立解决调试过程中出现的故障。

 **任务分析**

本任务是典型的触发器应用电路。因此，在进行本次任务的学习时，必须首先了解触发器组成电路的特点，进而了解具有记忆功能的抢答器电路组成及工作原理，然后通过抢答器电路的装配与调试，掌握抢答器电路的特点及分析方法，并能独立排除调试过程中出现的故障。

 **相关知识**

一、触发器组成电路的特点

触发器本身具有记忆的功能，一个触发器可以存放一位二进制数，是一个最简单的时序电路。所以由触发器所组成的电路是一种时序电路，具有记忆的功能，可以存储信息。

二、具有记忆功能的抢答器电路组成及工作原理

1. 具有记忆功能的抢答器电路组成

具有记忆功能的抢答器电路一般由指令系统、指令接收和存储系统、反馈闭锁控制系统以及驱动显示系统四部分组成，如图 6-3-2 所示。其中，四个按钮 S、S_1、S_2、S_3，四个 $1k\Omega$ 电阻和 +5V 电源组成指令系统，六个与非门 74LS00 构成的三个基本 RS 触发器组成指令接收和存储系统，三个与非门 74LS20、三个 510Ω 电阻以及三个发光二极管组成反馈闭锁控制系统以及驱动显示系统。

2. 工作原理

三名参赛选手每人控制一个按钮，比赛开始后，先按下按钮者对应的指示灯点亮，后按下按钮者对应的指示灯不亮，输入的指令信号不起作用。

比赛开始前，主持人先按下清零按钮 S，对抢答器电路清零，发出抢答命令，此时 G_5、G_7、G_9 三个与非门的输出 Q_1、Q_2、Q_3 全为低电平 0，对应的与非门 G_1、G_2、G_3 输出 L_1、L_2、L_3 全为高电平 1，使三名选手对应的指示灯 VD_1、VD_2、VD_3 全部熄灭。

抢答开始后，假设第三名选手的抢答开关 S_3 首先闭合，则与非门 G_9 输入有 0，输出为 1，与非门 G_9 输出的 1 加到与非门 G_3 输入端，使与非门 G_3 输入全为 1，则 G_3 门输出为 0，对应的指示灯 VD_3 点亮。与此同时，门 G_3 输出的 0 反馈回来又加到与非门 G_1、G_2 的输入端，使与非门 G_1、G_2 的输出 L_1、L_2 全为高电平 1，对应的指示灯 VD_1、VD_2 不能点亮。此时，第一名、第二名选手的抢答开关即使再按下，此信号也不起作用。

下一轮抢答前主持人必须重新清零后才能再次抢答，不清零上一次抢答者的指示灯总是亮着，下一轮的抢答指令无效。

 **任务实施**

一、任务准备

实施本任务教学所使用的实训设备及工具材料可参考表 6-3-1。

表 6-3-1　实训设备及工具材料

序号	分类	名称	型号规格	数量	单位	备注
1	工具仪表	万用表	MF47 型	1	套	
2		常用电子组装工具		1	套	
3		直流稳压电源		1	台	
4		逻辑笔		1	支	
5	设备器材	按钮 S ~ S₃	SMD	4	只	
6		发光二极管 VD₁ ~ VD₃	LED	3	只	
7		碳膜电阻器 R₁ ~ R₃	510 Ω	3	只	
8		碳膜电阻器 R₄ ~ R₇	1 kΩ	4	只	
9		与非门 G₄ ~ G₉	74LS00	2	只	
10		与非门 G₁ ~ G₃	74LS20	2	只	
11		万能电路板		1	块	
12		镀锡铜丝	φ0.5mm	若干	米	
13		焊料、助焊剂		若干		

二、电路装配

1．绘制电路的元器件布置图

根据如图 6-3-2 所示的电路原理图，可画出本任务的元器件布置示意图，如图 6-3-4 所示。

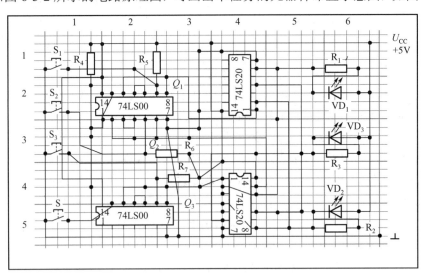

图 6-3-4　元器件布置示意图

2．元器件的检测

对电路中使用的元器件进行检测与筛选。在此仅对发光二极管的检测进行介绍。

1）判定发光二极管正、负极性

（1）目测法。

发光二极管的管体一般都是用透明塑料制成的，所以可以用眼睛观察来区分它的正、负电极：将管子拿起置于较明亮处，从侧面仔细观察两条引出线在管内的形状，较小的一端便是正极，较大的一端则是负极（图 6-3-5）。

（2）万用表测量法。

发光二极管的开启电压为 2V 以上，而万用表置于 R×1k 挡及其以下各电阻挡时，表内电池电压仅为 1.5V，比发光二极管的开启电压低，所以无论正向接入还是反向接入，管子都不可能导通，也就无法检测判断。因此，用万用表检测发光二极管时，必须要使用 R×10k 挡。置此挡时，表内接有 9V 或 15V 高压电池，测试电压高于管子的开启电压，当正向接入时，能使发光二极管导通。检测时，将两表笔分别与发光二极管的两引脚相接，如果万用表指针向右偏转过半，同时管子能发出一微弱光点，表明发光二极管是正向接入，此时黑表笔所接的是正极，而红表笔所接的是负极，如图 6-3-6(a)所示。接着再将红、黑表笔对调后与管子的两引脚相接，这时为反向接入，万用表指针应指在无穷大位置不动，如图 6-3-6(b)所示。

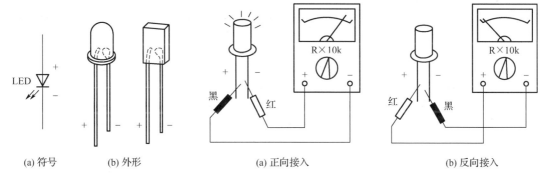

| (a) 符号 | (b) 外形 | (a) 正向接入 | (b) 反向接入 |

图 6-3-5　发光二极管结构　　　　　　　图 6-3-6　发光二极管极性判断

2）发光二极管好坏检测

按图 6-3-6 所示进行正、反电阻测量，无论是正向接入还是反向接入，万用表指针都偏转某一角度，或者都不偏转，则表明被测发光二极管已经损坏。

3．元器件的成形

依据图 6-3-4 所示的元器件布置示意图将所用的元器件在插装前按插装工艺要求进行成形。

4．元器件的插装焊接

（1）发光二极管垂直安装，底部贴紧电路板。
（2）集成芯片采用垂直安装，底部贴紧电路板，注意引脚应正确。

5．镀锡裸铜丝的焊接

根据电路原理图和元器件布置图进行镀锡裸铜丝的焊接。

6．焊接检查

焊接结束，首先检查电路有无漏焊、错焊、虚焊等问题。检查时可用尖嘴钳或镊子将每个元器件拉动一下，看有无松动，如果发现有松动现象，应重新焊接。

三、通电前的检查

电路安装完毕后，必须在不通电的情况下，对电路板进行认真细致的检查，以便纠正安装错误。检查中应注意以下问题：

（1）发光二极管引脚有无接反。

（2）集成芯片引脚之间有无接反。

四、电路测试

电路正确无误的情况下，通电测试电路的逻辑功能，并完成表 6-3-2 中的各项内容。

表 6-3-2　具有记忆功能的抢答器功能表

S	S_3	S_2	S_1	Q_3	Q_2	Q_1	L_3	L_2	L_1
0	0	0	1						
0	0	1	0						
0	1	0	0						
0	0	0	0						
1	0	0	1						
1	0	1	0						
1	1	0	0						
1	0	0	0						

注：1 表示高电平、开关闭合，0 表示低电平、开关断开。

 操作提示

（1）测试时按抢答器的功能进行操作，若某些功能不能实现，就要检查并排除。

（2）检查故障时，首先检查接线是否正确，在接线正确的前提下，检查集成电路是否正常，检查集成电路时，可对集成电路单独通电测试其逻辑功能是否正常。若集成电路没有故障，就要用万用表检查发光二极管、电阻、按钮等是否正常。检查时可由输入级到输出级逐级进行，直至排除故障为止。例如，若抢答器开关按下时指示灯亮，松开时又熄灭，则说明电路不能保持。其故障原因应在基本 RS 触发器上。此时应检查基本 RS 触发器与非门相互间的连接是否正确、与非门是否完好等。

 任务测评

对任务实施的完成情况进行检查，并将结果填入表 6-3-3。

表 6-3-3　任务测评表

序号	考核项目	评分标准	配分	扣分	得分
1	元器件安装	（1）元器件不按规定方式安装，扣 10 分 （2）元器件极性安装错误，扣 10 分 （3）布线不合理，一处扣 5 分	30		
2	电路焊接	（1）电路装接后与电路原理图一致，一处不符合扣 10 分 （2）焊点不合格，每处扣 2 分 （3）剪引脚留头长度有一处不合格，扣 2 分	20		

续表

序号	考核项目	评分标准		配分	扣分	得分
3	电路测试	（1）关键点电位不正常，扣 10 分 （2）逻辑笔使用不正确，扣 10 分 （3）仪器仪表使用错误，每次扣 5 分 （4）仪器仪表损坏，扣 20 分		40		
4	安全文明生产	（1）发生安全事故扣 10 分 （2）违反管理要求视情况扣 5～10 分		10		
5	合计			100		
6	工时定额	120min	开始时间	结束时间		

知识拓展

4 人抢答器测试电路

4 人抢答器测试电路如图 6-3-7 所示。由于 TTL 集成电路成品中没有 4 输入端或门，可选用一片四 2 输入或门 74LS32 集成电路，用其中三个 2 输入端或门组合成 4 输入端或门电路。为了方便组装测试电路，用插接线替代按钮将输入信号 1D～4D 接地，当拔出某个插接线时，相当于接入高电平。同样可进行异步复位操作。

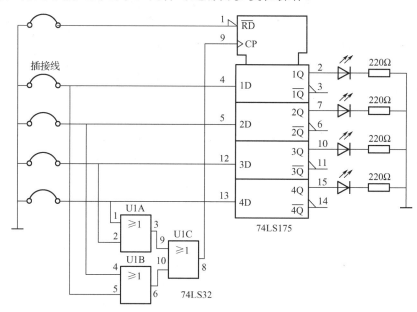

图 6-3-7 4 人抢答器测试电路

4 人抢答器测试电路的工作原理如下：

当 $\overline{RD}$ 接地时，各输出端 Q 均为低电平，LED 灭。主持人按下按钮（即拔出插接线）后，开始抢答。若 1 号选手抢先按下按钮（即拔出插接线），则输入信号 1D 为高电平，或门电路输出也为高电平，该信号的上升沿接入时钟脉冲 CP 端，所以，1Q 输出高电平，相应的 LED 亮。只要 1D 保持电平不变，CP 端始终为高电平，即 CP 端被封锁，其他选手按下按钮的动作无效。主持人复位后，1Q 输出低电平，LED 灭，重新开始抢答。

 巩固与提高

一、判断题（正确的打"√"，错误的打"×"）

1. 时序电路中，记忆功能靠门电路实现。 （　　）
2. 具有记忆功能的抢答器中，触发器可使用 D 触发器。 （　　）
3. 具有记忆功能的抢答器中，触发器可使用 JK 触发器。 （　　）
4. 具有记忆功能的抢答器中，触发器是用来接收和存储抢答指令的。 （　　）
5. 具有记忆功能的抢答器中，指示灯只能由主持人来关闭。 （　　）

二、选择题（请将正确答案的序号填入括号内）

1. 时序电路中一定有（　　）。
   A. 触发器　　　　　　B. 门电路　　　　C. 电阻　　　　　　D. 开关
2. 具有记忆功能的抢答器中，触发器的作用是（　　）。
   A. 接收信号　　　　　B. 传输信号　　　C. 接收和存储信号　D. 反馈信号
3. 抢答开始前，主持人必须先发出（　　）。
   A. 抢答命令　　　　　B. 置1信号　　　C. 关闭信号　　　　D. 开机信号
4. 具有记忆功能的抢答器中，抢答者不能自行关闭（　　）。
   A. 开关　　　　　　　B. 电源　　　　　C. 指示灯　　　　　D. 门电路
5. 具有记忆功能的抢答器中，主持人能使触发器（　　）。
   A. 置1　　　　　　　B. 置0　　　　　　C. 断电　　　　　　D. 关闭

三、简答题

1. 什么是时序电路？有何特点？
2. 具有记忆功能的触发器由哪些部分组成？各部分的作用是什么？
3. 具有记忆功能的触发器是如何实现信号闭锁的？

项目 交通灯控制电路的
装配与调试

 任务 1　计数、译码、显示电路的装配与调试

　学习目标

知识目标:

1. 掌握二-十进制编码的概念,十进制计数器的电路组成、工作原理。

2. 熟悉集成十进制计数器的功能表、引脚图和逻辑图,会利用集成计数器构成 N 进制计数器的方法。

3. 能正确识读计数、译码、显示电路的原理图、接线图和布置图。

能力目标:

1. 能够掌握手工焊接操作技能,会按照工艺要求正确焊装计数、译码、显示电路。

2. 能熟练掌握计数、译码、显示电路的装配与调试,并能独立排除调试过程中出现的故障。

　工作任务

计数、译码、显示电路是由计数器、译码器和显示器三部分电路组成的逻辑电路,如图 7-1-1 所示为计数、译码、显示电路的原理图。其焊接实物图如图 7-1-2 所示。

本次任务的主要内容是,根据给定的技术指标,按照原理图装配并调试电路;同时能独立解决调试过程中出现的故障。

　任务分析

计数、译码、显示电路是由计数器、译码器和显示器三部分电路组成的逻辑电路,因此,在进行本次任务的学习时,必须首先了解二-十进制编码的概念,十进制计数器的电路组成及工作原理,然后熟悉集成十进制计数器的功能表、引脚图和逻辑图,同时了解利用集成计数器构成 N 进制计数器的方法,最后通过计数、译码、显示电路的装配与调试,掌握计数、译码、显示电路的组成及工作原理，并能独立排除调试过程中出现的故障，为后续十字路口交通灯控制电路的装配与调试任务做好准备。

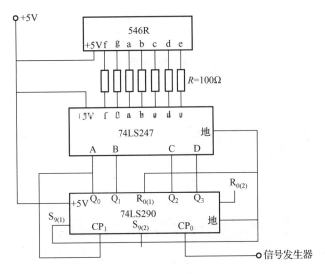

图 7-1-1　计数、译码、显示电路的原理图　　　图 7-1-2　计数、译码、显示电路的焊接实物图

相关知识

一、计数器的功能与分类

1．计数器的功能

累计输入脉冲个数的电路称为计数器，其基本功能是计算输入脉冲个数。它除了累计输入脉冲个数外，还广泛用于定时、分频、信号产生、逻辑控制等，是数字电路中不可缺少的逻辑部件。

2．计数器的分类

计数器的种类很多，分类方法也不相同。

1）根据触发器状态来分

根据计数器中各个触发器状态改变的先后次序不同，计数器可分为同步计数器和异步计数器两大类。在同步计数器中，各个触发器都受同一个时钟脉冲 CP（又称计数脉冲）的控制，输出状态的改变是同时的，所以称为同步计数器。异步计数器则不同，各触发器不受同一个计数脉冲的控制，各个触发器状态改变有先有后，所以称为异步计数器。

2）根据计数制来分

根据计数制不同，计数器又分为二进制计数器、十进制计数器和 N 进制计数器。

3）根据数值的增减来分

根据计数过程中计数器中数值的增减不同，计数器又可分为加法计数器、减法计数器和可逆计数器。随着计数脉冲的输入进行加法计数的称为加法计数器，进行减法计数的称为减法计数器，可增可减的称为可逆计数器。

二、十进制计数器

按照十进制运算规律进行计数的计数器称为十进制计数器。十进制计数的特点是有 0～9 十个数字，逢十进位。十进制计数器的特点是电路应有十种状态，分别用来表示十进制 0～9 十个数字，且满足逢十进位的要求。

1. 二-十进制编码

在数字电路中，十进制数是用二进制代码来表示的。用二进制代码表示十进制 0～9 十个数字的方法，称为二-十进制编码，简称 BCD 码。十进制 0～9 十个数字，共有十个代码，须用四位二进制代码来表示。四位二进制代码共有十六种状态，可用其中的任意十种状态来表示十进制的 0～9 十个数字。这样编码的方式很多，最常用的是 8421 编码，它是在十六种状态中去掉 1010～1111 六个状态后所得到的编码，见表 7-1-1。

表 7-1-1　8421BCD 码

二进制代码	十进制数	二进制代码	十进制数	二进制代码	十进制数	二进制代码	十进制数
0000	0	1000	8	0100	4	1100	12
0001	1	1001	9	0101	5	1101	13
0010	2	1010	10	0110	6	1110	14
0011	3	1011	11	0111	7	1111	15

这里的 8、4、2、1，是指四位二进制数各位的"权"，即每位二进制数转换成十进制数的大小。例如，表 7-1-1 中的二进制数 1111 转换成十进制数为

$$(1111)_2 = (1 \times 2^3 + 1 \times 2^2 + 1 \times 2^1 + 1 \times 2^0) = (15)_{10}$$

$$\downarrow \qquad \downarrow \qquad \downarrow \qquad \downarrow$$

每位的权　　8　　4　　2　　1

2. 同步十进制计数器

1）同步十进制加法计数器

（1）电路组成。

按照十进制加法运算规律递增计数的计数器称为十进制加法计数器。十进制计数器每位有 0～9 十个数字，即每位应有十种状态与之对应，所以十进制计数器每位应由四个触发器构成。如图 7-1-3 所示是由四个 JK 触发器和进位门组成的同步十进制加法计数器，CP 是输入计数脉冲，C 是向高位输出的进位信号。

（2）工作原理。

开始计数前设四个触发器的初始状态为 0000，即电路从 0 开始计数。由图 7-1-3 可知，第一个触发器 F_1 的同步输入信号 $J_1 = K_1 = 1$，所以 F_1 工作在计数状态，每来一个计数脉冲触发器的状态就改变一次。当第一个计数脉冲到来时（CP 下降沿到来），F_1 的输出状态就由 0 翻转为 1，而由于第一个计数脉冲到来之前，F_1 的输出端 Q_1 输出为 0，即 $Q_1 = 0$。F_1 的输出端 Q_1 输出的 0 分别加到触发器 F_2、F_3、F_4 的同步输入端，使得 $J_2 = K_2 = 0$，$J_3 = K_3 = 0$，$J_4 = K_4 = 0$，因此，当第一个计数脉冲到来时，触发器 F_2、F_3、F_4 保持输出为 0 不变。所以

当第一个计数脉冲到来后四个触发器的状态就由 0000 翻转成 0001，计数器就记忆了一个输入计数脉冲。当第二个计数脉冲到来时，F_1 的输出状态就由 1 翻转为 0，而由于第二个计数脉冲到来之前，F_1 的输出端 Q_1 输出为 1，即 $Q_1=1$。F_1 的输出端 Q_1 输出的 1 加到触发器 F_2 的同步输入端 J_2 和 K_2，此时触发器 F_4 的输出 $Q_4=0$，$\overline{Q_4}=1$，触发器 F_4 的 $\overline{Q_4}$ 输出端输出的 1 同时也加到触发器 F_2 的同步输入端 J_2，这样 J_2 的两个输入全为 1，所以此时有 $J_2=K_2=1$，因此，F_2 也工作在计数状态；当第二个计数脉冲到来后，触发器 F_2 的状态就由 0 翻转成 1。而第二个计数脉冲到来前，由于第二个触发器 F_2 的输出为 0，即 $Q_2=0$，F_2 的输出端 Q_2 输出的 0 分别加到触发器 F_3、F_4 的同步输入端，使得 $J_3=K_3=0$，$J_4=K_4=0$，因此，当第二个计数脉冲到来时，触发器 F_3、F_4 保持输出为 0 不变。这样当第二个计数脉冲到来后四个触发器的状态就由 0001 翻转成 0010，计数器就记忆了两个输入计数脉冲。

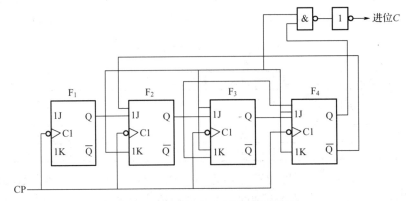

图 7-1-3　同步十进制加法计数器

　　如此进行下去，当输入了 9 个计数脉冲后，计数器四个触发器的输出状态就进入了 1001。当第十个计数脉冲到来时，第一个触发器的状态就由 1 翻转成 0，由于第十个计数脉冲没到来之前，触发器 F_2、F_3、F_4 的同步输入 $J_2=J_3=J_4=0$，所以，当第十个计数脉冲到来后，触发器 F_2、F_3、F_4 的输出状态也都翻转成 0，这样当第十个计数脉冲到来后四个触发器的输出状态就都翻转成 0，即四个触发器的输出状态就由 1001 翻转成 0000，同时进位输出端 C 就由 1 翻转成 0，输出一个进位脉冲。

　　同步十进制加法计数器的状态表见表 7-1-2。

表 7-1-2　同步十进制加法计数器的状态表

CP	Q_4^n	Q_3^n	Q_2^n	Q_1^n	Q_4^{n+1}	Q_3^{n+1}	Q_2^{n+1}	Q_1^{n+1}
1	0	0	0	0	0	0	0	1
2	0	0	0	1	0	0	1	0
3	0	0	1	0	0	0	1	1
4	0	0	1	1	0	1	0	0
5	0	1	0	0	0	1	0	1
6	0	1	0	1	0	1	1	0
7	0	1	1	0	0	1	1	1
8	0	1	1	1	1	0	0	0
9	1	0	0	0	1	0	0	1
10	1	0	0	1	0	0	0	0

同步十进制加法计数器的状态图如图 7-1-4 所示。

由状态表和状态图可知，图 7-1-3 所示电路确实是按 8421 编码进行加法计数的同步十进制加法计数器。

2）同步十进制减法计数器

（1）电路组成。

按照十进制减法运算规律递减计数的计数器称为十进制减法计数器。如图 7-1-5 所示是由四个 JK 触发器和借位门组成的同步十进制减法计数器，CP 是输入计数脉冲，B 是向高位输出的借位信号。

$Q_4 Q_3 Q_2 Q_1 /C$

$$0000 \xrightarrow{/0} 0001 \xrightarrow{/0} 0010 \xrightarrow{/0} 0011 \xrightarrow{/0} 0100$$

$$1001 \xleftarrow{} 1000 \xleftarrow{/0} 0111 \xleftarrow{/0} 0110 \xleftarrow{/0} 0101$$

（上行有 $\uparrow /1$ 返回箭头）

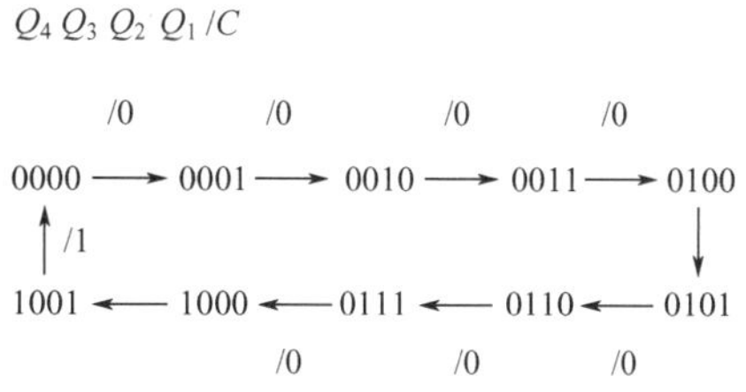

图 7-1-4　十进制计数器的状态图

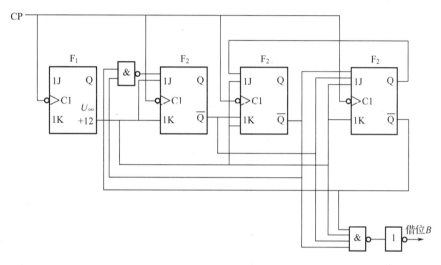

图 7-1-5　同步十进制减法计数器

（2）工作原理。

同步十进制减法计数器电路的工作原理比较简单，分析方法与同步十进制加法计数器相同，读者可自行分析。电路的状态表见表 7-1-3，状态图如图 7-1-6 所示。

表 7-1-3　同步十进制减法计数器的状态表

CP	Q_4^n	Q_3^n	Q_2^n	Q_1^n	Q_4^{n+1}	Q_3^{n+1}	Q_2^{n+1}	Q_1^{n+1}
1	0	0	0	0	1	0	0	1
2	1	0	0	1	1	0	0	0
3	1	0	0	0	0	1	1	1
4	0	1	1	1	0	1	1	0
5	0	1	1	0	0	1	0	1
6	0	1	0	1	0	1	0	0
7	0	1	0	0	0	0	1	1
8	0	0	1	1	0	0	1	0
9	0	0	1	0	0	0	0	1
10	0	0	0	1	0	0	0	0

$$Q_4^n \, Q_3^n \, Q_2^n \, Q_1^n \, / B$$

$$/1 \qquad /0 \qquad /0 \qquad /0$$

$$0000 \longrightarrow 1001 \longrightarrow 1000 \longrightarrow 0111 \longrightarrow 0110$$

$$\uparrow /0 \qquad\qquad\qquad\qquad\qquad\qquad \downarrow /0$$

$$0001 \longleftarrow 0010 \longleftarrow 0011 \longleftarrow 0100 \longleftarrow 0101$$

$$/0 \qquad /0 \qquad /0$$

图 7-1-6 十进制减法计数器的状态图

3．异步十进制计数器

1）异步十进制加法计数器

（1）电路组成。

如图 7-1-7 所示是由四个 JK 触发器和两个进位门组成的异步十进制加法计数器，CP 是输入计数脉冲，C 是向高位输出的进位信号。

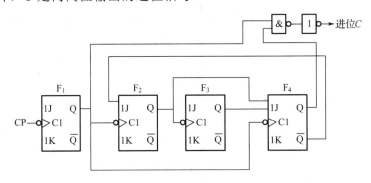

图 7-1-7 异步十进制加法计数器

（2）工作原理。

设计数器从零开始计数，即 $Q_4 = Q_3 = Q_2 = Q_1$，因此，$\overline{Q_4}$ 为 1。计数器从 0000 起，到 0111 止，前三个触发器 F_1、F_2、F_3 的同步输入信号 $J = K = 1$，所以触发器 F_1、F_2、F_3 都工作在计数状态，每当满足时钟条件时触发器状态就发生改变，即当第一个计数脉冲 CP 下降沿到来时，触发器 F_1 的状态就由 0 翻转为 1，由于 F_1 的 Q_1 端输出为 1，所以 F_2、F_4 不满足时钟条件不翻转，保持状态不变，F_3 没有获得触发脉冲，输出状态也保持不变。这样当第一个计数脉冲到来后，计数器的状态就翻转为 0001。当第二个计数脉冲到来后，F_1 的状态就由 1 翻转为 0，Q_1 端输出的负脉冲触发 F_2 翻转，使 F_2 的状态由 0 翻转为 1，F_3 不满足时钟条件保持 0 状态不变，由于 F_4 的同步输入 $J_4 = Q_2 Q_3 = 0$，所以依然保持 0 状态不变。这样当第二个计数脉冲到来后计数器的状态就翻转为 0010。按此分析当计数器状态为 0111 时，Q_1、Q_2、Q_3 为 1，因此，$J_4 = Q_2 Q_3 = 1$，由于此时 F_4 的 $J_4 = K_4 = 1$，所以 F_4 工作在计数状态。当第八个 CP 脉冲到来后，$F_1 \sim F_3$ 先后由 1 翻转为 0，同时，Q_1 的负跳变触发 F_4，使 F_4 由 0 翻转为 1，计数器的状态为 1000。第九个 CP 脉冲到来后，F_1 翻转为 1。Q_1 的正跳变对其他触发器的状态无影响，计数器的状态翻转为 1001，此时，因为 $\overline{Q_4} = 0$，则 F_2 的 J 端为 0，将封锁 F_2，使它保持 0 态；同时，因为 Q_2、Q_3 为 0，使 F_4 的 J 端为 0 态，这将使它在下降沿（负跳变）脉冲的作用下，转换为 0 态。按此分析，当第十个计数脉冲到来后，F_1 的状态由 1 变为 0，它输出的负跳变脉冲，使 F_4 由 1 变为 0，F_2、F_3 保持 0 态不变。

计数器的状态恢复为 0000，同时由进位端 C 向高一位输出一个负跳变进位脉冲，其状态表和状态图与同步十进制加法计数器相同。

2）异步十进制减法计数器

（1）电路组成。

如图 7-1-8 所示是由四个 JK 触发器和两个借位门组成的异步十进制减法计数器，CP 是输入计数脉冲，B 是向高位输出的借位信号。

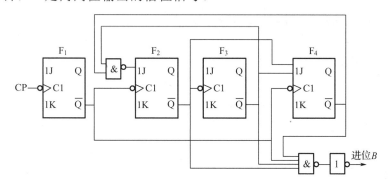

图 7-1-8　异步十进制减法计数器

（2）工作原理。

异步十进制减法计数器工作原理的分析方法与异步十进制加法计数器相同，读者可自行分析。异步十进制减法计数器与异步十进制加法计数器的不同之处在于，异步十进制减法计数器向高位的借位信号是从 $\overline{Q}$ 端输出的，而异步十进制加法计数器向高位的进位信号是从 Q 端输出的。

由以上分析可知，当需要接成多位异步十进制计数器时，只要将低位的进位或借位端接到高位的时钟控制端就可以了。

三、集成计数器

随着电子技术的不断发展，功能完善的集成计数器大量生产和使用。集成计数器的种类很多，这里介绍两种常用的十进制计数器。

1. 同步十进制计数器 74LS192

74LS192 的引脚排列如图 7-1-9 所示。74LS192 是一个时钟脉冲 CP 上升沿触发的同步十进制可逆计数器。该计数器既可以作加法计数，也可以作减法计数。它有两个时钟输入端：CU 端是加法计数时钟脉冲输入端，CD 端是减法计数时钟脉冲输入端。$\overline{C}$ 端是向高位的进位输出端，低电平有效。$\overline{B}$ 端是向高位的借位输出端、低电平有效，它有独立的置 0 输入端 R_D，高电平有效，还可以独立对加法或减法计数进行预置数，D_3、D_2、D_1、D_0 是预置数端。$\overline{LD}$ 是预置数控制端，低电平有效。Q_3、Q_2、Q_1、Q_0 是输出端。

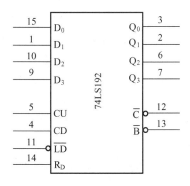

图 7-1-9　74LS192 的引脚排列

1）74LS192 功能表

74LS192 功能表见表 7-1-4，其功能特点如下。

（1）置 "0"。74LS192 有异步置 0 端 R_D，不管计数器其他输入端是什么状态，只要在 R_D 端加高电平，则所有触发器均被置 0，计数器复位。

（2）预置数码。74LS192 的预置是异步的。当 R_D 端和置入控制端 $\overline{LD}$ 为低电平时，不管时钟端的状态如何，输出端 $Q_3 \sim Q_0$ 状态就与预置数相一致，即 $Q_3 Q_2 Q_1 Q_0 = d_3 d_2 d_1 d_0$。计数器预置数以后，就以预置数为起点顺序进行计数。

（3）加法计数和减法计数。加法计数时 R_D 为低电平，$\overline{LD}$、CD 为高电平，计数脉冲从 CU 端输入。当计数脉冲的上升沿到来时，计数器的状态按 8421BCD 码递增进行加法计数。

减法计数时，R_D 为低电平，$\overline{LD}$、CU 为高电平，计数脉冲从 CD 端输入。当计数脉冲的上升沿到来时，计数器的状态按 8421BCD 码递减进行减法计数。

（4）进位输出。计数器作十进制加法计数时，在 CU 端第 9 个输入脉冲上升沿作用后，计数状态为 1001，当其下降沿到来时，进位输出端 $\overline{C}$ 产生一个负的进位脉冲。第 10 个脉冲上升沿作用后，计数器复位。若将进位输出端 $\overline{C}$ 与后一级的 CU 端相连，可实现多位计数器级联。当 $\overline{C}$ 反馈至 $\overline{LD}$ 输入端，并在并行数据输入端 $D_3 \sim D_0$ 输入一定的预置数，则可实现 10 以内任意进制的加法计数。

（5）借位输出。计数器作十进制减法计数时，设初始状态为 1001。在 CD 端第 9 个输入脉冲上升沿作用后，计数状态为 0000，当其下降沿到来后，借位输出端 B 产生一个负的借位脉冲。第 10 个脉冲上升沿作用后，计数状态恢复为 1001。同样，将借位输出端 $\overline{B}$ 与后一级的 CD 端相连，可实现多位计数器级联。通过 $\overline{B}$ 对 $\overline{LD}$ 的反馈连接可实现 10 以内任意进制的减法计数。

表 7-1-4　74LS192 功能表

输入								输出			
$\overline{LD}$	R_D	CU	CD	D_0	D_1	D_2	D_3	Q_0	Q_1	Q_2	Q_3
0	0	×	×	d_0	d_1	d_2	d_3	d_0	d_1	d_2	d_3
1	0	↑	1	×	×	×	×	加计数			
1	0	1	↑	×	×	×	×	减计数			
1	0	1	1	×	×	×	×	保持			
×	1	×	×	×	×	×	×	0	0	0	0

2）计数器的级联

将多个 74LS192 级联可以构成高位计数器。例如，用两个 74LS192 可以组成 100 进制计数器，如图 7-1-10 所示，其工作原理如下。

计数开始时，先在 R_D 端输入一个正脉冲，此时两个计数器均被置为 0 状态。此后在 $\overline{LD}$ 端输入 "1"，R_D 端输入 "0"，则计数器处于计数状态。在个位的 74LS192 的 CU 端逐个输入计数脉冲 CP，个位的 74LS192 开始进行加法计数。在第 10 个 CP 脉冲上升沿到来后，个位 74LS192 的状态为 1001→0000，同时其进位输出 $\overline{C}$ 为 0→1，此上升沿使十位 74LS192 从 0000 开始计数，直到第 100 个 CP 脉冲作用后，计数器状态由 1001 1001 恢复为 0000 0000 完成一循环。

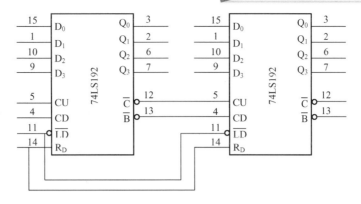

图 7-1-10　两个 74LS192 可以组成 100 进制计数器

2．异步十进制计数器 74LS290

74LS290 是二-五-十进制计数器，其逻辑图如图 7-1-11 所示，引脚排列图如图 7-1-12 所示。图 7-1-11 中 F_0 构成一位二进制计数器，F_1、F_2、F_3 构成异步五进制加法计数器。若将输入时钟脉冲 CP 接于 CP_0 端，并将 CP_1 端与 Q_0 端相连，便构成 8421 编码异步十进制加法计数器。74LS290 还具有置 0 和置 9 功能，其功能表见表 7-1-5。

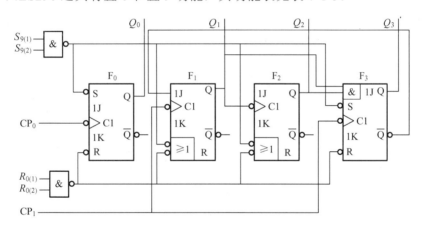

图 7-1-11　二-五-十进制计数器 74LS290 逻辑图

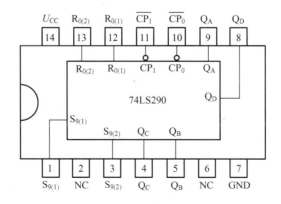

图 7-1-12　74LS290 引脚排列图

表 7-1-5　74LS290 功能表

复位/置位输入				输出			
$R_{0(1)}$	$R_{0(2)}$	$S_{9(1)}$	$S_{9(2)}$	Q_3	Q_2	Q_1	Q_0
1	1	0	×	0	0	0	0
1	1	×	0	0	0	0	0
×	0	1	1	1	0	0	1
0	×	1	1	1	0	0	1
×	0	0	×	计	数		
0	×	×	0	计	数		
×	0	×	0	计	数		
0	×	0	×	计	数		

四、利用集成计数器构成 N 进制计数器

N 进制计数器是指除二进制和十进制计数器以外的其他任意进制计数器。例如，五进制计数器、二十进制计数器、三十进制计数器、六十进制计数器等都是 N 进制计数器。

N 进制计数器可利用已有的集成计数器采用反馈归零法获得。这种方法是，当计数器计数到某一数值时，由电路产生复位脉冲，加到计数器各个触发器的异步清零端，使计数器的各个触发器全部清零，也就是使计数器复位。

利用十进制计数器 74LS160，通过反馈归零法构成的六进制计数器如图 7-1-13 所示。

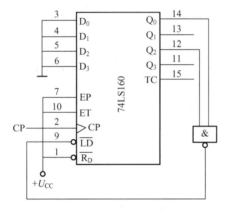

图 7-1-13　六进制计数器

六进制计数器电路的计数过程是 0000→0001→0010→0011→0100→0101，当计数器计数到状态 5 时，Q_2 和 Q_0 为 1，与非门输出为 0，即同步并置置入控制端 $\overline{\text{LD}}$ 是 0，于是下一个计数脉冲到来时，将 $D_3 \sim D_0$ 端的数据 0 送入计数器，使计数器又从 0 开始计数，一直计到 5，又重复上述过程。由此可见，N 进制计数器可以利用在状态（N–1）时将 $\overline{\text{LD}}$ 变为 0 以便重新计数。

如图 7-1-14 所示是利用了直接置"0"端 $\overline{R}_D$ 进行复位所构成的六进制计数器。工作顺序为 0000→0001→0010→0011→0100→0101，当计数到 0110 时（该状态出现时间极短，称为过渡状态），Q_2 和 Q_1 均为 1，使 $\overline{R}_D$ 为 0，计数器立即被复位到 0，然后开始新的循环。这种方法的缺点是工作不可靠，其原因是在许多情况下，各触发器的复位速度不一致，复位快的触发器复位后，立即将复位信号撤销，使复位慢的触发器来不及复位，因而造成误

动作。改进的方法是加一个基本 RS 触发器，如图 7-1-15 所示，将 $\overline{R_D}$ =0 的置 "0" 信号暂存一下，从而保证复位信号有足够的作用时间，使计数器可靠置 0。

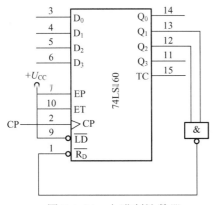

图 7-1-14 六进制计数器

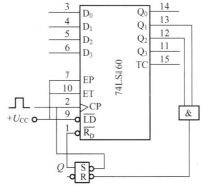

图 7-1-15 改进的六进制计数器

一、任务准备

实施本任务教学所使用的实训设备及工具材料可参考表 7-1-6。

表 7-1-6 实训设备及工具材料

序号	分类	名称	型号规格	数量	单位	备注
1	工具仪表	万用表	MF47 型	1	套	
2		常用电子组装工具		1	套	
3		直流稳压电源		1	台	
4		低频信号发生器		1	台	
5	设备器材	计数器	74LS290	1	只	
6		译码器	74LS247	1	只	
7		数码管	546R	1	只	
8		碳膜电阻器	100 Ω	7	只	
9		万能电路板		1	块	
10		镀锡铜丝	ϕ 0.5mm	若干	米	
11		焊料、助焊剂		若干		

二、电路装配

1．绘制电路的元器件布置图

根据如图 7-1-1 所示的电路原理图，可画出本任务的元器件布置示意图，如图 7-1-16 所示。

2．元器件的检测

对电路中使用的元器件进行检测与筛选。

3．元器件的成形

将所用的元器件在插装前按插装工艺要求进行成形。

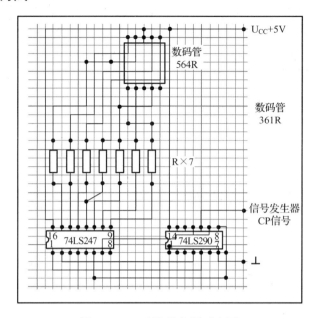

图 7-1-16　元器件布置示意图

4．元器件的插装焊接

依据图 7-1-16 所示的元器件布置示意图，按照装配工艺要求进行元器件的插装焊接。

（1）集成电路底部贴紧电路板。

（2）电阻器均采用水平安装，要求贴紧电路板，电阻器的色环方向应一致。

5．镀锡裸铜丝的焊接

根据电路原理图和元器件布置图进行镀锡裸铜丝的焊接。

6．焊接检查

焊接结束，首先检查电路有无漏焊、错焊、虚焊等问题。检查时可用尖嘴钳或镊子将每个元器件拉动一下，看有无松动，如果发现有松动现象，应重新焊接。

三、通电前的检查

电路安装完毕后，必须在不通电的情况下，对电路板进行认真细致的检查，以便纠正安装错误。检查中应注意以下问题。

（1）数码管引脚有无接错。

（2）集成电路引脚有无接错。

四、电路测试

1．集成计数器 74LS290 性能测试

1）异步置"0"功能的测试

接好 74LS290 的电源和地，复位端 $R_{0(1)}$、$R_{0(2)}$ 接高电平，置位端 $S_{9(1)}$ 接低电平（或 $S_{9(2)}$

接低电平），其他各输入端的状态为任意，用万用表测试计数器各输出端的电位。如果电路无误、操作正确，则 $Q_3 \sim Q_0$ 均为低电平。

2）预置数功能测试

将复位端 $R_{0(1)}$ 接低电平（或 $R_{0(2)}$ 接低电平），置位端 $S_{9(1)}$、$S_{9(2)}$ 接高电平，其他各输入端的状态为任意，用万用表测试计数器的输出端。如果电路无误、操作正确，则 $Q_3 \sim Q_0$ 的状态应为 1001。

3）计数功能测试

将 $R_{0(1)}$（或 $R_{0(2)}$）、$S_{9(2)}$（或 $S_{9(1)}$）接低电平，其他各输入端的状态为任意，CP_0 端输入单脉冲，记录输出端状态。如果电路无误、操作正确，每输入一个 CP 脉冲，计数器输出端 Q_0 的状态就改变一次，从而实现二进制计数。若将时钟脉冲由 CP_1 端输入，如果电路无误、操作正确，每输入一个 CP 脉冲，计数器就进行一次加法计数，计数器输入 5 个 CP 脉冲后，输出端 $Q_3 \sim Q_1$ 就应变为 0000，此时 Q_3 端输出一个低电平脉冲，作为向高位的进位脉冲，从而实现五进制计数。若将 Q_0 的输出与 CP_1 相接，时钟脉冲由 CP_0 输入，则此时将实现十进制计数，计数器输入 10 个 CP 脉冲后，输出端 $Q_3 \sim Q_0$ 就应变为 0000，此时 Q_3 端输出一个低电平脉冲，作为向高位的进位脉冲，从而实现十进制计数。

将上述测试结果填入表 7-1-7 中。

表 7-1-7　74LS290 功能表

复位/置位输入				输出			
$R_{0(1)}$	$R_{0(2)}$	$S_{9(1)}$	$S_{9(2)}$	Q_3	Q_2	Q_1	Q_0
1	1	0	×				
1	1	×	0				
×	0	1	1				
0	×	1	1				
×	0	0	×				
0	×	×	0				
×	0	×	0				
0	×	0	×				

2. 用集成计数器 74LS290 组成十进制计数器

在计数器 CP_0 端输入 $f = 100Hz$ 计数脉冲，观察数码管 546R 状态变化，画出计数器的状态图。

 操作提示

（1）调试时若某些功能不能实现，就要检查并排除故障。

（2）检查故障时，首先检查接线是否正确，在接线正确的前提下，检查集成电路是否正常，检查集成电路时，可单独分别对集成计数器 74LS290、译码器 74LS247、数码管 546R 通电测试其逻辑功能是否正常；若集成电路没有故障，就需要调试低频信号发生器输出的计数脉冲信号的频率和幅值，直至故障排除为止。

任务测评

对任务实施的完成情况进行检查，并将结果填入表 7-1-8。

表 7-1-8　任务测评表

序号	考核项目	评分标准	配分	扣分	得分
1	元器件安装	（1）元器件不按规定方式安装，扣 10 分 （2）元器件极性安装错误，扣 10 分 （3）布线不合理，一处扣 5 分	30		
2	电路焊接	（1）电路装接后与电路原理图一致，一处不符合扣 10 分 （2）焊点不合格，每处扣 2 分 （3）剪引脚留头长度有一处不合格，扣 2 分	20		
3	电路测试	（1）关键点电位不正常，扣 10 分 （2）计数器测试不正确，扣 10 分 （3）仪器仪表使用错误，每次扣 5 分 （4）仪器仪表损坏，扣 20 分	40		
4	安全文明生产	（1）发生安全事故扣 10 分 （2）违反管理要求视情况扣 5～10 分	10		
5	合计		100		
6	工时定额	210min　开始时间	结束时间		

**知识拓展**

一、常用计数器的型号和功能简介（表 7-1-9）

表 7-1-9　常用计数器的型号和功能

类型	型号	功能
计数器	74LS68	双十进制计数器
	74LS90	十进制计数器
	74LS92	十二分频计数器
	74LS93	四位二进制计数器
	74LS160	同步十进制计数器
	74LS161	四位二进制同步计数器（异步清除）
	74LS162	十进制同步计数器（同步清除）
	74LS163	四位二进制同步计数器（同步清除）
	74LS168	可预置十进制同步加/减计数器
	74LS169	可预置四位二进制同步加/减计数器
	74LS190	可预置十进制同步加/减计数器
	74LS191	可预置四位二进制同步加/减计数器
	74LS192	可预置十进制同步加/减计数器（双时钟）
	74LS193	可预置四位二进制同步加/减计数器（双时钟）
	74LS196	可预置十进制计数器

续表

类型	型号	功能
计数器	74LS197	可预置二进制计数器
	74LS290	十进制计数器
	74LS293	四位二进制计数器
	74LS390	双四位十进制计数器
	74LS393	双四位二进制计数器（异步清除）
	74LS490	双四位十进制计数器
	74LS568	可预置十进制同步加/减计数器（三态）
	74LS569	可预置二进制同步加/减计数器（三态）
	74LS668	十进制同步加/减计数器
	74LS669	二进制同步加/减计数器
	74LS690	可预置十进制同步计数器/寄存器（直接清除、三态）
	74LS691	可预置二进制同步计数器/寄存器（直接清除、三态）
	74LS692	可预置十进制同步计数器/寄存器（同步清除、三态）
	74LS693	可预置二进制同步计数器/寄存器（同步清除、三态）
	74LS696	十进制同步加/减计数器（三态、直接清除）
	74LS697	二进制同步加/减计数器（三态、直接清除）
	74LS698	十进制同步加/减计数器（三态、同步清除）
	74LS699	二进制同步加/减计数器（三态、同步清除）

二、同步十进制加法计数器 74LS160 的功能表和引脚功能说明

（表 7-1-10）

表 7-1-10　74LS160 的功能表和引脚说明

输入									输出				引脚功能说明
$\overline{R_D}$	$\overline{LD}$	ET	EP	CP	D_0	D_1	D_2	D_3	Q_3	Q_2	Q_1	Q_0	$D_0 \sim D_3$ 为并行数据输入端
0	×	×	×	×	×	×	×	×	0	0	0	0	$\overline{R_D}$ 为异步清零端
1	0	×	×	↑	d_0	d_1	d_2	d_3	d_0	d_1	d_2	d_3	$\overline{LD}$ 为同步并置入控制端
1	1	1	1	↑	×	×	×	×	计数				C 为进位输出端
1	1	0	×	×	×	×	×	×	保持				CP 为时钟输入端
1	1	×	0	×	×	×	×	×	保持				$Q_0 \sim Q_3$ 为数据输出端

巩固与提高

一、判断题（正确的打"√"，错误的打"×"）

1．在异步计数器中，各个触发器都受同一个计数脉冲控制。　　　　　（　　）

2．在同步计数器中，各个触发器的翻转有先有后。　　　　　（　　）

3．除了二进制和十进制以外的计数器，称为 N 进制计数器。　　　　　（　　）

4．计数器是一种组合逻辑电路。　　　　　（　　）

5．计数器中触发器状态的改变不仅与输入信号有关，而且还和电路原来的状态有关。

（　　）

6．在异步计数器中，当时钟脉冲到达时，各触发器的翻转是同时发生的。（　　）

7．和异步计数器相比，同步计数器的显著特点是工作速度高。（　　）

8．可逆计数器既能作加法计数，又能作减法计数。（　　）

9．计数器计数前不需要先清零。（　　）

10．74LS290 既可实现二进制计数，也可实现五进制计数及十进制计数，取决于计数脉冲的输入方式。（　　）

11．用集成计数器构成任意进制计数器的方法有反馈归零法和反馈置数法两种。

（　　）

12．由于每个触发器有两个稳定状态，因此存放 8 位二进制数码时，需 4 个触发器。

（　　）

13．组成异步计数器的各个触发器必须具有翻转功能。（　　）

二、选择题（请将正确答案的序号填入括号内）

1．按计数器翻转的次序来分类，可把计数器分为（　　）。
　　A．异步式和加法计数器　　　　　　B．异步式和减法计数器
　　C．异步式和可逆计数器　　　　　　D．异步式和同步式

2．在十进制加法计数器中，从 0 开始计数，当第 10 个 CP 脉冲过后，计数器的状态应为（　　）。
　　A．0000　　　　　B．1000　　　　　C．1001　　　　　D．0110

3．在五进制加法计数器中，从 0 开始计数，当第四个 CP 脉冲过后，计数器的状态应为（　　）。
　　A．0000　　　　　B．1000　　　　　C．0100　　　　　D．0011

4．在五进制加法计数器中，从 0 开始计数，当第二个 CP 脉冲过后，计数器的状态应为（　　）。
　　A．0000　　　　　B．1000　　　　　C．0100　　　　　D．0010

5．构成计数器的基本电路是（　　）。
　　A．与门　　　　　B．或门　　　　　C．非门　　　　　D．触发器

6．同步二进制计数器，输入的计数脉冲 CP 作用在（　　）。
　　A．各触发器的时钟端　　　　　　　B．最低位触发器的时钟端
　　C．最高位触发器的时钟端　　　　　D．任意位触发器的时钟端

7．二进制计数器是按照（　　）的计数规律进行加法或减法计数的。
　　A．二进制　　　　B．十进制　　　　C．8421BCD 码　　　D．2421BCD 码

8．一个 4 位的二进制加法计数器，由 0000 状态开始，经过 25 个时钟脉冲后，此计数器的状态为（　　）。
　　A．1100　　　　　B．1000　　　　　C．1001　　　　　D．1010

9．用计数器产生 000101 序列，至少需要（　　）个触发器。
　　A．2　　　　　　B．3　　　　　　C．4　　　　　　D．8

10. 用计数器产生 000101 序列，至少需要（　　）个触发器。

    A. 2   B. 3   C. 4   D. 8

11. 用二进制异步计数器从 0 做加法，计到十进制数 178，则最少需要（　　）个触发器。

    A. 2   B. 6   C. 7   D. 8

12. 一个五进制计数器与一个四进制计数器级联可得到（　　）进制计数器。

    A. 4   B. 5   C. 9   D. 20

三、简答题

1. 何为同步计数器？何为异步计数器？

2. 同步计数器和异步计数器各有什么特点？

3. 同步计数器可分为哪几种类型？

4. 如何利用集成计数器 74LS290 构成三十进制计数器？

任务 2　十字路口交通灯控制电路的装配与调试

 学习目标

知识目标：

1. 掌握十字路口交通信号灯控制电路的组成、各部分的作用、工作原理。

2. 能正确识读十字路口交通信号灯控制电路的原理图、接线图和布置图。

能力目标：

1. 能够掌握手工焊接操作技能，会按照工艺要求正确焊装十字路口交通信号灯控制电路。

2. 能熟练掌握十字路口交通信号灯控制电路的调试方法，并能独立排除调试过程中电路出现的故障。

 工作任务

有一个主干道和支干道的十字路口如图 7-2-1 所示。道路每边都设有红、黄、绿色信号灯。红灯亮禁止通行，绿灯亮表示可以通行；在绿灯变红灯时先要求黄灯亮 5s，以便让停车线以外的车辆停止运行。因主干道车辆多，所以允许通车时间较长，设为30s，支干道车辆较少，允许通车时间设为 20s。两边按规定时间交替通行。其控制电路原理图如图 7-2-2 所示。

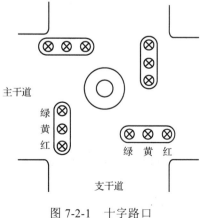

图 7-2-1　十字路口

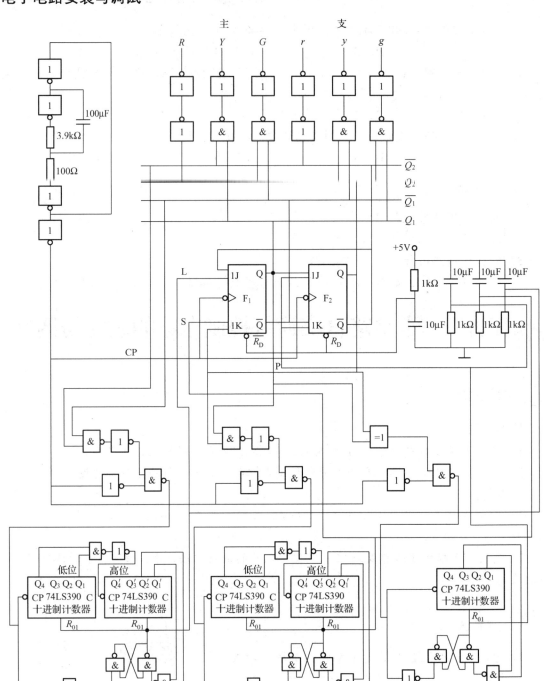

图 7-2-2 十字路口交通灯控制电路原理图

本次任务的主要内容是，根据给定的技术指标，按照原理图装配并调试电路；同时能独立解决调试过程中出现的故障。

任务分析

十字路口交通灯控制电路是基本 RS 触发器、计数、译码电路的综合应用，因此，在进行本次任务的学习时，必须通过十字路口交通信号灯电路的装配与调试，掌握该电路的组成、各部分的作用及工作原理，并能独立排除调试过程中出现的故障。

 相关知识

一、十字路口交通信号灯控制电路的工作原理

十字路口交通信号灯控制电路由时钟信号发生器、计数器、主控制器和译码电路等部分组成，其自动控制原理框图如图 7-2-3 所示。

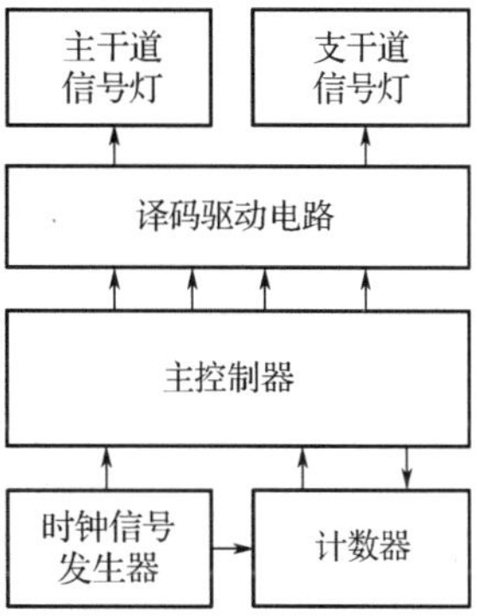

1. 时钟信号发生器

时钟信号发生器的主要作用是产生稳定的"秒"脉冲（$f =$ 1Hz）信号，确保整个电路装置同步工作和实现定时控制。

2. 计数器

计数器的主要作用是按要求累计"秒"脉冲的数目，完成计时任务，向主控制器发出相应的定时信号，控制主、支干道通车时间。

3. 主控制器

主控制器的主要作用是根据计数器送来的信号，保持或改变电路的状态，以实现对主、支干道车辆运行状态的控制。

图 7-2-3 十字路口交通信号灯电路原理框图

4. 译码驱动电路

译码驱动电路的作用是按照主控制器所处的状态进行译码，再驱动相应的信号灯，指挥主、支干道车辆的通行。

由于十字路口车辆运行情况有 4 种可能：①主干道通行，支干道不通行；②主干道停车，支干道不通行；③主干道不通行，支干道通行；④主干道不通行，支干道停车。所以主控制器应有四种状态分别设为 S_1、S_2、S_3、S_4。

当主控制器处于 S_1 状态时，表示主干道通行，支干道不通行。译码驱动电路应使"主干道绿灯"和"支干道红灯"亮，此状态保持 30s。当计数器计满 30s 后，30s 计数器向主控制器发出状态转换信号，使主控制器的状态应由 S_1 转到 S_2，同时主控制器向 5s 计数器发出计时开始信号，5s 计数器开始计数。此时，表示主干道停车，支干道不通行。译码驱动电路应使"主干道黄灯"和"支干道红灯"亮，保证主干道后来的车辆停止运行。此状态保持 5s。当计数器计满 5s 后，5s 计数器又向主控制器发出状态转换信号，使主控制器的状态由 S_2 转到 S_3，同时主控制器向 20s 计数器发出计时开始信号，20s 计数器开始计数。此表示主干道不通行，支干道通行。译码驱动电路应使"主干道红灯"和"支干道绿灯"亮，此状态保持 20s。当计数器计满 20s 后，20s 计数器向主控制器发出状态转换信号，使主控制器的状态应由 S_3 转到 S_4，同时主控制器向 5s 计数器发出计时开始信号，5s 计数器开始计数。此时，表示主干道不通行，支干道停车。此状态保持 5s。当计数器计满 5s 后，

5s 计数器又向主控制器发出状态转换信号，使主控制器的状态应由 S_4 又转到 S_1，同时主控制又向 30s 计数器发出计时开始信号，30s 计数器开始计数。此时，表示主干道通行，支干道不通行。译码驱动电路应使"主干道绿灯"和"支干道红灯"亮，此状态保持 30s。上述四种状态按顺序不断转换，保证主、支干道按规定的时间交替通行。电路的状态转换图如图 7-2-4 所示。

假设：主干道通行未过 30s 则 $L=0$，已过 30s 则 $L=1$；主支道通行未过 20s 则 $S=0$，已过 20s 则 $S=1$；黄灯亮未过 5s 则 $P=0$，已过 5s 则 $P=1$；主干道通行状态为 S_0；主干道停车状态为 S_1；支干道通行状态为 S_2；支干道停车状态为 S_3。则状态转换图如图 7-2-5 所示。

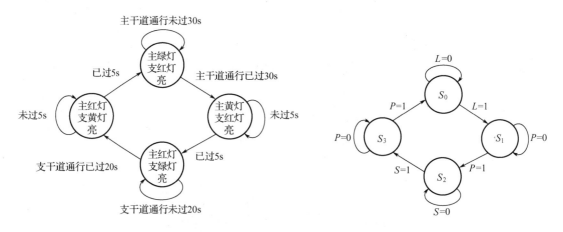

图 7-2-4　状态转移图　　　　　　　图 7-2-5　状态转移图

假设：$S_0 = 00$、$S_1 = 01$、$S_2 = 11$、$S_3 = 10$，则状态转换表见表 7-2-1。

表 7-2-1　十字路口交通信号灯状态转换表

L	S	P	Q_2^n	Q_1^n	Q_2^{n+1}	Q_1^{n+1}
0	×	×	0	0	0	0
1	×	×	0	0	0	1
×	×	0	0	1	0	1
×	×	1	0	1	1	1
×	0	×	1	1	1	1
×	1	×	1	1	1	0
×	×	0	1	0	1	0
×	×	1	1	0	0	0

二、30s、20s、5s 计数器

根据主干道和支干道通车时间以及黄灯切换时间的要求，分别需要 30s、20s 和 5s 的计数器。这些计数器除需要"秒"脉冲作为时钟信号外，还应受主控制器的状态控制。例如，30s 计数器应在主控制器进入 S_0 状态（主干道通行）时开始计数，待到 30s 后往主控制器送出信号（$L=1$），并产生复位脉冲使该计数器复位。同样，20s 计数器必须在主控制

器进入 S_2 状态时开始计数；而 5s 计数器则要在进入 S_1 或 S_3 状态时开始计数，达到规定时间后分别输出 $S=1$、$P=1$ 的信号，并使计数器复位。

30s、20s 计数器由两片 74LS290 集成计数器组成，5s 计数器由一片 47 LS290 组成。时钟脉冲为 $f=1$Hz 的"秒"信号。为使复位信号有足够的宽度，采用基本 RS 触发器组成反馈归零电路。为保证 $\overline{Q_2}\ \overline{Q_1}=1$ 时，30s 计数器开始计数，则时钟脉冲通过一个控制门再加到计数器，该控制门由 $\overline{Q_2}$ 和 $\overline{Q_1}$ 控制。当 $\overline{Q_2}\ \overline{Q_1}=1$ 时，控制门打开，计数器开始计数，如图 7-2-6 所示。

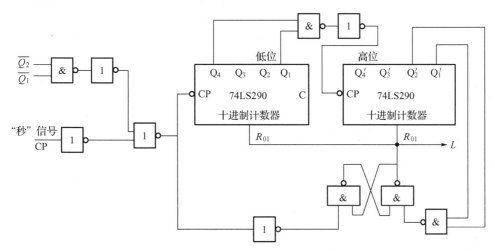

图 7-2-6　30s 计数器

按同样的方法，20s 计数器由 $Q_1\ Q_2$ 的控制，当 $Q_1\ Q_2=1$ 时，控制门打开，20s 计数器开始计数，如图 7-2-7 所示。

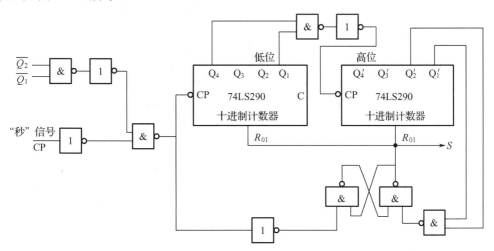

图 7-2-7　20s 计数器

5s 计数器也由 Q_1 和 Q_2 控制，当 $Q_1 \oplus Q_2=1$ 时，控制门打开，5s 计数器开始计数，如图 7-2-8 所示。

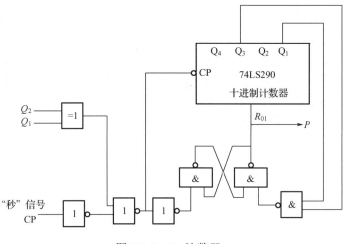

图 7-2-8　5s 计数器

三、控制信号灯的译码电路

主控制器的四种状态分别要控制主、支干道红、黄、绿灯的亮与灭。令灯亮为"1"，灯灭为"0"，则译码电路的真值表见表 7-2-2。

表 7-2-2　十字路口交通信号灯译码电路的真值表

控制器状态		主干道			支干道		
Q_2	Q_1	红灯 R	黄灯 Y	绿灯 G	红灯 r	黄灯 y	绿灯 g
0	0	0	0	1	1	0	0
0	1	0	1	0	1	0	0
1	1	1	0	0	0	0	1
1	0	1	1	0	0	1	0

由真值表可分别写出主、支干道各个信号灯的逻辑表达式为

$$R = Q_2 Q_1 + Q_2 \overline{Q_1} = Q_2$$

$$Y = \overline{Q_2} Q_1$$

$$G = \overline{Q_2} \overline{Q_1}$$

$$r = \overline{Q_2} \overline{Q_1} + \overline{Q_2} Q_1 = \overline{Q_2}$$

$$y = Q_2 \overline{Q_1}$$

$$g = Q_2 Q_1$$

译码电路的逻辑图如图 7-2-9 所示。

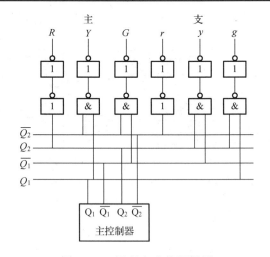

图 7-2-9　译码电路的逻辑图

四、"秒"脉冲信号发生器

"秒"脉冲信号发生器采用 RC 环形多谐振荡器，如图 7-2-10 所示。

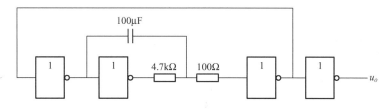

图 7-2-10 "秒"脉冲发生器

五、主控制器

主控制器是电路的控制中心，根据计数器送来的信号，保持或改变电路的状态，以实现对主、支干道车辆运行状态的控制，如图 7-2-11 所示。

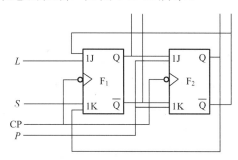

图 7-2-11 主控制器

 **任务实施**

一、任务准备

实施本任务教学所使用的实训设备及工具材料可参考表 7-2-3。

表 7-2-3 实训设备及工具材料

序号	分类	名称	型号规格	数量	单位	备注
1	工具仪表	万用表	MF47 型	1	套	
2		常用电子组装工具		1	套	
3		直流稳压电源		1	台	
4		双踪示波器		1	台	
5	设备器材	计数器	74LS290	5	只	
6		JK 触发器	74LS112	2	只	
7		与非门	74LS00	4	只	
8		非门	74LS04	6	只	
9		异或门	74LS86	1	只	
10		碳膜电阻器	$4.7k\Omega$	1	只	
11		碳膜电阻器	$1k\Omega$	4	只	
12		碳膜电阻器	$100\ \Omega$	1	只	

序号	分类	名称	型号规格	数量	单位	备注
13	设备器材	电解电容	100μF/10V	1	只	
14		电解电容	10μF/10V	4	只	
15		发光二极管	红色 LED	2	只	
16		发光二极管	黄色 LED	2	只	
17		发光二极管	绿色 LED	2	只	
18		纽扣开关	ATE	4	只	
19		万能电路板		1	块	
20		镀锡铜丝	$\phi 0.5mm$	若干	米	
21		焊料、助焊剂		若干		

二、电路装配

1．绘制电路的元器件布置图

根据如图 7-2-2 所示的电路原理图，画出本任务的元器件布置示意图。

2．元器件的检测

对电路中使用的元器件进行检测与筛选。

3．元器件的成形

依据元器件布置示意图将所用的元器件在插装前按插装工艺要求进行成形。

4．元器件的插装焊接

（1）集成电路底部贴紧电路板。

（2）电阻器均采用水平安装，要求贴紧电路板，电阻器的色环方向应一致。

（3）电容器采用垂直安装，要求底部贴紧电路板，不能歪斜。注意电容器的极性不能接反。

5．镀锡裸铜丝的焊接

根据电路原理图和元器件布置图进行镀锡裸铜丝的焊接。

6．焊接检查

焊接结束，首先检查电路有无漏焊、错焊、虚焊等问题。检查时可用尖嘴钳或镊子将每个元器件拉动一下，看有无松动，如果发现有松动现象，应重新焊接。

三、通电前的检查

电路安装完毕后，必须在不通电的情况下，对电路板进行认真细致的检查，以便纠正安装错误。检查中应注意以下问题：

（1）电容器引脚有无接反。

（2）集成芯片引脚之间有无接反。

四、电路测试

1. 交通信号灯控制系统各单元电路调试

1）调试"秒"脉冲发生器

用与非门组成环形振荡器，选配恰当的电阻和电容，保证输出矩形脉冲的振荡频率 $f=1Hz$。用双踪示波器测试波形及频率使之满足技术要求。

2）调试计数器

电路连接完毕，分别对 30s、20s 和 5s 计数器进行调试。用逻辑开关 K_1、K_2 分别代替 Q_1、Q_2 控制信号。用秒脉冲做时钟信号，按下述方法调试：

（1）$K_1=K_2=0$ 时，30s 计数器应过 30s 产生输出信号（$L=1$），并使该计数器复位。

（2）$K_1=K_2=1$ 时，20s 计数器应过 20s 产生输出信号（$S=1$），并使该计数器复位。

（3）$K_1 \oplus K_2=1$ 时，5s 计数器应过 5s 产生输出信号（$P=1$），并使该计数器复位。

3）调试主控制器电路

用逻辑开关 K_1、K_2、K_3 分别代替 L、S、P 控制信号，"秒"脉冲做时钟信号，在 $K_1 \sim K_3$ 不同状态时，主控制器状态应按表 7-2-1 转换。

如果以上调试电路逻辑关系正确，即可同计数器输出 L、S、P 相接，进行动态调试。若电路工作正常即可进行译码电路的调试。

4）调试译码电路

选用红、黄、绿发光二极管各两只，作为 R、Y、G、r、y、g 六种信号灯，选用 K_1、K_2 两个逻辑开关分别代替 Q_1、Q_2 控制信号。当 $Q_1 Q_2$ 分别为 00、01、11、10 时，六个发光二极管应按表 7-2-2 要求发光。以上调试完毕即可与控制器输出相连进行动态调试。

2. 交通信号灯控制电路总机调试各单元电路均能正常工作后，即可进行总机调试

总机调试步骤如下：

（1）按总机电路原理图连接电路。

（2）检查电路是否存在错误。

（3）在保证电路连接正确无误后通电试验，观察电路的工作状态转换是否正常。其工作状态转换见表 7-2-4。

表 7-2-4 交通信号灯控制电路工作状态转换

控制器状态		主干道			支干道		
Q_2	Q_1	红灯 R	黄灯 Y	绿灯 G	红灯 r	黄灯 y	绿灯 g
0	0	0	0	1	1	0	0
0	1	0	1	0	1	0	0
1	1	1	0	0	0	0	1
1	0	1	1	0	0	1	

$00 \rightarrow 01$ G、r 亮 30s → Y、r 亮 5s

↑   ↓   ↑   ↓

$10 \leftarrow 11$ R、y 亮 5s ← R、g 亮 20s

操作提示

（1）调试时若某些功能不能实现，则要检查排除故障。检查故障时，首先检查接线是否正确。

（2）在接线正确的前提下，检查集成电路是否正常，检查集成电路时，可单独分别对集成计数器 74LS290、JK 触发器 74LS112、与非门 74LS04、异或门 74LS86 通电测试其逻辑功能是否正常。若集成电路没有故障，用示波器测量"秒"脉冲振荡器输出的计数脉冲信号的频率和幅值是否正常，然后逐级检测系统的各组成部分，直至排除故障为止。

任务测评

对任务实施的完成情况进行检查，并将结果填入表 7-2-5。

表 7-2-5　任务测评表

序号	考核项目	评分标准	配分	扣分	得分
1	元器件安装	（1）元器件不按规定方式安装，扣 10 分 （2）元器件极性安装错误，扣 10 分 （3）布线不合理，一处扣 5 分	30		
2	电路焊接	（1）电路装接后与电路原理图一致，一处不符合扣 10 分 （2）焊点不合格，每处扣 2 分 （3）剪引脚留头长度有一处不合格，扣 2 分	20		
3	电路测试	（1）关键点电位不正常，扣 10 分 （2）秒脉冲周期不正确，扣 10 分 （3）仪器仪表使用错误，每次扣 5 分 （4）仪器仪表损坏，扣 20 分	40		
4	安全文明生产	（1）发生安全事故扣 10 分 （2）违反管理要求视情况扣 5～10 分	10		
5	合计		100		
6	工时定额	210min　开始时间	结束时间		

巩固与提高

一、判断题（正确的打"√"，错误的打"×"）

1. 可用两个与非门构成 RC 环形振荡器。　　　　　　　　　　　　　　（　　）

2. RC 环形振荡器的振动频率可以任意调整。　　　　　　　　　　　　（　　）

3. 信号灯控制电路中，主控制器的状态转换由计数器控制。　　　　　（　　）

4. 信号灯控制电路中，计数器的工作由主控制器控制。　　　　　　　（　　）

二、选择题（请将正确答案的序号填入括号内）

1. 在十字路口信号灯控制电路中，主控制器的状态有（　　）。

　　A. 2 种　　　B. 3 种　　　　　　C. 4 种　　　　　　D. 5 种

2. 在 30s 计数器中，个位计数器和十位计数器是（　　）工作的。

　　A. 同步　　　B. 受一个脉冲控制　　C. 不受脉冲控制　　D. 异步

三、作图题

1. 画出信号灯控制电路状态转换图。

2. 画出五进制计数器的工作波形。

项目 8 555 定时器及其应用

电路的装配与调试

任务 1　555 定时器构成施密特触发器的装配与调试

学习目标

知识目标

1. 掌握 555 定时器的电路组成、各部分的作用、引脚图和功能表。

2. 能正确识读 555 定时器构成的施密特触发器的原理图、接线图和布置图。

能力目标

1. 能够掌握手工焊接操作技能，会按照工艺要求正确焊装 555 定时器构成的施密特触发器。

2. 能熟练掌握 555 定时器构成的施密特触发器的装配与调试，并能独立排除调试过程中出现的故障。

工作任务

555 定时器成本低，性能可靠，只需要外接几个电阻、电容，就可以实现多谐振荡器、单稳态触发器及施密特触发器等脉冲产生与变换电路。如图 8-1-1 所示就是用 555 定时器构成的施密特触发器的原理图。其焊接电路实物图如图 8-1-2 所示。

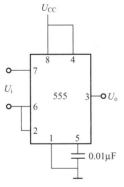

图 8-1-1　用 555 定时器构成的施密
特触发器的电路原理图

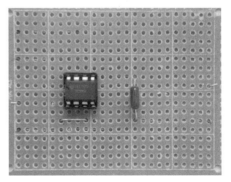

图 8-1-2　用 555 定时器构成的施密
特触发器的电路焊接实物图

本次任务的主要内容是，根据给定的技术指标，按照原理图装配并调试电路；同时能独立解决调试过程中出现的故障。

 **任务分析**

本任务是利用 555 定时器构成施密特触发器。因此，在进行本次任务的学习时，必须首先认识 555 定时器的基本结构与符号，进而了解施密特触发器的电压转移特性，然后熟悉 555 定时器构成的施密特触发器的工作原理，最后掌握 555 定时器构成的施密特触发器电路的装配和调试方法。

 **相关知识**

一、555 定时器的组成与功能

555 定时器是一种多用途的数字、模拟混合集成电路，只要在其外部配上阻容元件，就可方便地构成单稳态触发器、多谐振荡器和施密特触发器。由于它具有使用灵活、性能优越和价格低廉等优点，所以在波形产生与变换、测量与控制、家用电器等许多领域都得到了广泛应用。

555 定时器的外形、结构原理和外部引脚如图 8-1-3 所示，其内部包括两个电压比较器 C_1 和 C_2、一个基本 RS 触发器、一个三极管 VT_1、一个输出缓冲器，以及一个由三个阻值为 5 kΩ 的电阻组成的分压器。

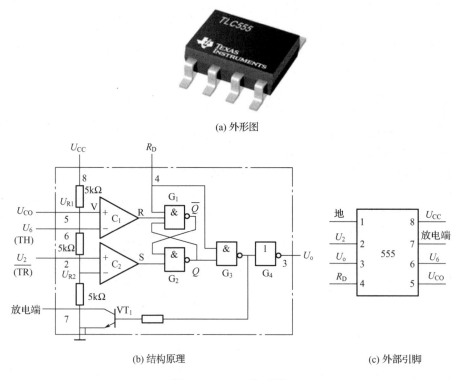

(a) 外形图

(b) 结构原理　　　　　　　(c) 外部引脚

图 8-1-3　555 定时器

图 8-1-3(b)中，比较器 C_1 的输入端 U_6（接引脚 6）称为阈值输入端，手册上用 TH 标注。比较器 C_2 的输入端 U_2（接引脚 2）称为触发输入端，手册上用 $\overline{TR}$ 标注。C_1 和 C_2 的参考电压（电压比较的基准电压）U_{R1} 和 U_{R2} 由电源 U_{CC} 经三个 $5\,k\Omega$ 的电阻分压给出。当控制电压端 U_{CO} 悬空时，$U_{R1}=2U_{CC}/3$，$U_{R2}=U_{CC}/3$；若 U_{CO} 外接固定电压，则 $U_{R1}=U_{CO}$，$U_{R2}=U_{CO}/2$。改变控制电压 U_{CO}，就可改变 C_1、C_2 的参考电压。

R_D 为异步置 0 端，只要在 R_D 端加入低电平，则基本 RS 触发器就置 0，平时 R_D 处于高电平。

定时器的主要功能取决于两个比较器输出对 RS 触发器、三极管 VT_1 状态的控制。

（1）当 $U_6>2U_{CC}/3$，$U_2>U_{CC}/3$ 时，比较器 C_1 输出为 0，C_2 输出为 1，基本 RS 触发器被置 0，VT_1 导通，U_O 输出为低电平。

（2）当 $U_6<2U_{CC}/3$，$U_2<U_{CC}/3$ 时，比较器 C_1 输出为 1，C_2 输出为 0，基本 RS 触发器被置 1，VT_1 截止，U_O 输出为高电平。

（3）当 $U_6<2U_{CC}/3$，$U_2>U_{CC}/3$ 时，C_1 和 C_2 输出均为 1，则基本 RS 触发器的状态保持不变，因而 VT_1 和 U_O 输出状态也维持不变。

因此，可以归纳出 555 定时器的功能表，见表 8-1-1。

表 8-1-1　555 定时器功能表

R_D	U_6（TH）	U_2（$\overline{TR}$）	U_O	VT_1
0	×	×	0	导通
1	$<2U_{CC}/3$	$<U_{CC}/3$	1	截止
1	$>2U_{CC}/3$	$>U_{CC}/3$	0	导通
1	$>2U_{CC}/3$	$>U_{CC}/3$	不变	不变

二、555 定时器构成施密特触发器

1．施密特触发器的构成与工作原理

用 555 定时器构成的施密特触发器电路原理如图 8-1-1 所示。图中 U_6（TH）和 U_2（$\overline{TR}$）端直接连在一起作为触发电平输入端。若在输入端 U_i 加三角波，则可在输出端得到如图 8-1-4(a) 所示的矩形脉冲。其工作过程如下：

U_i 从 0 开始升高，当 $U_i<U_{CC}/3$ 时，RS 触发器置 1，故 $U_O=U_{OH}$；当 $U_{CC}/3<U_i<2U_{CC}/3$ 时，RS=11，故 $U_O=U_{OH}$ 保持不变；当 $U_i \geqslant 2U_{CC}/3$ 时，电路发生翻转，RS 触发器置 0，U_O 从 U_{OH} 变为 U_{OL}，此时相应的 U_i 幅值（$2U_{CC}/3$）称为上触发电平 U_+。

$U_i>2U_{CC}/3$ 继续上升，其工作过程如下：

当 $U_i>2U_{CC}/3$ 时，$U_O=U_{OL}$ 不变；当 U_i 下降，且 $U_{CC}/3<U_i<2U_{CC}/3$ 时，由于 RS 触发器的 RS =11，故 $U_O=U_{OL}$ 保持不变；只有当 U_i 下降到小于或等于 $U_{CC}/3$ 时，RS 触发器置 1，电路发生翻转，U_O 从 U_{OL} 变为 U_{OH}，此时相应的 U_i 幅值（$U_{CC}/3$）称为下触发电平 U_-。

从以上分析可以看出，电路在 U_i 上升和下降时，输出电压 U_O 翻转时所对应的输入电压值是不同的，一个为 U_+，另一个为 U_-。这是施密特电路所具有的滞回特性，称为回差。回差电压 $\Delta U = U_+ - U_- = U_{CC}/3$。电路的电压传输特性如图 8-1-4(b)所示。改变电压控制端

U_{CO}（5 脚）的电压值则可改变回差电压，一般 U_{CO} 越高，ΔU 越大，抗干扰能力越强，但灵敏度相应降低。

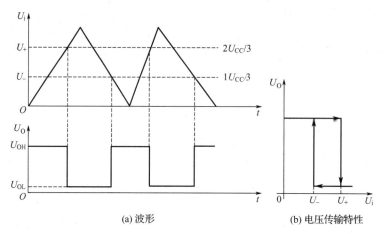

图 8-1-4　用 555 定时器构成的施密特触发器波形和电压传输特性

2. 施密特触发器的应用

施密特触发器应用很广泛，主要有以下几个方面。

1）波形变换

可以将边沿变化缓慢的周期性信号变换成矩形脉冲。

2）脉冲整形

将不规则的电压波形整形为矩形波。若适当增大回差电压，可提高电路的抗干扰能力，如图 8-1-5 所示。其中，图 8-1-5(a)所示为顶部有干扰的输入信号，图 8-1-5(b)所示为回差电压较小的输出波形，图 8-1-5(c)所示为回差电压大于顶部干扰时的输出波形。

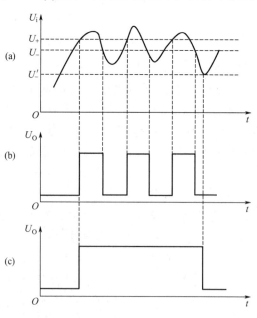

图 8-1-5　脉冲整形

3）脉冲鉴幅

如图 8-1-6 所示是将一系列幅度不同的脉冲信号 U_i 加到施密特触发器输入端的波形，只有那些幅度大于上触发电平 U_+ 的脉冲才在输出端产生输出信号 U_O。因此，通过这一方法可以选出幅度大于 U_+ 的脉冲，即对幅度可以进行鉴别。

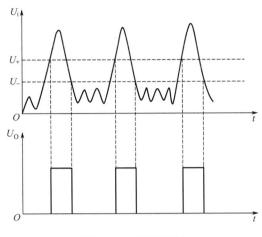

图 8-1-6　脉冲鉴幅

 任务实施

一、任务准备

实施本任务教学所使用的实训设备及工具材料可参考表 8-1-2。

表 8-1-2　实训设备及工具材料

序号	分类	名称	型号规格	数量	单位	备注
1	工具仪表	万用表	MF47 型	1	套	
2		常用电子组装工具		1	套	
3		双踪示波器		1	台	
4		毫伏表		1	台	
5		低频信号发生器		1	台	
6	设备器材	直流稳压电源		1	台	
7		555 定时器	CB555	1	只	
8		电容器	0.01 μF	1	只	
9		万能电路板		1	块	
10		镀锡铜丝	ϕ 0.5mm	若干	米	
11		焊料、助焊剂		若干		

二、电路装配

1．绘制电路的元器件布置图

根据如图 8-1-1 所示的电路原理图，可画出本任务的元器件布置示意图，如图 8-1-7 所示。

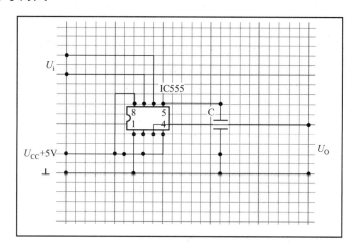

图 8-1-7　元器件布置示意图

2．元器件的检测

对电路中使用的元器件进行检测与筛选。

3．元器件的成形

将所用的元器件在插装前按插装工艺要求进行成形。

4．元器件的插装焊接

依据如图 8-1-7 所示的元器件布置示意图，按照装配工艺要求进行元器件的插装焊接。
（1）集成电路底部贴紧电路板。
（2）电容器采用垂直安装。

5．镀锡裸铜丝的焊接

根据电路原理图和元器件布置图进行镀锡裸铜丝的焊接。

6．焊接检查

焊接结束，首先检查电路有无漏焊、错焊、虚焊等问题。检查时可用尖嘴钳或镊子将每个元器件拉动一下，看有无松动，如果发现有松动现象，应重新焊接。

三、通电前的检查

电路安装完毕后，必须在不通电的情况下，对电路板进行认真细致的检查，以便纠正安装错误。

四、电路测试

1．测量 555 定时器静态功能，并判断其好坏

将 555 定时器接至+5V 电源，根据图 8-1-1 所示分别测量 3 脚电位、7 脚对地的电阻值，将测试结果填入表 8-1-3 中。

表 8-1-3　555 定时器引脚功能测试结果

引脚	4	6	2	3	7	5
电位	低电平	×	×			$2U_{CC}/3$
	高电平	$>2U_{CC}/3$	$>U_{CC}/3$			$2U_{CC}/3$
	高电平	$<2U_{CC}/3$	$<U_{CC}/3$			$2U_{CC}/3$
	高电平	$<2U_{CC}/3$	$>U_{CC}/3$			$2U_{CC}/3$

2．动态测试

将低频信号发生器输出的三角波信号频率调至 $f = 100Hz$、幅值调至 4V，加到施密特触发器的 U_i 端，用示波器观察输出信号波形，并绘出电路输入、输出信号对应波形。

操作提示

测试时，若某些功能不能实现。就要检查并排除故障。检查故障时，应首先检查接线是否正确；在接线正确的前提下，主要是检查 555 定时器是否正常，检查时，可单独对 555 定时器进行测量，若 555 定时器没有故障，就用示波器测量低频信号发生器输出的三角波信号的频率和幅值是否正常，直至排除故障为止。

任务测评

对任务实施的完成情况进行检查，并将结果填入表 8-1-4。

表 8-1-4　任务测评表

序号	考核项目	评分标准	配分	扣分	得分
1	元器件安装	（1）元器件不按规定方式安装，扣 10 分 （2）元器件极性安装错误，扣 10 分 （3）布线不合理，一处扣 5 分	30		
2	电路焊接	（1）电路装接后与电路原理图一致，一处不符合扣 10 分 （2）焊点有一处不合格，每处扣 2 分 （3）剪引脚留头长度有一处不合格，扣 2 分	20		
3	电路测试	（1）关键点电位不正常，扣 10 分 （2）555 定时器测试不正确，扣 10 分 （3）仪器仪表使用错误，每次扣 5 分 （4）仪器仪表损坏，扣 20 分	40		
4	安全文明生产	（1）发生安全事故扣 10 分 （2）违反管理要求视情况扣 5~10 分	10		
5	合计		100		
6	工时定额	45min　　开始时间　　　　　　　　结束时间			

知识拓展

一、555 集成电路构成的门槛电压可调的施密特触发器

利用外部电路可以改变施密特触发器的门槛电压和回差电压，电路如图 8-1-8 所示。将 555 集成电路的⑤脚接二极管稳压电路，则上门槛电压 U_+ 为稳压二极管的输出电压 U_S，下门槛电压 U_- 为 $1/2U_S$，回差电压等于 $U_S - 1/2U_S = 1/2U_S$。

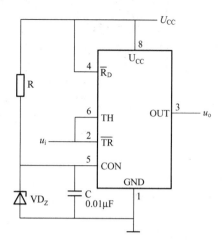

图 8-1-8   555 构成的门槛电压可调的施密特触发器

二、应用举例——TTL 逻辑电压检测器

若在 555 集成电路的输出端与直流电源之间和输出端与地之间分别接入一个电阻器和一个发光二极管,并将②脚和⑥脚连在一起作为检测探头,就构成了 TTL 逻辑电压检测器,如图 8-1-9 所示。当检测点为高电平时,输出端③脚输出低电平,红色发光二极管亮。

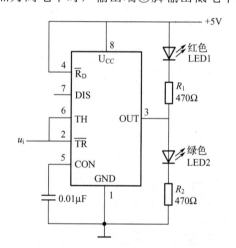

图 8-1-9   TTL 逻辑电压检测器

巩固与提高

一、判断题(正确的打"√",错误的打"×")

1．在 555 定时器中,基本 RS 触发器被置 1 时,U_O 输出为高电平。   （   ）

2．在 555 定时器构成的施密特触发器中,回差电压 $\Delta U = U_+ - U_- = U_{CC}/3$。   （   ）

3．在 555 定时器中,当 $R_D = 0$ 时,输出电压 U_O 为高电平。   （   ）

4．在 555 定时器构成的施密特触发器中,回差电压是不受控的。   （   ）

5．施密特触发器上限触发电压一定大于下限触发电压。   （   ）

6. 施密特触发器实质上实现的是或非逻辑功能。 （ ）

7. 施密特触发器的输出电平是由输入信号电平决定的。 （ ）

8. 施密特触发器可用于将三角波变换成正弦波。 （ ）

9. 要将变化缓慢的电压信号整形成脉冲信号，可采用施密特触发器。 （ ）

10. 施密特触发器可剔除脉冲幅度超过下限触发电压的输入信号。 （ ）

11. 施密特触发器可将输入宽度不同的脉冲变换为宽度符合要求的脉冲输出。 （ ）

二、选择题（请将正确答案的序号填入括号内）

1. 在 555 定时器构成的施密特触发器中，回差电压由 555 定时器（ ）电压控制。

    A．5 脚　　　　　　　B．6 脚　　　　　　C．7 脚　　　　　　D．2 脚

2. 在 555 定时器中，R_D 端的作用是（ ）。

    A．同步置 0　　　　　B．异步置 0　　　　C．同步置 1　　　　D．异步置 1

3. 在 555 定时器中，3 端是（ ）。

    A．同步输入端　　　　B．异步输入端　　　C．压控输入端　　　D．输出端

4. 555 集成定时器没有（ ）部分。

    A．电压比较器　　　　B．电阻分压器　　　C．JK 触发器　　　D．基本 RS 触发器

5. 555 时基电路的⑥脚是（ ）。

    A．控制电压端　　　　　　　　　　　　B．低电平触发端

    C．高电平触发端　　　　　　　　　　　D．直接复位端

6. 施密特触发器的特点是（ ）。

    A．具有记忆功能　　　　　　　　　　　B．有两个可自行保持的稳定状态

    C．具有负反馈作用　　　　　　　　　　D．上升和下降过程的阈值电压不同

7. 555 定时器不可以组成（ ）。

    A．多谐波振荡器　　　B．单稳态触发器　　C．施密特触发器　　D．JK 触发器

8. 在输入电压上升过程中，电路状态转换时输入电压值称为（ ）。

    A．上限触发电压　　　B．下限触发电压　　C．输入触发电压　　D．输出触发电压

9. 在输入电压下降过程中，电路状态转换时输入电压值称为（ ）。

    A．上限触发电压　　　B．下限触发电压　　C．输入触发电压　　D．输出触发电压

10. 为了将正弦信号转换为频率相同的脉冲信号，可采用（ ）。

    A．多谐波振荡器　　　　　　　　　　　B．石英晶体多谐波振荡器

    C．单稳态触发器　　　　　　　　　　　D．施密特触发器

11. 将三角波变为矩形波，须选用（ ）。

    A．单稳态触发器　　　　　　　　　　　B．施密特触发器

    C．RC 微分电路　　　　　　　　　　　D．双稳态触发器

12. 滞后性是（ ）的基本特性。

    A．多谐波振荡器　　　　　　　　　　　B．施密特触发器

    C．T 触发器　　　　　　　　　　　　　D．单稳态触发器

13. 已知某电路输入输出波形如图 8-1-10 所示，则该电路可能是（ ）。

    A．多谐波振荡器　　　B．双稳态触发器　　C．单稳态触发器　　D．施密特触发器

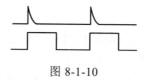

图 8-1-10

14．对一串幅度不等的脉冲，要剔除幅度不够大的脉冲，并将其余脉冲的幅度调整到规定的幅度，可以采用（　　）。

A．可重复触发单稳态触发器　　B．不重复触发单稳态触发器

C．施密特触发器　　D．多谐波振荡器

三、简答题

1．555 定时器由哪几部分组成？各部分有何作用？

2．555 定时器有哪些基本应用？

3．用 555 定时器构成的施密特触发器的回差电压 ΔU =？

四、计算题

图 8-1-11 所示为 555 定时器构成的施密特触发器电路。

（1）在图 8-1-11(a)中，当 V_{DD}=15V 时，求 U_+、U_- 及 ΔU 各为多少？

（2）在图 8-1-11(b)中，当 V_{DD}=15V 时，U_{OC}=5V，求 U_+、U_- 及 ΔU 各为多少？

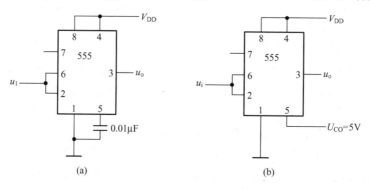

图 8-1-11

任务2　555定时器构成单稳态触发器的装配与调试

 学习目标

知识目标：

1．掌握 555 定时器构成的单稳态触发器的工作原理。

2．能正确识读 555 定时器构成的单稳态触发器电路的原理图、接线图和布置图。

能力目标：

1．能够掌握手工焊接操作技能，会按照工艺要求正确焊装 555 定时器构成的单稳态触发器电路。

2. 能熟练掌握 555 定时器构成的单稳态触发器电路的调试方法，并能独立排除调试过程中电路出现的故障。

 工作任务

用 555 定时器构成单稳态触发器，如图 8-2-1 所示。其焊接实物图如图 8-2-2 所示。

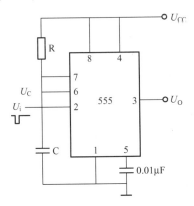

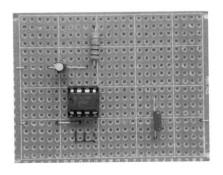

图 8-2-1 用 555 定时器构成单稳
态触发器电路原理图

图 8-2-2 用 555 定时器构成单稳
态触发器焊接实物图

本次任务的主要内容是，根据给定的技术指标，按照原理图装配并调试电路；同时能独立解决调试过程中出现的故障。

 任务分析

本任务是利用 555 定时器构成单稳态触发器。因此，在进行本任务的学习时，必须首先了解单稳态触发器的电路组成，然后熟悉其电路的工作原理，最后掌握 555 定时器构成的单稳态触发器电路的装配和调试方法。

 **相关知识**

一、单稳态触发器

1. 电路组成

用 555 定时器组成的单稳态触发器如图 8-2-1 所示。图中，R、C 为外接定时元件。触发信号 U_i 加在低触发端（引脚 2）。5 脚 U_{CO} 控制端平时不用，通过 0.01 μF 滤波电容接地。该电路是负脉冲触发。

2. 工作原理

1）稳态

触发信号没有来到之前，U_i 为高电平。电源刚接通时，电路有一个暂态过程，即电源通过电阻 R 向电容 C 充电，当 U_C 上升到 $2U_{CC}/3$ 时，RS 触发器置 0，$U_O=0$，VT_1 导通，因此电容 C 又通过 VT_1 迅速放电，直到 $U_C=0$，电路进入稳态。这时如果 U_i 一直没有触发信号来到，电路就一直处于 $U_O=0$ 的稳定状态。

2）暂稳态

外加触发信号 U_i 的下降沿到达时，由于 $U_2<U_{CC}/3$，$U_6(U_C)=0$，RS 触发器 Q 端置 1，所以 $U_O=1$，VT_1 截止，U_{CC} 开始通过电阻 R 向电容 C 充电。随着电容 C 充电的进行，U_C 不断上升，趋向值 $U_C(\infty)=U_{CC}$。

U_i 的触发负脉冲消失后，U_2 回到高电平，在 $U_2>U_{CC}/3$，$U_6<2U_{CC}/3$ 期间，RS 触发器状态保持不变，因此，U_O 一直保持高电平不变，电路维持在暂稳态。但当电容 C 上的电压上升到 $U_6 \geqslant 2U_{CC}/3$ 时，RS 触发器置 0，电路输出 $U_O=0$，VT_1 导通，此时暂稳态便结束，电路将返回到初始的稳态。

3）恢复期

VT_1 导通后，电容 C 通过 VT_1 迅速放电，使 $U_C=0$，电路又恢复到稳态，第二个触发信号到来时，又重复上述过程。

输出电压 U_O 和电容 C 上电压 U_C 的工作波形如图 8-2-3 所示。

3．输出脉冲宽度 T_W

输出脉冲宽度 T_W 是暂稳态的维持时间，与电容 C 的充电时间常数有关，即

$$T_W=1.1RC$$

应该指出，图 8-2-1 所示电路对输入触发脉冲的宽度有一定要求，它必须小于 T_W，若输入脉冲宽度大于 T_W，应在 U_2 输入端加 R_iC_i 微分电路。

二、单稳触发电路的用途

1．延时控制

将输入信号延迟一定时间（一般为脉宽 T_W）后输出。

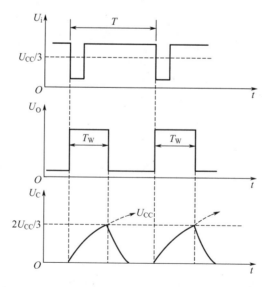

图 8-2-3　用 555 定时器构成的单稳触发器的波形

2．定时控制

产生一定宽度的脉冲信号。

 **任务实施**

一、任务准备

实施本任务教学所使用的实训设备及工具材料可参考表 8-2-1。

表 8-2-1　实训设备及工具材料

序号	分类	名称	型号规格	数量	单位	备注
1	工具仪表	万用表	MF47 型	1	套	
2		常用电子组装工具		1	套	
3		双踪示波器		1	台	
4		毫伏表		1	台	
5		低频信号发生器		1	台	
6	设备器材	直流稳压电源		1	台	
7		555 定时器	CB555	1	只	
8		碳膜电阻器	1 kΩ	1	只	
9		电解电容器	10 μF /16V	1	只	
10		无极性电容器	0.01 μF	1	只	
11		万能电路板		1	块	
12		镀锡铜丝	ϕ 0.5mm	若干	米	
13		焊料、助焊剂		若干		

二、电路装配

1．绘制电路的元器件布置图

根据如图 8-2-1 所示的电路原理图，可画出本任务的元器件布置示意图，如图 8-2-4 所示。

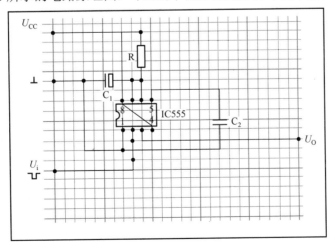

图 8-2-4　元器件布置示意图

2．元器件的检测

对电路中使用的元器件进行检测与筛选。

3．元器件的成形

依据图 8-2-4 所示的元器件布置示意图将所用的元器件在插装前都要按插装工艺要求进行成形。

4．元器件的插装焊接

（1）集成电路底部贴紧电路板。
（2）电阻器均采用水平安装，要求贴紧电路板，电阻器的色环方向应一致。
（3）电容器采用垂直安装，要求底部贴紧电路板，不能歪斜。注意电容器的极性不能接反。

5．镀锡裸铜丝的焊接

根据电路原理图和元器件布置图进行镀锡裸铜丝的焊接。

6．焊接检查

焊接结束，首先检查电路有无漏焊、错焊、虚焊等问题。检查时可用尖嘴钳或镊子将每个元器件拉动一下，看有无松动，如果发现有松动现象，应重新焊接。

三、通电前的检查

电路安装完毕后，必须在不通电的情况下，对电路板进行认真细致的检查，以便纠正安装错误。检查中应注意以下问题：
（1）电容器引脚有无接反。
（2）集成芯片引脚有无接反。

四、电路测试

1．测量 555 定时器静态功能，并判断其好坏

检测方法与前一任务相同。

2．动态测试

用示波器测试 U_i、U_C、U_O 信号波形，画出 U_i、U_C、U_O 信号的对应波形并填入表 8-2-2。

表 8-2-2　U_i、U_C、U_O 信号波形图

U_i 波形	U_C 波形	U_O 波形
U_i t	U_C t	U_O t

操作提示

调试时，若电路工作不正常，就要检查并排除故障。检查故障时，首先检查接线是否

正确。在接线正确的前提下，主要检查 555 定时器是否正常。检查时，可单独对 555 定时器进行测量，若 555 定时器没有故障，则检查电容、电阻等元器件，直至排除故障为止。

 **任务测评**

对任务实施的完成情况进行检查，并将结果填入表 8-2-3。

表 8-2-3 任务测评表

序号	考核项目	评分标准	配分	扣分	得分
1	元器件安装	（1）元器件不按规定方式安装，扣 10 分 （2）元器件极性安装错误，扣 10 分 （3）布线不合理，一处扣 5 分	30		
2	电路焊接	（1）电路装接后与电路原理图一致，一处不符合扣 10 分 （2）焊点不合格，每处扣 2 分 （3）剪引脚留头长度有一处不合格，扣 2 分	20		
3	电路测试	（1）关键点电位不正常，扣 10 分 （2）555 定时器测试不正确，扣 10 分 （3）仪器仪表使用错误，每次扣 5 分 （4）仪器仪表损坏，扣 20 分	40		
4	安全文明生产	（1）发生安全事故扣 10 分 （2）违反管理要求视情况扣 5～10 分	10		
5	合计		100		
6	工时定额	45min	开始时间		结束时间	

 **知识拓展**

一、555 构成延时接通控制电路

利用 555 集成电路构成的延时接通控制电路如图 8-2-5 所示。图中 K 为直流 12V 继电器线圈，VD 为钳位二极管，用以吸收线圈断电时产生的感应电动势，起保护 555 输出级的作用。如用直流继电器的常开触点作为控制负载灯 HL 的开关，则 555 电路通电后需要经过一段延时时间，负载灯 HL 才能通电点亮。

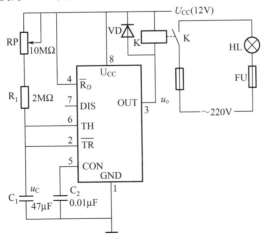

图 8-2-5 555 延时接通控制电路

电路的工作原理如下：

当接通电源时，由于电容器两端的电压不能突变，低电平触发端②脚为低电平，由555集成电路的工作原理可知，输出端③脚为高电平（接近于12V），继电器K线圈两端无工作电压，其常开触点分断，负载HL不能通电。此时，电源U_{CC}通过电位器RP和电阻器R_1对电容C_1充电，电容器两端的电压随着充电过程逐渐增加，当电容器两端的电压大于$1/3 U_{CC}$而低于$2/3 U_{CC}$时，输出端③脚保持高电平不变，当电容电压大于$2/3 U_{CC}$时，高、低电平触发端⑥脚、②脚同为高电平，输出端③脚为低电平，继电器K线圈获得电压约为12V，其常开触点闭合，控制负载灯HL通电点亮。

从这个例子可以看出，由于555集成电路的输出功率较大，直接驱动了小型直流继电器，如果直流继电器的触点容量为250V/2A以上，可以实现弱电控制强电。

延时时间t_W长短与电容器充电过程的快慢有关，与电源电压数值无关，延时时间可按下式计算：

$$t_W = RC\ln 3 \approx 1.1RC$$

式中R是充电电路中的总电阻，在实际电路中，电阻R常用一个电位器和一个电阻器串联组成，通过调整电位器的阻值大小，来调节延时时间的长短。

【例】在如图8-2-5所示电路中，$C_1 = 4.7\,\mu\text{F}$，$R_P = 10\,\text{M}\Omega$，$R_1 = 2\,\text{M}\Omega$。求延时接通时间t_W为多少秒？

解：当$R_P = 0$时，

$$t_{W1} = 1.1 R_1 C_1 = 1.1 \times 2 \times 10^6 \times 47 \times 10^{-6} = 103.4\text{s}$$

当$R_P = 10\,\text{M}\Omega$时

$$t_{W2} = 1.1(R_1 + R_P)C_1 = 1.1 \times (2+10) \times 10^6 \times 47 \times 10^{-6} = 620.4\text{s}$$

通过调整电位器的阻值，555延时电路的控制时间范围为103.4～620.4s。

二、555构成延时断开控制电路

利用555集成电路构成的延时断开控制电路如图8-2-6所示。与图8-2-5所示电路不同的是，继电器线圈K接在输出端③脚和地之间。工作原理与延时时间的计算与延时接通电路相同。

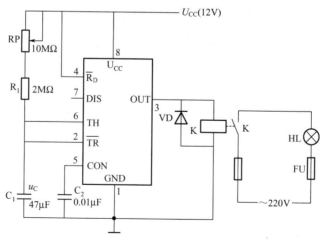

图8-2-6　555延时断开控制电路

巩固与提高

一、判断题（正确的打"√"，错误的打"×"）

1．单稳态触发器的工作过程有两个稳态。 （ ）
2．单稳态触发器的工作过程有一个暂稳态。 （ ）
3．用 555 定时器构成的单稳态触发器采用负脉冲触发。 （ ）
4．单稳态触发器的输出脉冲宽度取决于暂稳态的维持时间。 （ ）
5．单稳态触发器的暂稳态时间与输入触发脉冲宽度成正比。 （ ）
6．单稳态触发器的最大工作频率由外加触发脉冲的频率决定。 （ ）
7．单稳态触发器的暂稳态维持时间 t_w 与电路中的 RC 成正比。 （ ）

8．采用不可重复单稳态触发器时，若在触发器进入暂稳态期间再次触发，输出脉宽可在前暂稳态时间的基础上再展宽 t_w。 （ ）

9．可重复单稳态触发器在进入暂稳态期间，若再有触发脉冲加入，输出脉冲宽度不会改变。 （ ）

10．将尖顶波变换成与它对应的等宽的脉冲，应采用单稳态触发器。 （ ）

二、选择题（请将正确答案的序号填入括号内）

1．用 555 定时器构成的单稳态触发器是（ ）触发。
　　A．正脉冲　　　　B．负脉冲　　　　C．脉冲上升沿　　　　D．高电平
2．单稳态触发器输出脉冲宽度是（ ）。
　　A．1.2RC　　　　B．RC　　　　C．1.5RC　　　　D．1.1RC
3．555 定时器组成的单稳态触发器中，555 定时器的⑤脚平时不用，可通过（ ）μF电容接地。
　　A．0.01　　　　B．0.1　　　　C．0.05　　　　D．0.5
4．如果将单稳态触发器的触发信号保持低电平状态，则（ ）。
　　A．输出保持低电平不变　　　　　　B．输出保持高电平不变
　　C．输出状态会自动翻转　　　　　　D．输出状态在低电平与高电平之间自动变化
5．由 555 定时器构成的单稳态触发器及其输出电压波形如图 8-2-7 所示，输出脉冲宽度 t_w 由 R 和 C 决定，如果要增宽 t_w，则可以（ ）。
　　A．增大 R、增大 C　　　　　　B．减小 R、减小 C
　　C．增大 R、减小 C　　　　　　D．减小 R、增大 C

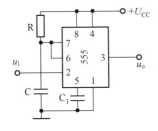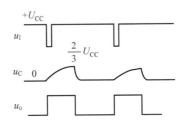

图 8-2-7

6. 将边沿变化缓慢的脉冲变成边沿陡峭的脉冲，可使用（   ）。

    A．多谐振荡器   B．555 定时器   C．单稳态触发器   D．微分电路

7. 单稳态触发器的暂稳态时间与（   ）密切相关。

    A．触发信号的持续时间   B．所用门电路的种类

    C．其输出端的负载特性   D．电路的时间常数

8. 单稳态触发器的主要用途是（   ）。

    A．整形、延时、鉴幅   B．延时、定时、存储

    C．延时、定时、整形   D．整形、鉴幅、定时

9. 由 555 时基电路构成的单稳态触发器，其输出脉冲宽度取决于（   ）。

    A．电源电压   B．触发信号   C．触发信号宽度   D．外接 R、C 的数值

10. 能实现脉冲延时的电路是（   ）。

    A．多谐波振荡器   B．单稳态触发器

    C．基本 RS 触发器   D．石英晶体多谐振荡器

11. 能实现精确定时的脉冲电路是（   ）。

    A．施密特触发器   B．加法器

    C．多谐波振荡器   D．单稳态触发器

三、简答题

1. 用 555 定时器构成的单稳态触发器，输出脉冲宽度如何计算？

2. 说明由 555 定时器构成的单稳态触发器中，电容 C 和电阻 R 的作用。

3. 单稳态触发器的触发脉冲宽度与输出脉冲宽度之间应满足什么关系？

4. 由集成 555 定时器构成的电路如图 8-2-8 所示，请回答下列问题：

（1）构成电路的名称。

（2）已知输入信号波形 u_i，画出 u_o 波形（标明 u_o 的波形的脉冲宽度）。

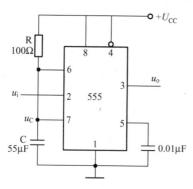 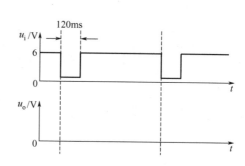

图 8-2-8

目　录

学习任务 ① 串联型直流稳压电源的
安装与调试

 学习目标

1. 能通过阅读工作任务联系单，明确工作任务要求。

2. 能正确描述串联型直流稳压电源的结构、功能，以及串联型直流稳压电源工作原理；掌握相关元器件的特点、功能。

3. 能根据任务要求，列出所需工具、仪表和材料清单并做好准备，合理制订工作计划。

4. 能正确使用焊接工具，完成电子元器件焊接基本技能的训练。

5. 能正确使用仪表对相关元器件进行检测。

6. 能正确识读电路原理图，设计电路的布局走线，并按照任务要求和相关工艺规范完成电路的装接，正确完成电路的通电测试。

7. 能按电工作业规程，作业完毕后能按照管理规定清理施工现场。

建议课时：44 课时

 工作情景描述

学校电子实训室工作台需要 20 个直流可调稳压电源，要求输出电压为 8～15V。现需要电工电子班级学生根据电路原理图领取、核对、检测元器件，按工艺要求完成电路的安装和调试，并交给相关人员验收。串联型直流稳压电源的原理图如图 1-1 所示。

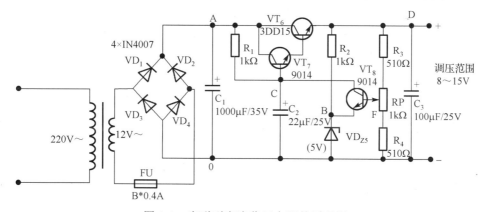

图 1-1　串联型直流稳压电源的原理图

工作流程与活动

1. 明确工作任务
2. 施工前的准备
3. 现场施工
4. 总结与评价

 # 学习活动 1　明确工作任务

学习目标

1. 能通过阅读工作任务联系单，明确工作内容、工时等要求。
2. 能描述直流电源的应用。
3. 能描述串联型直流电源的组成结构、作用。

建议课时：4 课时

学习过程

一、阅读工作任务联系单

工作任务联系单是施工作业中的基本单据，其中明确了该项工作的工作内容、时间要求、相关责任人等信息，维修电工在进行施工作业前，必须读懂工作任务联系单，准确获取该项工作的基本信息。工作任务联系单的形式多种多样，本次"串联型直流稳压电源的安装与调试"工作的任务联系单如下。

工作任务联系单

制作项目	串联型直流稳压电源的安装与调试				
制作时间	年　月　日		制作地点	学校电子实训室	
项目描述	学校电子实训室工作台需要 20 个直流可调稳压电源，要求输出电压为 8～15V				
报作部门	电气工程系	承办人	张三	开始时间	年　月　日
		联系电话	3862291		
制作单位	电工电子班	责任人		承接时间	年　月　日
		联系电话			
制作人员				完成时间	年　月　日
验收意见				验收人	
处室负责人签字		设备科负责人签字			

阅读工作任务联系单，以小组为单位讨论其内容，提炼、总结以下主要信息，再根据教师点评和小组间讨论的意见，改正其中的错误和疏漏之处。

（1）该项工作的工作地点是_____。

（2）该项工作的开始时间是_____。

（3）该项工作的完成时间是_____。

（4）该项工作的总用时是_____。

（5）该项工作的申报单位是_____。

（6）该项工作的具体内容是_____。

（7）该项任务交给你和同组人，则你们的角色是_____人（单位）。

（8）该项工作完成后交给_____进行验收。

（9）验收意见应该由_____填写，通常填写的内容可能有_____

_____。

（10）使用工作任务联系单的目的是_____。

二、直流电源的应用

在日常生活中，电网提供给用户的是频率为 50Hz 的正弦交流电，而很多电子设备需要的是直流电来供电，这就需要将交流电转换为直流电。列举几个生活中接触到的应用直流电源的实例。

三、认识串联型直流稳压电源

串联型直流稳压电源电路主要由整流滤波、基准电压、取样电路、比较放大电路和调整电路五部分构成。通过听教师讲解和查阅资料完成表 1-1。

表 1-1　元器件明细表

元器件	作用	功能描述
VD_1、VD_2、VD_3、VD_4、C_1		
R_2、VD_{Z5}		
R_3、RP、R_4		
R_1、VT_8		
VT_6、VT_7		

学习活动 2 施工前的准备

学习目标

1. 认识本任务所用的二极管、电阻、电容、三极管等元器件的基本性质和主要功能。
2. 能正确识读串联型直流稳压电源原理图。
3. 能正确绘制电路布置图和接线图。
4. 能根据任务要求和实际情况，合理制订工作计划。

建议课时：18 课时

 学习过程

一、认识元器件

1. 填写元器件明细表

表 1-2 中给出的是串联型直流稳压电源的各种元器件，查阅相关资料，对照图片写出其名称、文字符号及图形符号。

表 1-2　元器件明细表

实物照片	元器件名称	文字符号和图形符号

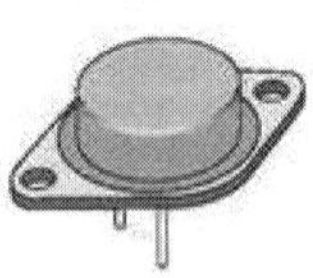		

2. 认识二极管

（1）二极管具有单向导电性。查阅相关资料指出如图 1-2 中所示的二极管的导通情况，并标出阳极和阴极，写出灯泡的状态。

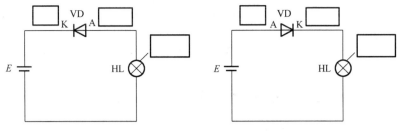

图 1-2 二极管的导通情况

标出所选二极管的极性：

（2）描述二极管的电流随其两端电压变化的特性就是二极管的伏安特性，通常用伏安特性曲线米表示，如图 1-3 所示。

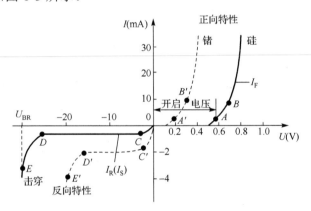

图 1-3 二极管的伏安特性

① 正向特性。

二极管导通后的正向电压称为正向压降（或称为管压降），用_____表示。U_F 的变化不大，硅管为_____，锗管为_____。在电路分析时，一般正常工作时硅管的正向导通压降取_____，锗管的正向导通压降取_____。

② 反向特性。

观察图中的反向特性部分（第三象限），是不是只要电压方向为反向，二极管就永远不导通？为什么？对于一般的二极管，是否允许这种情况发生？有什么二极管工作在反向击穿区？

3．认识电阻

电阻器阻值的表示方法有直标法、文字符号法、数码法和色环标示法，其中最常用的是色环标示法。其数值的读取方法如图1-4所示。

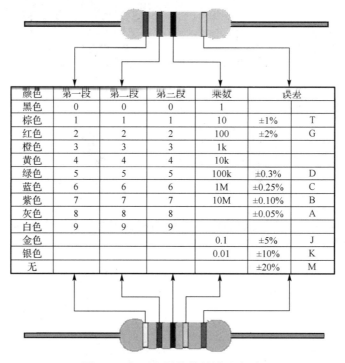

颜色	第一段	第二段	第三段	乘数	误差	
黑色	0	0	0	1		
棕色	1	1	1	10	±1%	T
红色	2	2	2	100	±2%	G
橙色	3	3	3	1k		
黄色	4	4	4	10k		
绿色	5	5	5	100k	±0.3%	D
蓝色	6	6	6	1M	±0.25%	C
紫色	7	7	7	10M	±0.10%	B
灰色	8	8	8		±0.05%	A
白色	9	9	9			
金色				0.1	±5%	J
银色				0.01	±10%	K
无					±20%	M

图1-4　色环电阻数值的读取方法

通过所学知识选出本电路中使用的电阻，完成表1-3。

表1-3　本任务电路中所需的电阻

序号	写出电阻的色环标示	用色环法读出电阻值	测量值
1			
2			
3			
4			
5			

4．认识电容

（1）查阅相关资料，写出电容的单位有哪些？写出它们之间的换算关系，电容在交流电路和直流电路中的作用分别是什么？

（2）写出本电路中所用的电容，完成表1-4。

表1-4　本任务电路中所需的电容

序号	画出电容实物（标出正、负极）	电容值	额定电压
1			
2			
3			

5. 认识三极管

（1）查阅相关资料，写出三极管的类型包括哪两种？每个三极管的引脚名称是什么？用什么字母表示？

（2）选出本电路中所用的三极管，完成表1-5。

表1-5　本任务电路中所需的三极管

序号	画出三极管实物（标出引脚字母）	三极管类型	判断方法
1			
2			
3			

二、电路原理分析

1. 在电路原理图中，如何区别交叉导线是否相连接？

2. 本电路采用的是什么类型的整流方式？画出整流之后的波形图。

3. 本电路采用的是什么类型的滤波？画出滤波之后的电路图。

4．本电路的基准电压是多大？（也就是稳压二极管 VD_{Z5} 两端的电压）

5．三极管 VT_6、VT_7、VT_8 在电路中分别工作在什么状态？

6．电路中输出电压可调的范围是多少？（通过以下公式计算）
（1）当电位器抽头调至上端时，此时输出电压最小。即：

$$U_{Dmin} = [R_3 + R_P + R_4 / (R_3 + R_P)] \times (U_Z + U_{BE8})$$

（2）当电位器抽头调至下端时，此时输出电压最大。即：

$$U_{Dmin} = (R_3 + R_P + R_4 / R_3) \times (U_Z + U_{BE8})$$

三、认识焊接工具和材料

1．查阅相关资料，填写表 1-6 中各焊接工具、材料的名称及功能。

表 1-6　焊接工具和材料

序号	外观	名称	功能
1			
2			
3			

续表

序号	外观	名称	功能
4			
5			
6			
7			
8			

2. 查阅相关资料，指出本电路采用的是什么类型的电烙铁，电路焊接还需要用到哪些工具和材料，简单描述其作用？

3. 除少数有银、金镀层的引脚外，大部分元器件引脚在焊接前必须进行搪锡处理，这是为什么？

4. 常用电烙铁握法有三种，见表 1-7。查阅相关资料，写出握法的名称和适用场合。

表 1-7　常用电烙铁握法

序号	图示	名称	适用场合
1			
2			

续表

序号	图示	名称	适用场合
3			

5. 焊接的正确操作分为 5 个步骤，根据表 1-8 中的图示，写出各步骤的名称。

表 1-8 焊接的操作步骤

序号	图示	名称
1	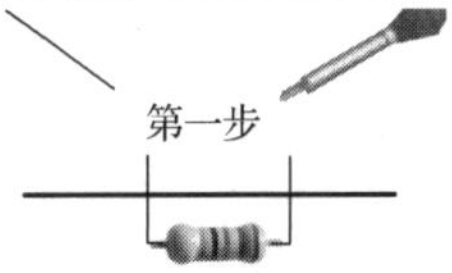 第一步	
2	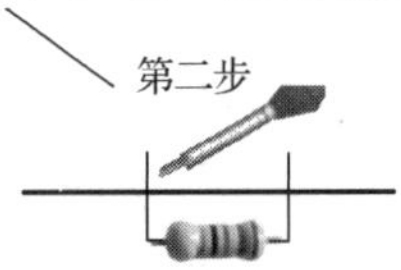 第二步	
3	第三步	
4	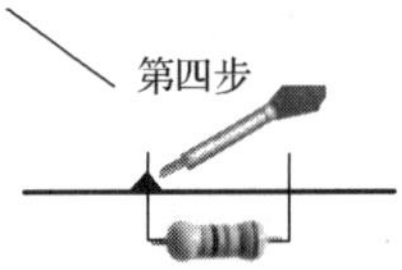 第四步	
5	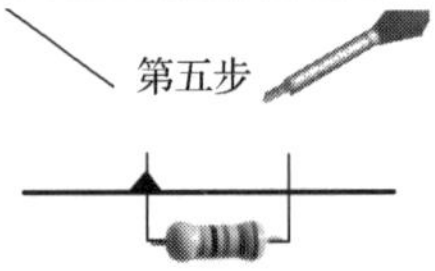 第五步	

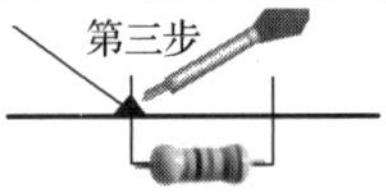

6. 新电烙铁在使用前应进行怎样的处理？

四、绘制布置图和接线图

按照电路原理图和元器件的外形尺寸设计其在铆钉板上的安装位置和布线。

注意事项：

（1）元器件在电路板上的分布应尽量均匀，疏密一致，排列整齐美观，不允许斜排、立体交叉和重叠排列。

（2）电路布线挺直，整个走线呈现直线状态，弯成 90°，导线不能交叉，确实需要交叉的导线应在元器件下穿过，如有跳线必须接在元器件面。

（电路布局及走线图）

五、制订工作计划

查阅相关资料，了解任务实施的基本步骤，结合实际情况，制订小组工作计划。

"串联型直流稳压电源的安装与调试"工作计划

一、人员分工

1. 小组负责：＿＿＿＿＿＿＿＿＿＿＿

2. 小组成员及分工

姓　名	分　工

二、工具、仪表及材料清单

序号	工具、仪表或材料名称	单位	数量	备注

三、工序及工期安排

序号	工作内容	完成时间	备注

四、完全防护措施

六、评价

以小组为单位，展示本组制订的工作计划。然后在教师点评的基础上对工作计划进行修改完善，并根据表 1-9 评分标准进行评分。

表 1-9 测评表

评价内容	分值	评分		
		自我评价	小组评价	教师评价
计划制订是否有条理	10			
计划是否全面、完善	10			
人员分工是否合理	10			
任务要求是否明确	20			
工具清单是否正确、完整	20			
材料清单是否正确、完整	20			
团结协作	10			
合　计				

学习活动 3　现场施工

 **学习目标**

1. 能正确使用焊接工具，完成电子元器件的焊接训练。
2. 能正确选用元器件，并用万用表判断好坏。
3. 能根据电路原理图，按照工艺要求正确焊装串联型直流稳压电源。
4. 能正确使用万用表进行线路检测，完成通电调试，交付验收。
5. 施工后能按照管理规定清理施工现场。

建议课时：18 课时

 **学习过程**

一、焊接技能专项训练

1. 对电烙铁进行使用前的处理。
2. 在铆钉板上焊接元器件（并进行焊点分析），完成表 1-10。

表 1-10　焊点分析

不合格焊点图示	焊点缺陷	质量分析
虚焊	焊锡与元器件引脚和铆钉（铜箔）之间有明显黑色界限，焊锡向界限凹陷。易造成设备时好时坏，工作不稳定	1. 元器件引脚未清洁好，未镀好锡或锡氧化 2. 铆钉板（印制板）未清洁好，喷涂的助焊剂质量不好
焊料过多	焊点表面向外凸出。易造成焊料浪费，可能包藏缺陷	焊丝撤离过迟
焊料过少	焊点面积小于焊盘的80%，焊料未形成平滑过渡面。易造成机械强度不足	1. 焊锡流动性差或焊锡撤离过早 2. 助焊剂不足 3. 焊接时间太短
过热	焊点发白，表面较粗糙，无金属光泽。易造成焊盘强度降低，容易剥脱	电烙铁功率过大，加热时间过长
冷焊	表面呈豆腐渣状颗粒，可能有裂纹。易造成强度低，导电性能不好	焊料未凝固前焊件抖动

不合格焊点图示	焊点缺陷	质量分析
 拉尖	焊点出现尖端。外观不佳，易造成桥连短路	1. 助焊剂过少而加热时间过长 2. 电烙铁撤离角度不当
 桥连	相邻导线连接。造成电气短路	1. 焊锡过多 2. 电烙铁撤离角度不当
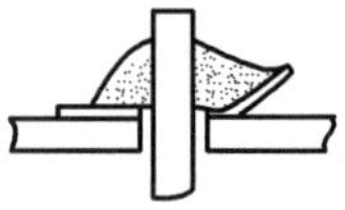 铜箔翘起	铜箔从印制板上剥离。造成印制电路板损坏	焊接时间太长，温度过高
通过分析总结找出合格焊点要求以及注意事项：		

二、元器件好坏检测

完成表 1-11 中的元器件的检测。

表 1-11　元器件检测记录表

实物照片	文字符号	检测步骤	是否可用

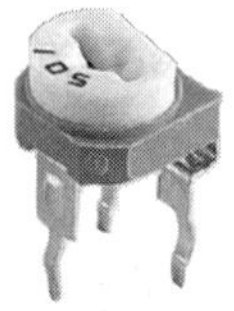			

续表

实物照片	文字符号	检测步骤	是否可用

注意：在使用万用表电阻挡测量元器件两引脚电阻时，两只手不能同时触及元器件的两只引脚。

三、电路装接

1．分别画出电阻、二极管、电容、三极管、稳压管的成形图。

2．电路板元器件插装工艺要求。

（1）元器件在电路板上的分布应尽量均匀，疏密一致，排列整齐美观，不允许斜排、立体交叉和重叠排列。

（2）安装顺序一般为先低后高，先轻后重，先易后难，先一般元器件后特殊元器件。

（3）统一规格的元器件尽量安装在同一高度。

（4）元器件一般应布置在电路板的同一面，元器件的外壳或引线不得相碰。

3．电路板上导线焊接工艺。

（1）镀锡裸铜丝挺直，整个走线呈现直线状态，弯成 90°。

（2）焊点均匀一致，导线与焊盘融为一体，无虚焊、假焊。

（3）镀锡裸铜丝紧贴电路板，不得拱起、弯曲。

（4）对于较长尺寸的镀锡裸铜丝在电路板上每隔 20mm 加焊一个焊点。

四、自检

1．电路安装完毕后，必须在不通电的情况下，对电路板进行认真细致的检查，首先检查电路有无漏焊、错焊、虚焊等问题。检查时可用尖嘴钳或镊子将每个元器件拉动一下，看有无松动，如果发现有松动现象，应重新焊接。检查中还应注意以下问题。

（1）元器件引脚之间有无短路。

（2）二极管极性有无接反。

（3）电解电容器的极性有无接反。

（4）三极管引脚有无接错。

2．用万用表检查线路的通断情况。检查时，应选用倍率适当的电阻挡，并进行校零，以防发生短路故障。测量电路输入端电阻，如果有一个阻值，并且指针慢慢返回，可以通电测试。

根据自检情况填写表 1-12。

表 1-12　自检情况记录表

自检项目	自检结果	出现问题的原因及解决办法
按照电路图正确接线	电路安装中存在_____处接线错误	
按照电路图检查元器件极性	电路安装中_____元器件极性接反	
元器件完好、无损伤	安装过程中损坏或碰伤元器件有_____	
布线美观、横平竖直，无交叉	布线不整齐、不美观有____处 有交叉现象_____处	
其他问题		

五、通电调试

断电检查无误后，经教师同意，通电调试，测量以下数据，若存在故障，及时处理。

1．测试结果

桥式整流电容滤波电路中，已知电源变压器二次侧电压有效值 U_i=12V，使用示波器和万用表分别测量桥式整流电容滤波电路的输入、输出电压波形和幅值，将结果记录在表 1-13 中。

表 1-13　测试结果（1）

整流电路形式	输入电压			输出电压		
	万用表挡位	U_i/V	波形	万用表挡位	U_{A0}/V	波形
桥式整流电容滤波电路						

滑动电位器，分别测量电压，将输出结果填入表 1-14 中。

表 1-14　测试结果（2）

电位器位置	U_{D0}/V		U_{F0}/V		U_{C0}/V		U_{AD}/V	
	万用表挡位	U_{D0}	万用表挡位	U_{F0}	万用表挡位	U_{C0}	万用表挡位	U_{AD}
电位器滑到上端								
电位器滑到下端								

2．串联型直流稳压电源电路的如果存在故障，进行分析找出故障点，填写表 1-15。

表 1-15 故障检修情况记录表

检修步骤	过程记录
1. 观察并记录故障现象	
2. 分析故障原因，确定故障范围（通电操作，注意观察故障现象，根据故障现象分析故障原因，首先确定故障在整流滤波处还是在其他地方）	
3. 依据电路的工作原理和观察到的故障现象，在电路图上进行分析，确定电路的最小故障范围	
4. 在故障检查范围中，采用逻辑分析及正确的测量方法，迅速查找故障并排除	
5. 通电调试	

3. 通电调试过程中自己或其他同学还遇到了哪些问题？相互交流，作好记录，并分析原因，记录处理方法，填入表 1-16 中。

表 1-16 故障分析、检修记录表

故障现象	故障原因	处理方法

 **操作提示**

（1）在测量时应注意万用表的量程选择，否则将损坏万用表。

（2）在调试过程中，如果 U_{D0} 不能跟随电位器 RP 线性变化，这说明稳压电路各反馈环路工作不正常。故障排除思路：分别检查基准电压 U_Z、输出电压 U_{D0}，以及比较放大器和调整管各极的电位，分析它们的工作状态是否都处在线性区，从而找出不正常工作的原因。

六、项目验收

1. 在验收阶段，各小组派出代表进行交叉验收，并填写详细验收记录，完成表 1-17。

表 1-17 验收过程问题记录表

验收问题	整改措施	完成时间	备注

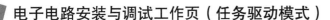

2．以小组为单位认真填写任务验收报告，并将学习活动 1 中的工作任务单填写完整。

七、评价

以小组为单位，展示本组安装成果。根据表 1-18 任务测评表进行评分。

表 1-18　任务测评表

评分内容		分值	评分		
			自我评分	小组评分	教师评分
元器件的定位及安装	元器件无损伤	20			
	元器件安装平整、对称				
	按电路图装配，元器件位置、极性正确				
布线	按电路图正确接线	20			
	布线合理、紧凑、无拱线				
	布线横平竖直、转角成 90°，无交叉				
焊接质量	焊点光亮、清洁、焊料合适	20			
	无漏焊、虚焊、假焊、错焊				
	焊接后元器件引脚剪脚留头长度不少于 1mm				
通电调试	能正确使用仪表	30			
	按测试要求和步骤完成测量				
	出现故障正确排除				
安全文明生产	遵守安全文明生产规程	10			
	施工完成后认真清理现场				
施工额定用时_____实际用时_____超时扣分_____					
合　计					

 学习活动 4　工作总结与评价

 学习目标

1．能以小组形式，对学习过程和实训成果进行汇报总结。
2．完成对学习过程的综合评价。
建议课时：4 课时

学习过程

一、工作总结

以小组为单位，选择演示文稿、展板、海报、录像等形式中的一种或几种，向全班同学展示、汇报学习成果。

二、综合评价（表 1-19）

表 1-19 综合评价表

评价项目	评价内容	评价标准	评价方式		
			自我评价	小组评价	教师评价
职业素养	安全意识、责任意识	A. 作风严谨，自觉遵章守纪，出色地完成工作任务 B. 能够遵守规章制度、较好地完成工作任务 C. 遵守规章制度、没完成工作任务，或虽完成工作任务但未严格遵守或忽视规章制度 D. 不遵守规章制度，没完成工作任务			
	主动学习态度	A. 积极参与教学活动，全勤 B. 缺勤达本任务总学时的 10% C. 缺勤达本任务总学时的 20% D. 缺勤达本任务总学时的 30%			
	团队合作意识	A. 与同学协作融洽，团队合作意识强 B. 与同学沟通、协同工作能力较强 C. 与同学沟通、协同工作能力一般 D. 与同学沟通困难，协同工作能力较差			
专业能力	学习活动 1 明确任务和勘查现场	A. 按时、完整地完成工作页，问题回答正确，数据记录、图纸绘制准确 B. 按时、完整地完成工作页，问题回答基本正确，数据记录、图纸绘制基本准确 C. 未能按时完成工作页，或内容遗漏、错误较多 D. 未完成工作页			
	学习活动 2 施工前的准备	A. 学习活动评价成绩为 90~100 分 B. 学习活动评价成绩为 75~89 分 C. 学习活动评价成绩为 60~74 分 D. 学习活动评价成绩为 0~59 分			
	学习活动 3 现场施工	A. 学习活动评价成绩为 90~100 分 B. 学习活动评价成绩为 75~89 分 C. 学习活动评价成绩为 60~74 分 D. 学习活动评价成绩为 0~59 分			
创新能力		学习过程中提出具有创新性、可行性的建议	加分奖励：		
学生姓名			综合评定等级		
指导教师			日　期		

学习任务 ② 迷你小音响的安装与调试

学习目标

1. 能通过阅读工作任务联系单，明确工作任务要求。
2. 能正确描述迷你小音响电路的结构、工作原理；掌握相关元器件的特点、功能。
3. 能根据任务要求，列出所需工具、仪表和材料清单并做好准备，合理制订工作计划。
4. 能正确使用仪表对相关元器件进行检测。
5. 能正确识读电路原理图，设计电路的布局走线，并按照任务要求和相关工艺规范完成电路的装接，正确完成电路的通电测试。
6. 能按电工作业规程，作业完毕后能按照管理规定清理施工现场。

建议课时：30 课时

工作情景描述

学校办公室需要 10 台迷你小音响。现需要电工电子班级学生根据电路原理图领取、核对、检测元器件，按工艺要求完成迷你小音响电路的安装和调试，并交给相关人员验收。

工作流程与活动

1. 明确工作任务
2. 施工前的准备
3. 现场施工
4. 总结与评价

**学习活动 1　明确工作任务**

学习目标

1. 能通过阅读工作任务联系单，明确工作内容、工时等要求。
2. 能描述迷你小音响电路的应用。
3. 能描述迷你小音响电路的组成结构、作用。

建议课时：2 课时

学习过程

一、阅读工作任务联系单

阅读工作任务联系单，说出本次任务的工作内容、时间要求及交接工作的相关负责人等信息，并根据实际情况补充完整。

工作任务联系单

制作项目	迷你小音响的安装与调试				
制作时间	年　月　日	制作地点			
项目描述	学校办公室需要 10 台迷你小音响。现需要根据电路原理图，按工艺要求完成迷你小音响电路的安装和调试				
报作部门	学校办公室	承办人	李红	开始时间	年　月　日
		联系电话	3817127		
制作单位	电工电子班	责任人		承接时间	年　月　日
		联系电话			
制作人员				完成时间	年　月　日
验收意见			验收人		
处室负责人签字		设备科负责人签字			

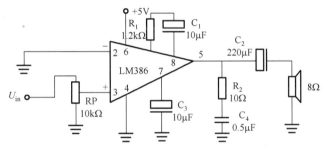

图 2-1　迷你小音响电路原理图

二、音响在我们生活中应用非常广泛，查阅资料，列举 2～3 个应用音响的实例

三、对照以前所学知识，通过听教师讲解和查阅资料指出本电路使用的新元器件名称

学习活动 2　施工前的准备

学习目标

1. 认识 LM386 功率放大器的基本性质和主要功能。
2. 能正确识读迷你小音响电路原理图。
3. 能正确绘制电路布置图和接线图。

4. 能根据任务要求和实际情况，合理制订工作计划。

建议课时：12 课时

学习过程

一、认识元器件

1. LM386 功率放大器。

如图 2-2 所示为 LM386 引脚图。

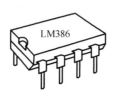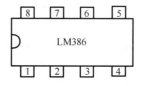

图 2-2　LM386 引脚图

（1）查阅相关资料，补全各引脚的功能，完成表 2-1。

表 2-1

引脚	功能	引脚	功能
1		5	
2		6	
3		7	
4		8	

（2）认识 LM386 的内部结构，如图 2-3 所示。

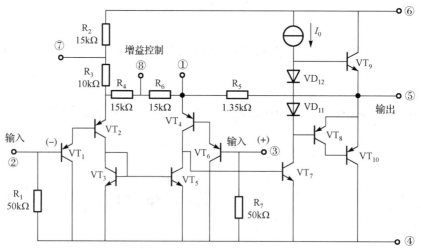

图 2-3　LM386 的内部结构

2. 三极管放大电路分析。

共发射极基本放大电路如图 2-4 所示，通过实验，观察电路中哪个二极管比较亮，I_C、I_B、I_E 电流值分别是多少？

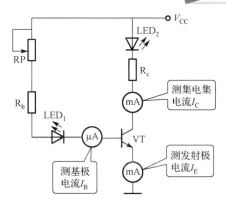

图 2-4　共发射极基本放大电路

3. 通过查阅资料写出如图 2-5 所示的 PNP 型三极管 VT_8、VT_{10} 复合之后的等效管。

图 2-5　PNP 型三极管 VT_8、VT_{10} 复合之后的等效管

4. 指出如图 2-6 所示是什么电路，工作在什么状态，有什么优点？

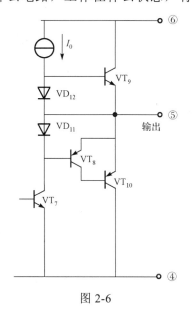

图 2-6

5. 选出所用喇叭，通过公式计算出喇叭的直流电阻是多少？

6. 查阅资料，写出判断喇叭正、负极的方法。在什么情况下接喇叭需要按正、负极接？

二、电路原理分析

1. 图 2-1 中 R_1、C_1 的作用是什么？

2. 图 2-1 中，RP 的作用是什么？

3. 图 2-1 中，R_2、C_4 的作用是什么？

4. 图 2-1 中，C_2 的作用是什么？

三、绘制布置图和接线图

按照电路原理图和元器件的外形尺寸设计其在铆钉板上的安装位置和布线。

注意事项：

（1）元器件在电路板上的分布应尽量均匀，疏密一致，排列整齐美观，不允许斜排、立体交叉和重叠排列。

（2）电路布线挺直，整个走线呈现直线状态，弯成 90°，导线不能交叉，确实需要交叉的导线应在元器件下穿过，如有跳线必须接在元器件面。

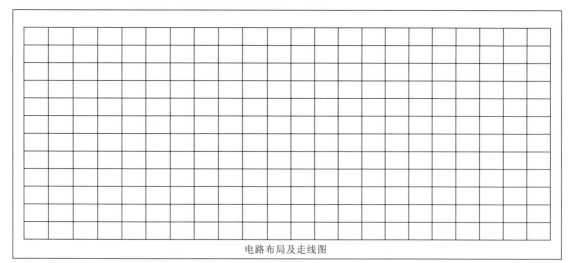

电路布局及走线图

四、制订工作计划

查阅相关资料，了解任务实施的基本步骤，结合实际情况，制订小组工作计划。

"迷你小音响的安装与调试"工作计划

一、人员分工

1. 小组负责: _____

2. 小组成员及分工

姓　名	分　工

二、工具、仪表及材料清单

序号	工具、仪表或材料名称	单位	数量	备注

三、工序及工期安排

序号	工作内容	完成时间	备注

续表

序号	工作内容	完成时间	备注

四、完全防护措施

五、评价

以小组为单位，展示本组制订的工作计划。然后在教师点评基础上对工作计划进行修改完善，并根据表 2-2 所示评分标准进行评分。

表 2-2 测评表

评价内容	分值	评分		
		自我评价	小组评价	教师评价
计划制订是否有条理	10			
计划是否全面、完善	10			
人员分工是否合理	10			
任务要求是否明确	20			
工具清单是否正确、完整	20			
材料清单是否正确、完整	20			
团结协作	10			
合　计				

学习活动 3 现场施工

 学习目标

1. 能正确选用元器件，并用万用表判断好坏。
2. 能根据电路原理图，按照工艺要求正确焊装迷你小音响电路。
3. 能正确使用万用表进行线路检测，完成通电调试，交付验收。
4. 施工后能按照管理规定清理施工现场。

建议课时：12 课时

学习过程

一、元器件好坏检测

根据前面所学的知识，正确选择元器件，并判断好坏，填写表 2-3。

表 2-3　元器件检测记录表

代号	名称	实物照片	规格	检测结果	是否可用
RP	电位器		$10k\Omega$，$0.25W$	最大电阻值为_____，电阻是否可调_____	
C_1、C_3	电解电容器		$10\mu F$		
C_2	电解电容器		$100\mu F$		
R_1	碳膜电阻器		$1.2 k\Omega$	量程为_____、电阻值为_____	
R_2	碳膜电阻器		10Ω	量程为_____、电阻值为_____	
B	扬声器		8Ω，$0.5W$	测量直流铜阻值为_____	

注意：在使用万用表电阻挡测量元器件两引脚电阻时，两只手不能同时触及元器件的两只引脚。

二、电路装接

1. 电路板元器件插装工艺要求。

（1）元器件在电路板上的分布应尽量均匀，疏密一致，排列整齐美观，不允许斜排、立体交叉和重叠排列。

（2）安装顺序一般为先低后高，先轻后重，先易后难，先一般元器件后特殊元器件。

（3）统一规格的元器件尽量安装在同一高度。

（4）元器件一般应布置在电路板的同一面，元器件的外壳或引线不得相碰。

2. 电路板上导线焊接工艺。

（1）镀锡裸铜丝挺直，整个走线呈现直线状态，弯成 $90°$。

（2）焊点均匀一致，导线与焊盘融为一体，无虚焊、假焊。

（3）镀锡裸铜丝紧贴电路板，不得拱起、弯曲。

（4）对于较长尺寸的镀锡裸铜丝在电路板上每隔 20mm 加焊一个焊点。

三、自检

电路完毕后，必须在不通电的情况下，对电路板进行认真细致的检查，首先检查电路有无漏焊、错焊、虚焊等问题。检查时可用尖嘴钳或镊子将每个元器件拉动一下，看有无松动，如果发现有松动现象，应重新焊接。检查中还应注意以下问题。

（1）电容器引脚有无接反。

（2）集成芯片引脚有无接反。

完成表 2-4。

表 2-4 自检情况记录表

自检项目	自检结果	出现问题的原因及解决办法
按照电路图正确接线	电路安装中存在_____处接线错误	
按照电路图检查元器件极性	电路安装中_____元器件极性接反	
元器件完好、无损伤	安装过程中损坏或碰伤的元器件有_____	
布线美观、横平竖直，无交叉	布线不整齐、不美观有____处 有交叉现象_____处	
其他问题		

四、通电调试

断电检查无误后，经教师同意，通电调试，测量以下数据，若存在故障，及时处理。

1. 接上电源，输入信号，使用万用表测量 LM386 集成功放输入端和输出端的电压数值，并记录。然后改变 RP 的大小，对比扬声器声音大小及质量，再次使用万用表测量 LM386 集成功放输入端和输出端的电压数值，并记录。

2. 电路如果存在故障，进行分析找出故障点，填写表 2-5。

表 2-5 故障检修情况记录表

检修步骤	过程记录
1. 观察并记录故障现象	
2. 分析故障原因，确定故障范围（通电操作，注意观察故障现象，根据故障现象分析故障原因）	
3. 依据电路的工作原理和观察到的故障现象，在电路图上进行分析，确定电路的最小故障范围	
4. 在故障检查范围中，采用逻辑分析及正确的测量方法，迅速查找故障并排除	
5. 通电调试	

3. 通电调试过程中自己或其他同学还遇到了哪些问题？相互交流，作好记录，并分析原因，记录处理方法，填入表 2-6 中。

表 2-6 故障分析、检修记录表

故障现象	故障原因	处理方法

 操作提示

通电检测时，万用表表笔应在印制电路板焊接点上测量，而不能在集成电路引出脚上测量，以免发生短路造成集成电路的损坏。

五、项目验收

1. 在验收阶段，各小组派出代表进行交叉验收，并填写详细验收记录，完成表 2-7。

表 2-7 验收过程问题记录表

验收问题	整改措施	完成时间	备注

2. 以小组为单位认真填写任务验收报告，并将学习活动 1 中的工作任务单填写完整。

六、评价

以小组为单位，展示本组安装成果。根据表 2-8 所示任务测评表进行评分。

表 2-8 任务测评表

评分内容		分值	评分		
			自我评分	小组评分	教师评分
元器件的定位及安装	元器件无损伤	20			
	元器件安装平整、对称				
	按电路图装配，元器件位置、极性正确				
布线	按电路图正确接线	20			
	布线合理、紧凑、无拱线				
	布线横平竖直、转角成 90°，无交叉				
焊接质量	焊点光亮、清洁、焊料合适	20			
	无漏焊、虚焊、假焊、错焊				
	焊接后元器件引脚剪脚留头长度不少于 1mm				
通电调试	能正确使用仪表	30			
	按测试要求和步骤完成测量				
	出现故障正确排除				
安全文明生产	遵守安全文明生产规程	10			
	施工完成后认真清理现场				
施工额定用时_____ 实际用时_____ 超时扣分_____					
合　计					

学习活动4　工作总结与评价

 **学习目标**

1. 能以小组形式，对学习过程和实训成果进行汇报总结。
2. 完成对学习过程的综合评价。

建议课时：**4课时**

学习过程

一、工作总结

以小组为单位，选择演示文稿、展板、海报、录像等形式中的一种或几种，向全班同学展示、汇报学习成果。

二、综合评价（表2-9）

表2-9　综合评价表

评价项目	评价内容	评价标准	评价方式		
			自我评价	小组评价	教师评价
职业素养	安全意识、责任意识	A. 作风严谨，自觉遵章守纪，出色地完成工作任务 B. 能够遵守规章制度、较好地完成工作任务 C. 遵守规章制度、没完成工作任务，或虽完成工作任务但未严格遵守或忽视规章制度 D. 不遵守规章制度，没完成工作任务			
	主动学习态度	A. 积极参与教学活动，全勤 B. 缺勤达本任务总学时的10% C. 缺勤达本任务总学时的20% D. 缺勤达本任务总学时的30%			
	团队合作意识	A. 与同学协作融洽，团队合作意识强 B. 与同学沟通、协同工作能力较强 C. 与同学沟通、协同工作能力一般 D. 与同学沟通困难、协同工作能力较差			
专业能力	学习活动1 明确任务和勘查现场	A. 按时、完整地完成工作页，问题回答正确，数据记录、图纸绘制准确 B. 按时、完整地完成工作页，问题回答基本正确，数据记录、图纸绘制基本准确 C. 未能按时完成工作页，或内容遗漏、错误较多 D. 未完成工作页			
	学习活动2 施工前的准备	A. 学习活动评价成绩为90～100分 B. 学习活动评价成绩为75～89分 C. 学习活动评价成绩为60～74分 D. 学习活动评价成绩为0～59分			
	学习活动3 现场施工	A. 学习活动评价成绩为90～100分 B. 学习活动评价成绩为75～89分 C. 学习活动评价成绩为60～74分 D. 学习活动评价成绩为0～59分			
创新能力		学习过程中提出具有创新性、可行性的建议	加分奖励：		
学生姓名		综合评定等级			
指导教师		日　期			

学习任务 3 矩形波—三角波发生器

的安装与调试

 学习目标

1. 能通过阅读工作任务联系单，明确工作任务要求。

2. 能正确描述矩形波—三角波发生器的结构、工作原理；掌握相关元器件的特点、功能。

3. 能根据任务要求，列出所需工具、仪表和材料清单并做好准备，合理制订工作计划。

4. 能正确使用仪表对相关元器件进行检测。

5. 能正确识读电路原理图，设计电路的布局走线，并按照任务要求和相关工艺规范完成电路的装接，正确完成电路的通电测试。

6. 能按电工作业规程，作业完毕后能按照管理规定清理施工现场。

建议课时：30 课时

工作情景描述

学校电子实训室工作台需要一个矩形波信号和三角波信号发生器。现需要电工电子班级学生根据电路原理图领取、核对、检测元器件，按工艺要求完成电路的安装和调试，并交给相关人员验收。

工作流程与活动

1. 明确工作任务
2. 施工前的准备
3. 现场施工
4. 总结与评价

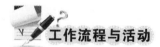 **学习活动 1 明确工作任务**

 学习目标

1. 能通过阅读工作任务联系单，明确工作内容、工时等要求。

2. 能描述矩形波—三角波发生器的应用。

3．能描述矩形波—三角波发生器的组成结构、作用。

建议课时：2课时

**学习过程**

一、阅读工作任务联系单

阅读工作任务联系单，说出本次任务的工作内容、时间要求及交接工作的相关负责人等信息，并根据实际情况补充完整。

矩形波—三角波发生器电路图如图 3-1 所示。

工作任务联系单

制作项目	矩形波—三角波发生器的安装与调试				
制作时间	年　月　日		制作地点	学校电子实训室	
项目描述	学校电子实训室工作台需要 10 个矩形波—三角波发生器。现需要根据电路原理图，按工艺要求完成电路的安装和调试				
报作部门	电气工程系	承办人	张三	开始时间	年　月　日
		联系电话	3862291		
制作单位	电工电子班	责任人		承接时间	年　月　日
		联系电话			
制作人员				完成时间	年　月　日
验收意见				验收人	
处室负责人签字		设备科负责人签字			

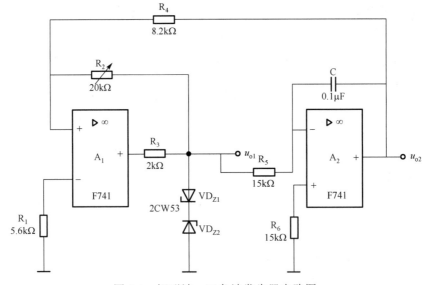

图 3-1　矩形波—三角波发生器电路图

二、认识矩形波—三角波

通过查找资料说明什么是矩形波、三角波，并画出波形图。列举几个生活中使用矩形波、三角波的实例。

三、矩形波—三角波电路结构

对照以前所学的电路，指出本电路中使用的新的元器件，通过听教师讲解和查阅资料写出元器件名称、电路符号。

 # 学习活动 2 施工前的准备

学习目标

1. 认识本任务所用的 CF741 元器件的基本性质和主要功能。
2. 能正确识读矩形波—三角波发生器的原理图。
3. 能正确绘制电路布置图和接线图。
4. 能根据任务要求和实际情况，合理制订工作计划。

建议课时： 12 课时

学习过程

一、认识元器件

1. 认识 CF741 集成运放。

CF741 引脚及内部电路如图 3-2 所示。

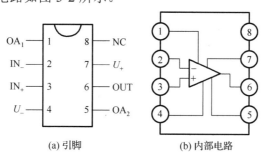

(a) 引脚   (b) 内部电路

图 3-2　CF741 引脚及内部电路

通过查阅资料认识各引脚的功能，完成表 3-1。

表 3-1

引脚	符号	功能	引脚	符号	功能
1			5		
2			6		
3			7		
4			8		

二、集成运放的电压传输特性

集成运放的输出电压随输入电压的变化而变化的特性称为电压传输特性，通常用电压传输特性曲线来表示，如图 3-3 所示。由特性曲线可以看出，集成运放分线性放大区和非线性饱和区两部分。在线性放大区，输出电压 u_o 随输入电压 u_i 的变化而变化，曲线的斜率为集成运放的电压放大倍数；在非线性饱和区，输出电压只有两种情况，正向饱和电压 $+U_{om}$ 和负向饱和电压 $-U_{om}$。

集成运放工作在线性放大区时，用来组成各种运算电路，如比例运算电路、加法运算电路、减法运算电路及微分、积分电路等。

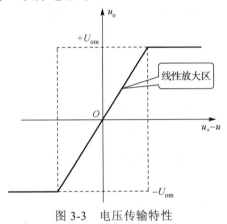

图 3-3　电压传输特性

1. 滞回比较器（图 3-4）

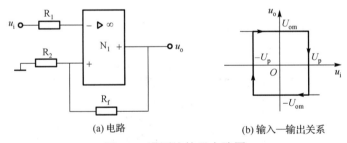

(a) 电路　　　　　　　　　　　(b) 输入—输出关系

图 3-4　滞回比较器电路图

滞回比较器电路输入波形为三角波，查阅相关资料，将输出波形补全（图 3-5）。

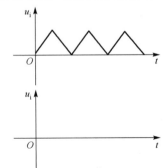

图 3-5　滞回比较器的输入、输出波形

2．积分运算电路（图 3-6）

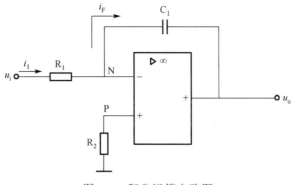

图 3-6　积分运算电路图

积分电路输入波形为矩形波，查阅相关资料，将输出波形补全（图 3-7）。

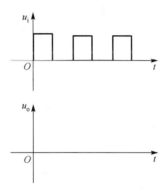

图 3-7　积分运算电路的输入、输出波形

三、矩形波—三角波发生器电路组成及工作原理

1．A_1、R_1、R_2、R_3 和稳压二极管 2CW53 构成什么比较器？输出什么波形？

2．A_1、A_2 分别工作在什么区域？

3．A_2、C、R_5 和 R_6 构成什么比较器？输出什么波形？

四、绘制布置图和接线图

按照电路原理图和元器件的外形尺寸设计其在铆钉板上的安装位置和布线。

注意事项：

（1）元器件在电路板上的分布应尽量均匀，疏密一致，排列整齐美观，不允许斜排、立体交叉和重叠排列。

（2）电路布线挺直，整个走线呈现直线状态，弯成 90°，导线不能交叉，确实需要交叉的导线应在元器件下穿过，如有跳线必须接在元件面。

电路布局及走线图

五、制订工作计划

查阅相关资料，了解任务实施的基本步骤，结合实际情况，制订小组工作计划。

"三角波—锯齿波发生器的安装与调试"工作计划

一、人员分工

1．小组负责：_____

2．小组成员及分工

姓　名	分　工

二、工具、仪表及材料清单

序号	工具、仪表或材料名称	单位	数量	备注

续表

序号	工具、仪表或材料名称	单位	数量	备注

三、工序及工期安排

序号	工作内容	完成时间	备注

四、完全防护措施

六、评价

以小组为单位，展示本组制订的工作计划。然后在教师的点评基础上对工作计划进行修改完善，并根据表 3-2 所示评分标准进行评分。

表 3-2　任务测评表

评价内容	分值	评分		
		自我评价	小组评价	教师评价
计划制订是否有条理	10			
计划是否全面、完善	10			
人员分工是否合理	10			
任务要求是否明确	20			
工具清单是否正确、完整	20			
材料清单是否正确、完整	20			
团结协作	10			
合　计				

学习活动3　现场施工

学习目标

1. 能正确选用元器件，并用万用表判断好坏。
2. 能根据电路原理图，按照工艺要求正确焊装矩形波—三角波发生器电路。
3. 能正确使用万用表进行线路检测，完成通电调试，交付验收。
4. 施工后能按照管理规定清理施工现场。

建议课时：**12课时**

## 学习过程

一、元器件好坏检测

根据前面所学的知识，正确选择元器件，并判断好坏，填写表3-3。

表3-3　元器件检测记录表

代号	名称	实物照片	规格	检测结果	是否可用
RP	电位器		20kΩ、0.25W	最大电阻值为_____，电阻是否可调_____	
C_1	电容器		10μF		
C_2	电解电容器		100μF		
R_1	碳膜电阻器		5.6kΩ	实测电阻值为_____	
R_2	碳膜电阻器		8.2kΩ	实测电阻值为_____	
R_3	碳膜电阻器		2kΩ	实测电阻值为_____	
R_4、R_5	碳膜电阻器		15kΩ	实测电阻值为_____	

注意：在使用万用表电阻挡测量元器件两引脚电阻时，两只手不能同时触及元器件的两只引脚。

二、电路装接

1. 电路板元器件插装工艺要求。

（1）元器件在电路板上的分布应尽量均匀，疏密一致，排列整齐美观，不允许斜排、立体交叉和重叠排列。

（2）安装顺序一般为先低后高，先轻后重，先易后难，先一般元器件后特殊元器件。

（3）统一规格的元器件尽量安装在同一高度。

（4）元器件一般应布置在电路板的同一面，元器件的外壳或引线不得相碰。

（5）本电路中先安装运算器，再安装其他元件。

2. 电路板上导线焊接工艺。

（1）镀锡裸铜丝挺直，整个走线呈现直线状态，弯成 90°。

（2）焊点均匀一致，导线与焊盘融为一体，无虚焊、假焊。

（3）镀锡裸铜丝紧贴电路板，不得拱起、弯曲。

（4）对于较长尺寸的镀锡裸铜丝在电路板上每隔 20mm 加焊一个焊点。

三、自检

1. 电路安装完毕后，必须在不通电的情况下，对电路板进行认真细致的检查，首先检查电路有无漏焊、错焊、虚焊等问题。检查时可用尖嘴钳或镊子将每个元器件拉动一下，看有无松动，如果发现有松动现象，应重新焊接。检查中还应注意以下问题。

（1）元器件引脚之间有无短路。

（2）检查集成运放引脚有无接错，用万用表欧姆挡检查引脚有无短路、开路等问题。

（3）检查集成运放输出端、电源端和接地端之间不能短路，否则将损坏元器件和电源。发现问题应及时纠正。

2. 用万用表检查线路的通断情况。检查时，应选用倍率适当的电阻挡，并进行校零，以防发生短路故障。测量电路输入端电阻，如果有一个阻值，并且阻值慢慢变小，可以通电测试。

填写表 3-4。

表 3-4 自检情况记录表

自检项目	自检结果	出现问题的原因及解决办法
按照电路图正确接线	电路安装中存在_____处接线错误	
按照电路图检查元器件极性	电路安装中_____元器件极性接反	
元器件完好、无损伤	安装过程中损坏或碰伤元器件有_____	
焊点质量良好	安装过程中损坏或碰伤元器件有_____处	
布线美观、横平竖直，无交叉	布线不整齐、不美观有____处 有交叉现象_____处	
其他问题		

四、通电调试

断电检查无误后，经教师同意，通电调试，测量以下数据，若存在故障，及时处理。

1. 测试结果。

将稳压电源输出的±12V 直流电源与电路的正、负电源端相连接。用双踪示波器观察并描绘矩形波 u_{o1} 及三角波 u_{o2} 的波形（注意对应关系），测量其幅值及频率。填入表 3-5 中。

表 3-5　测量结果

测试内容	u_o 的波形	U_{om}/V	f_0/kHz
矩形波 u_{o1}	u_{o1}↑ ────→ t		
三角波 u_{o2}	u_{o2}↑ ────→ t		

2. 在同一坐标纸上，按比例画出矩形波及三角波的波形，并标明时间和电压幅值。

3. 电路如果存在故障，进行分析找出故障点，填写表 3-6。

表 3-6　故障检修情况记录表

检修步骤	过程记录
1. 观察并记录故障现象	
2. 分析故障原因，确定故障范围（通电操作，注意观察故障现象，根据故障现象分析故障原因）	
3. 依据电路的工作原理和观察到的故障现象，在电路图上进行分析，确定电路的最小故障范围	
4. 在故障检查范围中，采用逻辑分析及正确的测量方法，迅速查找故障并排除	
5. 通电调试	

4. 通电调试过程中自己或其他同学还遇到了哪些问题？相互交流，作好记录，并分析原因，记录处理方法，填入表 3-7 中。

表 3-7　故障分析、检修记录表

故障现象	故障原因	处理方法

 操作提示

通电检测时，万用表表笔应在印制电路板焊接点上测量，而不能在集成电路引出脚上测量，以免发生短路造成集成电路的损坏。

五、项目验收

1. 在验收阶段，各小组派出代表进行交叉验收，并填写详细验收记录，完成表 3-8。

表 3-8 验收过程问题记录表

验收问题	整改措施	完成时间	备注

2. 以小组为单位认真填写任务验收报告，并将学习活动 1 中的工作任务单填写完整。

六、评价

以小组为单位，展示本组安装成果。根据表 3-9 所示任务测评表进行评分。

表 3-9 任务测评表

评分内容		分值	评分		
			自我评分	小组评分	教师评分
元器件的定位及安装	元器件无损伤	20			
	元器件安装平整、对称				
	按电路图装配，元器件位置、极性正确				
布线	按电路图正确接线	20			
	布线合理、紧凑、无拱线				
	布线横平竖直、转角成 90°，无交叉				
焊接质量	焊点光亮、清洁、焊料合适	20			
	无漏焊、虚焊、假焊、错焊				
	焊接后元器件引脚剪脚留头长度不少于 1mm				
通电调试	能正确使用仪表	30			
	按测试要求和步骤完成测量				
	出现故障正确排除				
安全文明生产	遵守安全文明生产规程	10			
	施工完成后认真清理现场				
施工额定用时_____ 实际用时_____ 超时扣分_____					
合 计					

电子电路安装与调试工作页（任务驱动模式）

 学习活动4 工作总结与评价

 学习目标

1. 能以小组形式，对学习过程和实训成果进行汇报总结。
2. 完成对学习过程的综合评价。

建议课时：4课时

学习过程

一、工作总结

以小组为单位，选择演示文稿、展板、海报、录像等形式中的种或几种，向全班同学展示、汇报学习成果。

二、综合评价（表3-10）

表3-10 综合评价表

评价项目	评价内容	评价标准	评价方式		
			自我评价	小组评价	教师评价
职业素养	安全意识、责任意识	A. 作风严谨，自觉遵章守纪，出色地完成工作任务 B. 能够遵守规章制度、较好地完成工作任务 C. 遵守规章制度、没完成工作任务，或虽完成工作任务但未严格遵守或忽视规章制度 D. 不遵守规章制度，没完成工作任务			
	主动学习态度	A. 积极参与教学活动，全勤 B. 缺勤达本任务总学时的10% C. 缺勤达本任务总学时的20% D. 缺勤达本任务总学时的30%			
	团队合作意识	A. 与同学协作融洽，团队合作意识强 B. 与同学沟通、协同工作能力较强 C. 与同学沟通、协同工作能力一般 D. 与同学沟通困难，协同工作能力较差			
专业能力	学习活动1 明确任务和勘查现场	A. 按时、完整地完成工作页，问题回答正确，数据记录、图纸绘制准确 B. 按时、完整地完成工作页，问题回答基本正确，数据记录、图纸绘制基本准确 C. 未能按时完成工作页，或内容遗漏、错误较多 D. 未完成工作页			
	学习活动2 施工前的准备	A. 学习活动评价成绩为90～100分 B. 学习活动评价成绩为75～89分 C. 学习活动评价成绩为60～74分 D. 学习活动评价成绩为0～59分			
	学习活动3 现场施工	A. 学习活动评价成绩为90～100分 B. 学习活动评价成绩为75～89分 C. 学习活动评价成绩为60～74分 D. 学习活动评价成绩为0～59分			
创新能力		学习过程中提出具有创新性、可行性的建议	加分奖励：		
学生姓名			综合评定等级		
指导教师			日 期		

学习任务 **4** 单相半波可控整流

调光灯电路的安装与调试

 学习目标

1. 能通过阅读工作任务联系单，明确工作任务要求。

2. 能正确描述单相半波可控整流调光灯电路的结构、工作原理；掌握相关元器件的特点、功能。

3. 能根据任务要求，列出所需工具、仪表和材料清单并做好准备，合理制订工作计划。

4. 能正确使用仪表对相关元器件进行检测。

5. 能正确识读电路原理图，设计电路的布局走线，并按照任务要求和相关工艺规范完成电路的装接，正确完成电路的通电测试。

6. 能按电工作业规程，作业完毕后能按照管理规定清理施工现场。

建议课时：30课时

 工作情景描述

某单位需要一批调光台灯，要求利用晶闸管来实现调光功能。现需要电工电子班级学生根据电路原理图领取、核对、检测元器件，按工艺要求完成电路的安装和调试，并交给相关人员验收。

工作流程与活动

1. 明确工作任务
2. 施工前的准备
3. 现场施工
4. 总结与评价

 **学习活动 1 明确工作任务**

 学习目标

1. 能通过阅读工作任务联系单，明确工作内容、工时等要求。

2. 能描述单相半波可控整流调光灯电路的应用。

3. 能描述单相半波可控整流调光灯电路的组成结构、作用。

建议课时：2 课时

学习过程

一、阅读工作任务联系单

阅读工作任务联系单，说出本次任务的工作内容、时间要求及交接工作的相关负责人等信息，并根据实际情况补充完整。

工作任务联系单

制作项目	单相半波可控整流调光灯电路的安装与调试			
制作时间	年　月　日	制作地点	电子实训室	
项目描述	某单位需要一批调光台灯，要求利用晶闸管来实现调光功能。现需要根据电路原理图，按工艺要求完成电路的安装和调试			
报作部门	电气工程系	承办人	开始时间	年　月　日
		联系电话		
制作单位	电工电子班	责任人	承接时间	年　月　日
		联系电话		
制作人员			完成时间	年　月　日
验收意见			验收人	
处室负责人签字		设备科负责人签字		

单相半波可控整流调光灯电路如图 4-1 所示。

二、单相半波可控整流调光灯电路的结构

如图 4-1 所示，本电路由主电路和触发电路两部分组成，对照以前所学的电路，指出本电路中使用的新的元器件，通过听教师讲解和查阅资料写出元器件的名称和电路符号。

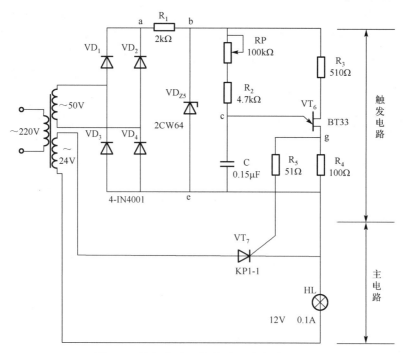

图 4-1　单相半波可控整流调光灯电路图

三、查阅资料写出单相半波可控整流调光灯电路的优点

 学习活动 2 施工前的准备

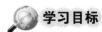 学习目标

1. 认识本任务所用晶闸管、单结晶体管等元器件的基本性质和主要功能。
2. 能正确识读单相半波晶闸管调光电路原理图。
3. 能正确绘制电路布置图和接线图。
4. 能根据任务要求和实际情况，合理制订工作计划。

建议课时：12 课时

 学习过程

一、认识元器件

1. 认识单结晶体管。

（1）单结晶体管是一个有三个电极、一个 PN 结的半导体器件，指出图 4-2 所示单结晶体管三个电极的名称？

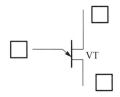

图 4-2 单结晶体管

（2）选出电路中所用的单结晶体管，并用万用表判断引脚排序，完成表 4-1。

表 4-1 单结晶体管的判断方法

元器件	判断方法

2．单结晶体管振荡电路原理分析。

利用单结晶体管的负阻特性和 RC 电路的充放电特点，可以组成频率可调的单结晶体管振荡电路（也称弛张振荡器），用来产生晶闸管的触发脉冲。如图 4-3 所示，查阅资料补全电路波形图。

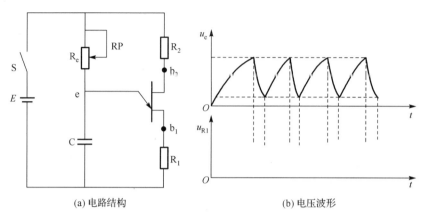

(a) 电路结构　　　　　　　　　　　　　(b) 电压波形

图 4-3　单结晶体管振荡电路

3．认识晶闸管。

晶闸管具有三个 PN 结，引出三个电极：阳极 A、阴极 K 和控制极（也称门极）G。如图 4-4 所示是晶闸管的结构和符号，通过查阅相关资料补全引脚名称。

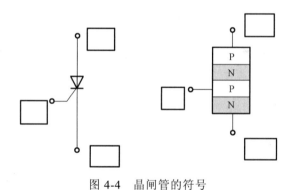

图 4-4　晶闸管的符号

选出本任务电路中所用的晶闸管，并用万用表判断引脚排序，填写表 4-2。

表 4-2　晶闸管的判断方法

元器件	判断方法

4．晶闸管工作原理。

查阅相关资料，分析晶闸管的工作原理，补全以下信息。

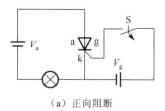

（a）正向阻断

a—k 加正向电压，开关 S 处于断开状态，g 无电压，晶闸管_____。

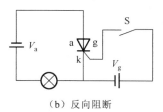

（b）反向阻断

a—k 加反向电压，不论开关 S 关断还是在 g 上是否加控制电压，晶闸管_____。

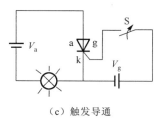

（c）触发导通

a—k 加正向电压，g—k 加正向电压，晶闸管_____。

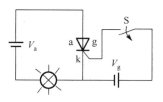

（d）导通后控制极失控

晶闸管一旦导通，降低或去掉控制极电压仍_____。

5．晶闸管型号选择。

通过查阅资料，指出本电路中晶闸管型号选择注意事项及步骤。

二、单相半波晶闸管调光电路原理分析

本电路由主电路和控制电路两部分组成。

1. 主电路包括哪些元件，作用是什么？

2. 控制电路包括哪些元件，作用是什么？

三、绘制布置图和接线图

按照电路原理图和元器件的外形尺寸设计其在铆钉板上的安装位置和布线。

注意事项：

（1）元器件在电路板上的分布应尽量均匀，疏密一致，排列整齐美观，不允许斜排、立体交叉和重叠排列。

（2）电路布线挺直，整个走线呈现直线状态，弯成 90°，导线不能交叉，确实需要交叉的导线应在元器件下穿过，如有跳线必须接在元器件面。

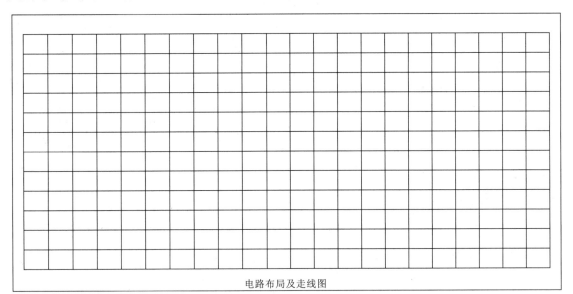

电路布局及走线图

四、制订工作计划

查阅相关资料，了解任务实施的基本步骤，结合实际情况，制订小组工作计划。

"单相半波可控整流调光灯电路的安装与调试"工作计划

一、人员分工

1. 小组负责：＿＿＿＿＿＿＿＿＿＿＿＿

2. 小组成员及分工

姓　名	分　工

二、工具、仪表及材料清单

序号	工具、仪表或材料名称	单位	数量	备注

三、工序及工期安排

序号	工作内容	完成时间	备注

四、完全防护措施

五、评价

以小组为单位，展示本组制订的工作计划。然后在教师点评的基础上对工作计划进行修改完善，并根据表4-3所示评分标准进行评分。

表4-3　测评表

评价内容	分值	评分		
		自我评价	小组评价	教师评价
计划制订是否有条理	10			
计划是否全面、完善	10			
人员分工是否合理	10			
任务要求是否明确	20			
工具清单是否正确、完整	20			
材料清单是否正确、完整	20			
团结协作	10			
合　计				

 # 学习活动 3　现场施工

学习目标

1. 能正确选用元器件，并用万用表判断好坏。
2. 能根据电路原理图，按照工艺要求正确焊装单相半波可控整流调光灯电路。
3. 能正确使用万用表进行线路检测，完成通电调试，交付验收。
4. 施工后能按照管理规定清理施工现场。

建议课时：12课时

 ## 学习过程

一、元器件好坏检测

1. 根据前面所学的知识，正确选择元器件，并判断好坏，完成表4-4。

表 4-4 元器件检测记录表

代号	名称	实物照片	规格	检测结果	是否可用
VD$_1$～VD$_4$	整流二极管		IN4001	正向电阻___，反向电阻___	
VD$_{Z5}$	稳压二极管		2CW64（18～21V）μF	正向电阻___，反向电阻___	
VT$_6$	单结晶体管		BT33A	E-b1 电阻值___，E-b2 的电阻值___	
VT$_7$	晶闸管		KP1-1	记录结果：	
R$_1$	碳膜电阻器		2kΩ、1W	实测电阻值为_____	
R$_2$	碳膜电阻器		4.7kΩ、1/8W	实测电阻值为_____	
R$_3$	碳膜电阻器		510Ω、1/8W	实测电阻值为_____	
R$_4$	碳膜电阻器		100Ω、1/8W	实测电阻值为_____	
R$_5$	碳膜电阻器		51Ω、1/8W	实测电阻值为_____	
RP	电位器		100kΩ、0.25W	最大电阻值为_____，电阻是否可调_____	
C	电容器		0.15μF/160V	电阻值为_____	
HL	灯泡		12V	电阻值为_____	

注意：在使用万用表电阻挡测量元器件两引脚电阻时，两只手不能同时触及元器件的两只引脚。

二、电路装接

1. 电路板元器件插装工艺要求。

（1）元器件在电路板上的分布应尽量均匀，疏密一致，排列整齐美观，不允许斜排、立体交叉和重叠排列。

（2）安装顺序一般为先低后高，先轻后重，先易后难，先一般元器件后特殊元器件。

（3）统一规格的元器件尽量安装在同一高度。

（4）元器件一般应布置在电路板的同一面，元器件的外壳或引线不得相碰。

2. 电路板上导线焊接工艺。

（1）镀锡裸铜丝挺直，整个走线呈现直线状态，弯成90°。

（2）焊点均匀一致，导线与焊盘融为一体，无虚焊、假焊。

（3）镀锡裸铜丝紧贴电路板，不得拱起、弯曲。

（4）对于较长尺寸的镀锡裸铜丝在电路板上每隔20mm加焊一个焊点。

三、自检

1. 电路完毕后，必须在不通电的情况下，对电路板进行认真细致的检查，首先检查电路有无漏焊、错焊、虚焊等问题。检查时可用尖嘴钳或镊子将每个元器件拉动一下，看有无松动，如果发现有松动现象，应重新焊接。检查中还应注意以下问题。

（1）元器件引脚之间有无短路。

（2）检查单结晶体管、晶闸管引脚有无接错，用万用表欧姆挡检查引脚有无短路、开路等问题。

2. 用万用表检查线路的通断情况。检查时，应选用倍率适当的电阻挡，并进行校零，以防发生短路故障。测量电路输入端电阻，如果有一个阻值，并且指针慢慢返回，可以通电测试。

填写表4-5。

表4-5 自检情况记录表

自检项目	自检结果	出现问题的原因及解决办法
按照电路图正确接线	电路安装中存在_____处接线错误	
按照电路图检查元器件极性	电路安装中_____元器件极性接反	
元器件完好、无损伤	安装过程中损坏或碰伤元器件有_____	
焊点质量良好	安装过程中损坏或碰伤元器件有_____处	
布线美观、横平竖直，无交叉	布线不整齐、不美观有____处，有交叉现象_____处	
其他问题		

四、通电调试

断电检查无误后，经教师同意，通电调试，测量以下数据，若存在故障，及时处理。

焊接完成经检查合格后，将主电路和触发电路的电源端按电压等级接到具有两个次级绕组的变压器上，然后送电对各点进行相应的调试和测量。

1．输出电压 u_d 和晶闸管两端承受电压 u_{VT} 波形的测量。

在单相整流电路中，把晶闸管从承受正向阳极电压起到受触发脉冲触发而导通之间的电角度 α 称为控制角，亦称为触发延迟角或移相角。晶闸管在一个周期内导通时间对应的电角度用 θ 表示，称为导通角，且 $\theta = \pi - \alpha$。单相半波可控整流调光电路输出电压 u_d 和晶闸管两端承受电压 u_{VT} 波形的测量方法及步骤如下。

（1）将示波器探头接于负载两端，探头的测试端接高电位，探头的接地端接低电位，荧光屏上显示的应是单相半波可控整流调光电路的输出电压 u_d 的波形。调节电位器 RP 可改变控制角 α 从 $180°\sim0°$ 变化，从而改变输出电压的波形，小灯泡的明暗程度也随之相应变化，电路的调光功能即由此实现。

（2）用示波器测试控制角 α 从 $180°\sim0°$ 变化时与输出电压 u_d 对应的晶闸管两端承受的电压 u_{VT} 的波形。

操作提示

在测量 u_{VT} 时，探头的测试端接晶闸管的阳极，接地端接晶闸管的阴极。

2．电路如果存在故障，进行分析找出故障点，填写表 4-6。

表 4-6　故障检修情况记录表

检修步骤	过程记录
1．观察并记录故障现象	
2．分析故障原因，确定故障范围（通电操作，注意观察故障现象，根据故障现象分析故障原因）	
3．依据电路的工作原理和观察到的故障现象，在电路图上进行分析，确定电路的最小故障范围	
4．在故障检查范围中，采用逻辑分析及正确的测量方法，迅速查找故障并排除	
5．通电调试	

3．通电调试过程中自己或其他同学还遇到了哪些问题？相互交流，作好记录，并分析原因，记录处理方法，填入表 4-7 中。

表 4-7　故障分析、检修记录表

故障现象	故障原因	处理方法

操作提示

调试中若无振荡信号输出，可检查直流电源的极性是否正确、积分电容是否可靠接入、集成运放是否完好等，并进行故障排除。

五、项目验收

1. 在验收阶段，各小组派出代表进行交叉验收，并填写详细验收记录，完成表4-8。

表4-8　验收过程问题记录表

验收问题	整改措施	完成时间	备注

2. 以小组为单位认真填写任务验收报告，并将学习活动1中的工作任务单填写完整。

六、评价

以小组为单位，展示本组安装成果。根据表4-9所示任务测评表进行评分。

表4-9　任务测评表

评分内容		分值	评分		
			自我评分	小组评分	教师评分
元器件的定位及安装	元器件无损伤	20			
	元器件安装平整、对称				
	按电路图装配，元器件位置、极性正确				
布线	按电路图正确接线	20			
	布线合理、紧凑、无拱线				
	布线横平竖直、转角成90°，无交叉				
焊接质量	焊点光亮、清洁、焊料合适	20			
	无漏焊、虚焊、假焊、错焊				
	焊接后元器件引脚剪脚留头长度不少于1mm				
通电调试	能正确使用仪表	30			
	按测试要求和步骤完成测量				
	出现故障正确排除				
安全文明生产	遵守安全文明生产规程	10			
	施工完成后认真清理现场				
施工额定用时_____实际用时_____超时扣分_____					
合　计					

 学习活动4　工作总结与评价

 学习目标

1. 能以小组形式，对学习过程和实训成果进行汇报总结。
2. 完成对学习过程的综合评价。

建议课时：4课时

学习过程

一、工作总结

以小组为单位，选择演示文稿、展板、海报、录像等形式中的一种或几种，向全班同学展示、汇报学习成果。

二、综合评价（表4-10）

表4-10　综合评价表

评价项目	评价内容	评价标准	评价方式		
			自我评价	小组评价	教师评价
职业素养	安全意识、责任意识	A. 作风严谨，自觉遵章守纪，出色地完成工作任务 B. 能够遵守规章制度、较好地完成工作任务 C. 遵守规章制度、没完成工作任务，或虽完成工作任务但未严格遵守或忽视规章制度 D. 不遵守规章制度，没完成工作任务			
	主动学习态度	A. 积极参与教学活动，全勤 B. 缺勤达本任务总学时的10% C. 缺勤达本任务总学时的20% D. 缺勤达本任务总学时的30%			
	团队合作意识	A. 与同学协作融洽，团队合作意识强 B. 与同学沟通、协同工作能力较强 C. 与同学沟通、协同工作能力一般 D. 与同学沟通困难，协同工作能力较差			
专业能力	学习活动1明确任务和勘查现场	A. 按时、完整地完成工作页，问题回答正确，数据记录、图纸绘制准确 B. 按时、完整地完成工作页，问题回答基本正确，数据记录、图纸绘制基本准确 C. 未能按时完成工作页，或内容遗漏、错误较多 D. 未完成工作页			
	学习活动2施工前的准备	A. 学习活动评价成绩为90～100分 B. 学习活动评价成绩为75～89分 C. 学习活动评价成绩为60～74分 D. 学习活动评价成绩为0～59分			
	学习活动3现场施工	A. 学习活动评价成绩为90～100分 B. 学习活动评价成绩为75～89分 C. 学习活动评价成绩为60～74分 D. 学习活动评价成绩为0～59分			
创新能力		学习过程中提出具有创新性、可行性的建议	加分奖励：		
学生姓名			综合评定等级		
指导教师			日　期		

学习任务 **5** 照明灯异地控制电路

的安装与调试

学习目标

1. 能通过阅读工作任务联系单，明确工作任务要求。
2. 能正确描述照明灯异地控制电路的结构、工作原理；掌握相关元器件的特点、功能。
3. 能根据任务要求，列出所需工具、仪表和材料清单并做好准备，合理制订工作计划。
4. 能正确使用仪表对相关元器件进行检测。
5. 能正确识读电路原理图，设计电路的布局走线，并按照任务要求和相关工艺规范完成电路的装接，正确完成电路的通电测试。
6. 能按电工作业规程，作业完毕后能按照管理规定清理施工现场。

建议课时：30课时

工作情景描述

电子实训大楼的楼梯需要安装路灯，要求在楼上、楼下可以异地控制，使用数字电路知识完成电路的安装和调试。现需要电工电子班级学生根据电路原理图领取、核对、检测元器件，按工艺要求完成电路的安装和调试，并交给相关人员验收。

工作流程与活动

1. 明确工作任务
2. 施工前的准备
3. 现场施工
4. 总结与评价

学习活动 1　明确工作任务

学习目标

1. 能通过阅读工作任务联系单，明确工作内容、工时等要求。
2. 能描述照明灯异地控制电路的应用。

3. 能描述照明灯异地控制电路的组成结构、作用。

建议课时：2 课时

**学习过程**

一、阅读工作任务联系单

阅读工作任务联系单，说出本次任务的工作内容、时间要求及交接工作的相关负责人等信息，并根据实际情况补充完整。

工作任务联系单

制作项目	照明灯异地控制电路的安装与调试				
制作时间	年　月　日	制作地点	学校电子实训室		
项目描述	电子实训大楼的楼梯需要安装路灯，要求在楼上、楼下可以异地控制，使用数字电路知识完成电路的安装和调试。现需要根据电路原理图，按工艺要求完成电路的安装和调试				
制作部门	电气工程系	承办人	张三	开始时间	年　月　日
		联系电话	3862291		
制作单位	电工电子班	责任人		承接时间	年　月　日
		联系电话			
制作人员				完成时间	年　月　日
验收意见			验收人		
处室负责人签字		设备科负责人签字			

照明灯异地控制电路原理图如图 5-1 所示。

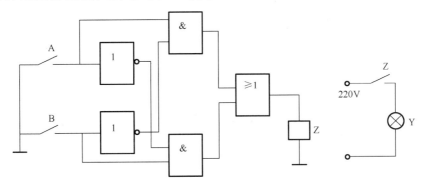

图 5-1　照明灯异地控制电路原理图

二、照明灯异地控制电路的应用

查阅资料，列举 2～3 个生活中照明灯异地控制电路的实例。

三、对照以前所学的电路，指出本电路中使用的新的元器件，通过听教师讲解和查阅资料写出元器件名称、电路符号

四、写出模拟信号跟数字信号的定义

学习活动 2 施工前的准备

学习目标

1. 认识基本逻辑门电路和组合逻辑门电路的基本性质和主要功能。
2. 能正确识读照明灯异地控制电路原理图。
3. 能正确绘制电路布置图和接线图。
4. 能根据任务要求和实际情况，合理制订工作计划。

建议课时：**12课时**

学习过程

一、认识元器件

74LS08P 的外形和内部结构如图 5-2 所示。

(a) 外形

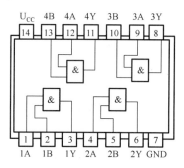

(b) 内部结构

图 5-2 74LS08P 的外形和内部结构

74LS32P 的外形和内部结构如图 5-3 所示。

(a) 外形

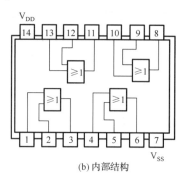

(b) 内部结构

图 5-3 74LS32P 的外形和内部结构

74LS04P 的外形和内部结构如图 5-4 所示。

(a) 外形

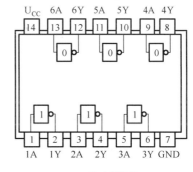

(b) 内部结构

图 5-4　74LS04P 的外形和内部结构

1．写出与门逻辑的电路符号、表达式、真值表。

2．写出或门逻辑的电路符号、表达式、真值表。

3．写出非门逻辑的电路符号、表达式、真值表。

4．写出与非门逻辑的电路符号、表达式、真值表。

5．写出或非门逻辑的电路符号、表达式、真值表。

6．写出同或门逻辑的电路符号、表达式、真值表。

7．写出异或门逻辑的电路符号、表达式、真值表。

8．直流继电器 Z 结构包括，一组线圈、两组常开开关、两组常闭开关。查阅资料，写出引脚名称，完成表 5-1。

表 5-1　直流继电器的判断方法

元器件	判断方法
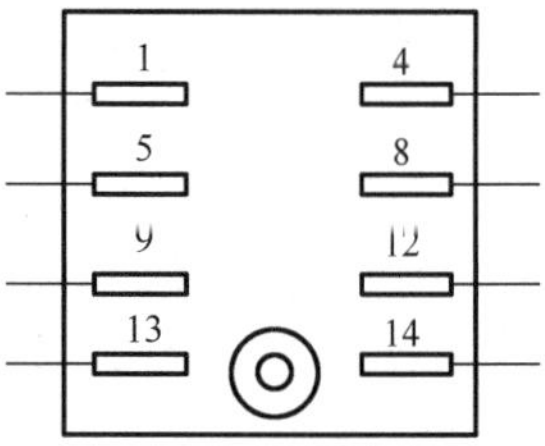	

二、照明灯异地控制电路原理分析

照明灯异地控制电路就是典型的异或门电路的应用。

1．开关 A 闭合、B 断开，写出电路的工作原理。

2．开关 B 闭合、A 断开，写出电路的工作原理。

3．开关 A、B 闭合，写出电路的工作原理。

4．开关 A、B 断开，写出电路的工作原理。

三、绘制布置图和接线图

按照电路原理图和元器件的外形尺寸设计其在铆钉板上的安装位置和布线。

注意事项：

（1）元器件在电路板上的分布应尽量均匀，疏密一致，排列整齐美观，不允许斜排、立体交叉和重叠排列。

（2）电路布线挺直，整个走线呈现直线状态，弯成 90°，导线不能交叉，确实需要交叉的导线应在元器件下穿过，如有跳线必须接在元器件面。

电路布局及走线图

四、制订工作计划

查阅相关资料，了解任务实施的基本步骤，结合实际情况，制订小组工作计划。

"照明灯异地控制电路的安装与调试"工作计划

一、人员分工

1．小组负责：＿＿＿＿＿＿＿＿＿＿

2．小组成员及分工

姓　名	分　工

二、工具、仪表及材料清单

序号	工具、仪表或材料名称	单位	数量	备注

续表

序号	工具、仪表或材料名称	单位	数量	备注

三、工序及工期安排

序号	工作内容	完成时间	备注

四、完全防护措施

五、评价

以小组为单位，展示本组制订的工作计划。然后在教师点评的基础上对工作计划进行修改完善，并根据表 5-2 所示评分标准进行评分。

表 5-2　测评表

评价内容	分值	评分		
		自我评价	小组评价	教师评价
计划制订是否有条理	10			
计划是否全面、完善	10			
人员分工是否合理	10			
任务要求是否明确	20			
工具清单是否正确、完整	20			
材料清单是否正确、完整	20			
团结协作	10			
合　计				

学习活动 3　现场施工

**学习目标**

1. 能正确选用元器件，并用万用表判断好坏
2. 能根据电路原理图，按照工艺要求正确焊装照明灯异地控制电路。
3. 能正确使用万用表进行线路检测，完成通电调试，交付验收。
4. 施工后能按照管理规定清理施工现场。

建议课时：**12 课时**

**学习过程**

一、元器件好坏检测

1. 根据前面所学的知识，正确选择元器件，并判断好坏，完成表 5-3。

表 5-3　元器件检测记录表

代号	名称	实物照片	规格	检测结果	是否可用
A，B	按钮开关		ATE		
Y	灯泡		15W/220V	电阻值为_____	
Z	直流继电器		G2R-1-5V		

注意：在使用万用表电阻挡测量元器件两引脚电阻时，两只手不能同时触及元器件的两只引脚。

二、电路装接

1. 电路板元器件插装工艺要求。

（1）元器件在电路板上的分布应尽量均匀，疏密一致，排列整齐美观，不允许斜排、立体交叉和重叠排列。

（2）安装顺序一般为先低后高，先轻后重，先易后难，先一般元器件后特殊元器件。

（3）统一规格的元器件尽量安装在同一高度。

（4）元器件一般应布置在电路板的同一面，元器件的外壳或引线不得相碰。

2．电路板上导线焊接工艺

（1）镀锡裸铜丝挺直，整个走线呈现直线状态，弯成90°。

（2）焊点均匀一致，导线与焊盘融为一体，无虚焊、假焊。

（3）镀锡裸铜丝紧贴电路板，不得拱起、弯曲。

（4）对于较长尺寸的镀锡裸铜丝在电路板上每隔20mm加焊一个焊点。

三、自检

电路完毕后，必须在不通电的情况下，对电路板进行认真细致的检查，首先检查电路有无漏焊、错焊、虚焊等问题。检查时可用尖嘴钳或镊子将每个元器件拉动一下，看有无松动，如果发现有松动现象，应重新焊接。检查中还应注意以下问题。

（1）直流继电器引脚之间有无接错。

（2）集成芯片引脚之间有无接反。

填写表5-4。

表5-4　自检情况记录表

自检项目	自检结果	出现问题的原因及解决办法
按照电路图正确接线	电路安装中存在_____处接线错误	
按照电路图检查元器件极性	电路安装中_____元件极性接反	
元器件完好、无损伤	安装过程中损坏或碰伤元器件有_____	
焊点质量良好	安装过程中损坏或碰伤元器件有_____处	
布线美观、横平竖直，无交叉	布线不整齐、不美观有____处 有交叉现象_____处	
其他问题		

四、通电调试

断电检查无误后，经教师同意，通电调试，测量以下数据，若存在故障，及时处理。

1．按表中的要求对电路进行调试，观察灯泡的状态，将观察结果填入表5-5中。

2．分别用万用表和逻辑笔对各种输入状态下的各门电路逻辑关系进行测试，将测试结果填入表5-5中。

表5-5　电路测试结果

开关状态		非门输出电压/V	与门输出电压/V	或门输出电压/V	继电器状态	灯泡状态
开关A	开关B					
断开	断开					
断开	闭合					
闭合	断开					
闭合	闭合					

操作提示

（1）焊接集成电路引脚时应注意焊接时间不能超过2s，不能出现引脚粘连现象。

（2）测试中，为了安全起见也可用发光二极管代替继电器，可不接交流 220V 照明电路，只要发光二极管亮，就代表灯泡亮。

3．电路如果存在故障，进行分析找出故障点，填写表 5-6。

表 5-6　故障检修情况记录表

检修步骤	过程记录
1．观察并记录故障现象	
2．分析故障原因，确定故障范围（通电操作，注意观察故障现象，根据故障现象分析故障原因）	
3．依据电路的工作原理和观察到的故障现象，在电路图上进行分析，确定电路的最小故障范围	
4．在故障检查范围中，采用逻辑分析及正确的测量方法，迅速查找故障并排除	
5．通电调试	

4．通电调试过程中自己或其他同学还遇到了哪些问题？相互交流，作好记录，并分析原因，记录处理方法，填入表 5-7 中。

表 5-7　故障分析、检修记录表

故障现象	故障原因	处理方法

 **操作提示**

调试中若无振荡信号输出，可检查直流电源极性是否正确、积分电容是否可靠接入、集成运放是否完好等，并进行故障排除。

五、项目验收

1．在验收阶段，各小组派出代表进行交叉验收，并填写详细验收记录，完成表 5-8。

表 5-8　验收过程问题记录表

验收问题	整改措施	完成时间	备注

2．以小组为单位认真填写任务验收报告，并将学习活动 1 中的工作任务单填写完整。

六、评价

以小组为单位，展示本组安装成果。根据表 5-9 所示任务测评表进行评分。

表 5-9 任务测评表

评分内容		分值	评分		
			自我评分	小组评分	教师评分
元器件的定位及安装	元器件无损伤	20			
	元器件安装平整、对称				
	按电路图装配，元器件位置、极性正确				
布线	按电路图正确接线	20			
	布线合理、紧凑、无拱线				
	布线横平竖直、转角成 90°，无交叉				
焊接质量	焊点光亮、清洁、焊料合适	20			
	无漏焊、虚焊、假焊、错焊				
	焊接后元器件引脚剪脚留头长度不少于 1mm				
通电调试	能正确使用仪表	30			
	按测试要求和步骤完成测量				
	出现故障正确排除				
安全文明生产	遵守安全文明生产规程	10			
	施工完成后认真清理现场				
施工额定用时_____实际用时_____超时扣分_____					
合 计					

学习活动 4　工作总结与评价

 **学习目标**

1. 能以小组形式，对学习过程和实训成果进行汇报总结。
2. 完成对学习过程的综合评价。

建议课时：4 课时

学习过程

一、工作总结

以小组为单位，选择演示文稿、展板、海报、录像等形式中的一种或几种，向全班同学展示、汇报学习成果。

二、综合评价（表 5-10）

表 5-10 综合评价表

评价项目	评价内容	评价标准	评价方式		
			自我评价	小组评价	教师评价
职业素养	安全意识、责任意识	A．作风严谨，自觉遵章守纪，出色地完成工作任务 B．能够遵守规章制度、较好地完成工作任务 C．遵守规章制度、没完成工作任务，或虽完成工作任务但未严格遵守或忽视规章制度 D．不遵守规章制度，没完成工作任务			
	主动学习态度	A．积极参与教学活动，全勤 B．缺勤达本任务总学时的 10% C．缺勤达本任务总学时的 20% D．缺勤达本任务总学时的 30%			
	团队合作意识	A．与同学协作融洽，团队合作意识强 B．与同学能沟通、协同工作能力较强 C．与同学能沟通、协同工作能力一般 D．与同学沟通困难，协同工作能力较差			
专业能力	学习活动 1 明确任务和勘查现场	A．按时、完整地完成工作页，问题回答正确，数据记录、图纸绘制准确 B．按时、完整地完成工作页，问题回答基本正确，数据记录、图纸绘制基本准确 C．未能按时完成工作页，或内容遗漏、错误较多 D．未完成工作页			
	学习活动 2 施工前的准备	A．学习活动评价成绩为 90～100 分 B．学习活动评价成绩为 75～89 分 C．学习活动评价成绩为 60～74 分 D．学习活动评价成绩为 0～59 分			
	学习活动 3 现场施工	A．学习活动评价成绩为 90～100 分 B．学习活动评价成绩为 75～89 分 C．学习活动评价成绩为 60～74 分 D．学习活动评价成绩为 0～59 分			
创新能力		学习过程中提出具有创新性、可行性的建议	加分奖励：		
学生姓名			综合评定等级		
指导教师			日　期		

学习任务 6 抢答器的安装与调试

学习目标

1. 能通过阅读工作任务联系单，明确工作任务要求。
2. 能正确描述抢答器电路的结构、工作原理；掌握相关元器件的特点、功能。
3. 能根据任务要求，列出所需工具、仪表和材料清单并做好准备，合理制订工作计划。
4. 能正确使用仪表对相关元器件进行检测。
5. 能正确识读电路原理图，设计电路的布局走线，并按照任务要求和相关工艺规范完成电路的装接，正确完成电路的通电测试。
6. 能按电工作业规程，作业完毕后能按照管理规定清理施工现场。

建议课时：30 课时

工作情景描述

学校教务处举行学生科学知识竞赛，需要一台抢答器。现需要电工电子班级学生根据电路原理图领取、核对、检测元器件，按工艺要求完成抢答器电路的安装和调试，并交给相关人员验收。

工作流程与活动

1. 明确工作任务
2. 施工前的准备
3. 现场施工
4. 总结与评价

 学习活动 1 明确工作任务

学习目标

1. 能通过阅读工作任务联系单，明确工作内容、工时等要求。
2. 能描述抢答器电路的应用。
3. 能描述抢答器电路的组成结构、作用。

建议课时：2 课时

学习过程

一、阅读工作任务联系单

阅读工作任务联系单，说出本次任务的工作内容、时间要求及交接工作的相关负责人等信息，并根据实际情况补充完整。

工作任务联系单

制作项目	抢答器的安装与调试				
制作时间	年 月 日		制作地点	电子实训室	
项目描述	学校教务处举行学生科学知识竞赛，需要一台抢答器。现需要根据电路原理图，按工艺要求完成抢答器电路的安装和调试				
报作部门	教务处	承办人	李四	开始时间	年 月 日
		联系电话	3862937		
制作单位	电工电子班	责任人		承接时间	年 月 日
		联系电话			
制作人员				完成时间	年 月 日
验收意见				验收人	
处室负责人签字		设备科负责人签字			

抢答器电路原理图如图 6-1 所示。

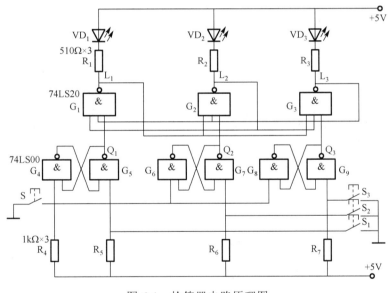

图 6-1　抢答器电路原理图

二、抢答器在我们生活中应用非常广泛，查阅资料，列举 2～3 个应用抢答器的实例

三、对照以前所学知识，通过听教师讲解和查阅资料指出 G_1、G_5、VD_1 的名称

学习活动 2　施工前的准备

学习目标

1. 认识基本 RS 触发器的基本性质和主要功能。
2. 能正确识读抢答器电路原理图。
3. 能正确绘制电路布置图和接线图。
4. 能根据任务要求和实际情况，合理制订工作计划。

建议课时：**18** 课时

**学习过程**

一、画出基本 RS 触发器的逻辑符号、表达式、真值表

二、画出本电路中 G_1 的表达式、真值表

三、认识元器件

1. 查找资料，在图 6-2 中画出 74LS00，74LS20 芯片的内部结构以及引脚名称。

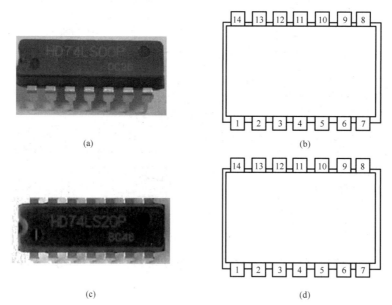

图 6-2　74LS00，74LS20 芯片的外形及结构

2. 发光二极管。

选出发光二极管，查找资料，判断二极管极性。

表 6-1 发光二极管的判断方法

元器件	电路图中的符号	判断方法
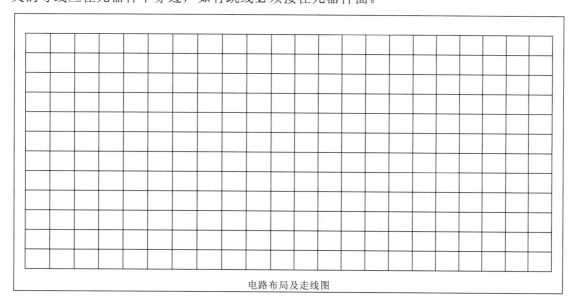	LED	1. 万用表的量程选择_____; 2. 用红、黑表笔同时接触二极管的两根引线，然后对调表笔重新测量。在所测阻值小的那次测量中，黑表笔所接的是_____，红表笔所接的是_____

四、电路原理分析

1. 按钮开关 S、S_1、S_2、S_3 的作用是什么？

2. 按下按钮开关 S，指示灯 VD_1、VD_2、VD_3 分别是什么状态？为什么？

3. 按下开关 S_3，指示灯 V_3 是什么状态？如果之后按下其他开关，对应的指示灯是什么状态？为什么？

五、绘制布置图和接线图

按照电路原理图和元器件的外形尺寸设计其在铆钉板上的安装位置和布线。

注意事项：

（1）元器件在电路板上的分布应尽量均匀，疏密一致，排列整齐美观，不允许斜排、立体交叉和重叠排列。

（2）电路布线挺直，整个走线呈现直线状态，弯成 90°，导线不能交叉，确实需要交叉的导线应在元器件下穿过，如有跳线必须接在元器件面。

电路布局及走线图

六、制订工作计划

查阅相关资料，了解任务实施的基本步骤，结合实际情况，制订小组工作计划。

"抢答器控制电路的安装与调试"工作计划

一、人员分工

1. 小组负责：_____

2. 小组成员及分工

姓　名	分　工

二、工具、仪表及材料清单

序号	工具、仪表或材料名称	单位	数量	备注

三、工序及工期安排

序号	工作内容	完成时间	备注

续表

序号	工作内容	完成时间	备注

四、完全防护措施

七、评价

以小组为单位，展示本组制订的工作计划。然后在教师点评的基础上对工作计划进行修改完善，并根据表 6-2 所示评分标准进行评分。

表 6-2　测评表

评价内容	分值	评分		
		自我评价	小组评价	教师评价
计划制订是否有条理	10			
计划是否全面、完善	10			
人员分工是否合理	10			
任务要求是否明确	20			
工具清单是否正确、完整	20			
材料清单是否正确、完整	20			
团结协作	10			
合　计				

学习活动 3　现场施工

学习目标

1. 能正确选用元器件，并用万用表判断好坏。
2. 能根据电路原理图，按照工艺要求正确焊装抢答器电路。
3. 能正确使用万用表进行线路检测，完成通电调试，交付验收。
4. 施工后能按照管理规定清理施工现场。

建议课时：12 课时

学习过程

一、元器件好坏检测

1. 根据前面所学知识，正确选择元器件，并判断好坏，完成表 6-3。

表 6-3　元器件检测记录表

代号	名称	实物照片	规格	检测结果	是否可用
S、S₁、S₂、S₃	按钮开关A		ATE		
VD₁、VD₂、VD₃	发光二极管		LED	万用表量程为_____，正向电阻值为_____；反向电阻值为_____	
R₁～R₃	碳膜电阻器		510Ω		
R₄～R₇	碳膜电阻器		1kΩ		

注意：在使用万用表电阻挡测量元器件两引脚电阻时，两只手不能同时触及元器件的两只引脚。

二、电路装接

1. 电路板元器件插装工艺要求。

（1）元器件在电路板上的分布应尽量均匀，疏密一致，排列整齐美观，不允许斜排、立体交叉和重叠排列。

（2）安装顺序一般为先低后高，先轻后重，先易后难，先一般元器件后特殊元器件。

（3）统一规格的元器件尽量安装在同一高度。

（4）元器件一般应布置在电路板的同一面，元器件的外壳或引线不得相碰。

2. 电路板上导线焊接工艺。

（1）镀锡裸铜丝挺直，整个走线呈现直线状态，弯成90°。

（2）焊点均匀一致，导线与焊盘融为一体，无虚焊、假焊。

（3）镀锡裸铜丝紧贴电路板，不得拱起、弯曲。

（4）对于较长尺寸的镀锡裸铜丝在电路板上每隔20mm加焊一个焊点。

三、自检

电路完毕后，必须在不通电的情况下，对电路板进行认真细致的检查，首先检查电路有无漏焊、错焊、虚焊等问题。检查时可用尖嘴钳或镊子将每个元器件拉动一下，看有无松动，如果发现有松动现象，应重新焊接。检查中还应注意以下问题。

（1）直流继电器引脚之间有无接错。

（2）集成芯片引脚之间有无接反。

填写表 6-4。

表 6-4   自检情况记录表

自检项目	自检结果	出现问题的原因及解决办法
按照电路图正确接线	电路安装中存在_____处接线错误	
按照电路图检查元器件极性	电路安装中_____元器件极性接反	
元器件完好、无损伤	安装过程中损坏或碰伤元器件有_____	
焊点质量良好	安装过程中损坏或碰伤元器件有_____处	
布线美观、横平竖直、无交叉	布线不整齐、不美观有____处 有交叉现象_____处	
其他问题		

四、通电调试

断电检查无误后，经教师同意，通电调试，测量以下数据，若存在故障，及时处理。

1. 电路正确无误的情况下，通电测试电路的逻辑功能，并完成表 6-5 中的各项内容。

表 6-5   具有记忆功能的抢答器功能表

S	S_3	S_2	S_1	Q_3	Q_2	Q_1	L_3	L_2	L_1
0	0	0	1						
0	0	1	0						
0	1	0	0						
0	0	0	0						
1	0	0	1						
1	0	1	0						
1	1	0	0						
1	0	0	0						

注：①表示高电平、开关闭合；0 表示低电平、开关断开。
　　②电路如果存在故障，进行分析找出故障点，填写表 6-6。

表 6-6   故障检修情况记录表

检修步骤	过程记录
1. 观察并记录故障现象	
2. 分析故障原因，确定故障范围（通电操作，注意观察故障现象，根据故障现象分析故障原因）	
3. 依据电路的工作原理和观察到的故障现象，在电路图上进行分析，确定电路的最小故障范围	
4. 在故障检查范围中，采用逻辑分析及正确的测量方法，迅速查找故障并排除	
5. 通电调试	

2. 通电调试过程中自己或其他同学还遇到了哪些问题？相互交流，作好记录，并分析原因，记录处理方法，填入表 6-7 中。

表 6-7   故障分析、检修记录表

故障现象	故障原因	处理方法

五、项目验收

1. 在验收阶段，各小组派出代表进行交叉验收，并填写详细验收记录，完成表 6-8。

表 6-8   验收过程问题记录表

验收问题	整改措施	完成时间	备注

2. 以小组为单位认真填写任务验收报告，并将学习活动 1 中的工作任务单填写完整。

六、评价

以小组为单位，展示本组安装成果。根据表 6-9 所示任务测评表进行评分。

表 6-9   任务测评表

评分内容		分值	评分		
			自我评分	小组评分	教师评分
元器件的定位及安装	元器件无损伤	20			
	元器件安装平整、对称				
	按电路图装配，元器件位置、极性正确				
布线	按电路图正确接线	20			
	布线合理、紧凑、无拱线				
	布线横平竖直、转角成 90°，无交叉				
焊接质量	焊点光亮、清洁、焊料合适	20			
	无漏焊、虚焊、假焊、错焊				
	焊接后元器件引脚剪脚留头长度不少于 1mm				
通电调试	能正确使用仪表	30			
	按测试要求和步骤完成测量				
	出现故障正确排除				
安全文明生产	遵守安全文明生产规程	10			
	施工完成后认真清理现场				
施工额定用时_____实际用时_____超时扣分_____					
合 计					

 学习活动4　工作总结与评价

 学习目标

1. 能以小组形式，对学习过程和实训成果进行汇报总结。
2. 完成对学习过程的综合评价。

建议课时：4课时

学习过程

一、工作总结

以小组为单位，选择演示文稿、展板、海报、录像等形式中的一种或几种，向全班同学展示、汇报学习成果。

二、综合评价（表6-10）

表6-10　综合评价表

评价项目	评价内容	评价标准	评价方式		
			自我评价	小组评价	教师评价
职业素养	安全意识、责任意识	A．作风严谨，自觉遵章守纪，出色地完成工作任务 B．能够遵守规章制度、较好地完成工作任务 C．遵守规章制度、没完成工作任务，或虽完成工作任务但未严格遵守或忽视规章制度 D．不遵守规章制度，没完成工作任务			
	学习态度主动	A．积极参与教学活动，全勤 B．缺勤达本任务总学时的10% C．缺勤达本任务总学时的20% D．缺勤达本任务总学时的30%			
职业素养	团队合作意识	A．与同学协作融洽，团队合作意识强 B．与同学沟通、协同工作能力较强 C．与同学沟通、协同工作能力一般 D．与同学沟通困难，协同工作能力较差			
专业能力	学习活动1 明确任务和勘查现场	A．按时、完整地完成工作页，问题回答正确，数据记录、图纸绘制准确 B．按时、完整地完成工作页，问题回答基本正确，数据记录、图纸绘制基本准确 C．未能按时完成工作页，或内容遗漏、错误较多 D．未完成工作页			
	学习活动2 施工前的准备	A．学习活动评价成绩为90～100分 B．学习话动评价成绩为75～89分 C．学习活动评价成绩为60～74分 D．学习活动评价成绩为0～59分			
	学习活动3 现场施工	A．学习活动评价成绩为90～100分 B．学习活动评价成绩为75～89分 C．学习活动评价成绩为60～74分 D．学习活动评价成绩为0～59分			
创新能力		学习过程中提出具有创新性、可行性的建议	加分奖励：		
学生姓名			综合评定等级		
指导教师			日　期		

学习任务 **7** 计数器的安装与调试

 学习目标

1. 能通过阅读工作任务联系单，明确工作任务要求。
2. 能正确描述计数器电路的结构、工作原理；掌握相关元器件的特点、功能。
3. 能根据任务要求，列出所需工具、仪表和材料清单并做好准备，合理制订工作计划。
4. 能正确使用仪表对相关元器件进行检测。
5. 能正确识读电路原理图，设计电路的布局走线，并按照任务要求和相关工艺规范完成电路的装接，正确完成电路的通电测试。
6. 能按电工作业规程，作业完毕后能按照管理规定清理施工现场。

建议课时：30课时

工作情景描述

某车间需要一批计数器，要求对七进制数进行计数。现需要电工电子班级学生根据电路原理图领取、核对、检测元器件，按工艺要求完成计数器电路的安装和调试，并交给相关人员验收。

工作流程与活动

1. 明确工作任务
2. 施工前的准备
3. 现场施工
4. 总结与评价

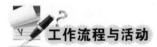 学习活动 1 明确工作任务

 学习目标

1. 能通过阅读工作任务联系单，明确工作内容、工时等要求。
2. 能描述计数器电路的应用。

3. 能描述计数器电路的组成结构、作用。

建议课时：2 课时

学习过程

一、阅读工作任务联系单

阅读工作任务联系单，说出本次任务的工作内容、时间要求及交接工作的相关负责人等信息，并根据实际情况补充完整。

工作任务联系单

制作项目	计数器的安装与调试			
制作时间	年 月 日	制作地点	学校电子实训室	
项目描述	某车间需要一批计数器，要求对七进制数进行计数。现需要根据电路原理图，按工艺要求完成计数器电路的安装和调试			
制作部门	学校实习工厂	承办人	王五	开始时间	年 月 日
		联系电话	3836931		
制作单位	电工电子班	责任人		承接时间	年 月 日
		联系电话			
制作人员			完成时间	年 月 日
验收意见			验收人	
处室负责人签字		设备科负责人签字		

七进制计数器的原理图如图 7-1 所示。

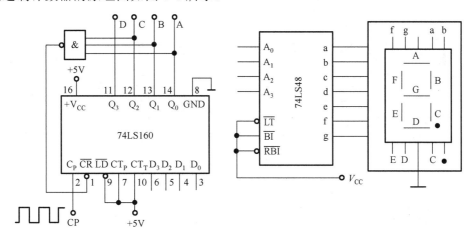

图 7-1 七进制计数器原理图

二、本电路是对几进制的数进行计数，有哪些数码

三、计数器在我们生活中应用非常广泛，查阅资料，列举 2～3 个应用计数器的实例

四、对照以前所学知识，通过听教师讲解和查阅资料指出本电路使用的新元器件的名称

 学习活动 2　施工前的准备

学习目标

1. 认识计数器相关元件的基本性质和主要功能。
2. 能正确识读计数器电路原理图。
3. 能正确绘制电路布置图和接线图。
4. 能根据任务要求和实际情况，合理制订工作计划。

建议课时：12 课时

学习过程

一、二—十进制编码

在数字电路中，十进制数是用二进制代码来表示的。四位二进制代码共有十六种状态，可用其中的任意十种状态来表示十进制的 0~9 十个数字。这样编码的方式很多，最常用的是 8421BCD 编码。根据 8421BCD 编码特点，完成表 7-1。

表 7-1　8421BCD 编码

十进制数	二进制代码	十进制数	二进制代码	十进制数	二进制代码	十进制数	二进制代码
0		4		8		12	
1		5		9		13	
2		6		10		14	
3		7		11		15	

二、认识元器件

1. JK 触发器。

查阅资料，根据如图 7-2 所示的 JK 触发器原理图，完成表 7-2 的内容。

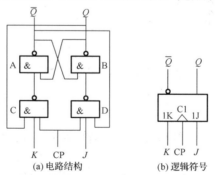

(a) 电路结构　　　　(b) 逻辑符号

图 7-2　JK 触发器电路和符号

表 7-2　JK 触发器真值表

输　入			输　出	逻辑功能
J	K	Q^n	Q^{n+1}	
0	0			
0	0			
0	1			
0	1			
1	0			
1	0			
1	1			
1	1			

2．74LS160 计数器。

74LS160 计数器如图 7-3 所示，查阅资料，写出各引脚的功能。

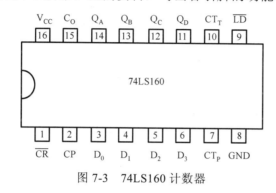

图 7-3　74LS160 计数器

3．74LS160 工作在计数状态，必须满足什么条件？

4．数码管。

（1）指出本电路用的是共阳极还是共阴极的数码管，画出内部电路结构。

（2）要显示七进制数，a、b、c、d、e、f、g 分别是什么电平，查阅资料完成下表 7-3。

表 7-3

a	b	c	d	e	f	g	七进制数
							1
							2
							3
							4
							5
							6
							0

5．74LS48 的引脚排列如图 7-4 所示，查阅资料，将功能补全，完成表 7-4。

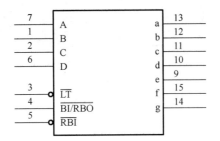

图 7-4　74LS48 的引脚排列

表 7-4

A	B	C	D	a	b	c	d	e	f	g
0	0	0	1							
0	0	1	0							
0	0	1	1							
0	1	0	0							
0	1	0	1							
0	1	1	0							
0	0	0	0							

三、电路原理分析

1．计数器工作在计数状态，$\overline{LD}$、CT_T、CT_P 满足什么条件？

2．电路中 $\overline{CR}$ 的作用是什么？

3．画出电路中 D、C、B、A 跟 A_0、A_1、A_2、A_3 的连接方式，将电路原理图补完整。

4．要设计一个十进制计数器，应怎么修改电路？

四、绘制布置图和接线图

按照电路原理图和元器件的外形尺寸设计其在铆钉板上的安装位置和布线。

注意事项：

（1）元器件在电路板上的分布应尽量均匀，疏密一致，排列整齐美观，不允许斜排、立体交叉和重叠排列。

（2）电路布线挺直，整个走线呈现直线状态，弯成 90°，导线不能交叉，确实需要交叉的导线应在元器件下穿过，如有跳线必须接在元器件面。

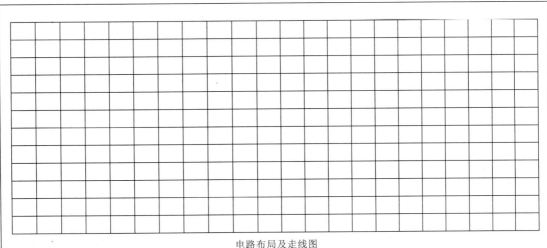

电路布局及走线图

五、制订工作计划

查阅相关资料，了解任务实施的基本步骤，结合实际情况，制订小组工作计划。

"计数器的安装与调试"工作计划

一、人员分工

1. 小组负责：＿＿＿＿＿＿＿＿＿＿＿

2. 小组成员及分工

姓　名	分　工

二、工具、仪表及材料清单

序号	工具、仪表或材料名称	单位	数量	备注

续表

序号	工具、仪表或材料名称	单位	数量	备注

三、工序及工期安排

序号	工作内容	完成时间	备注

四、完全防护措施

六、评价

以小组为单位，展示本组制订的工作计划。然后在教师点评的基础上对工作计划进行修改完善，并根据表 7-5 所示评分标准进行评分。

表 7-5　测评表

评价内容	分值	评分		
		自我评价	小组评价	教师评价
计划制订是否有条理	10			
计划是否全面、完善	10			

续表

评价内容	分值	评分		
		自我评价	小组评价	教师评价
人员分工是否合理	10			
任务要求是否明确	20			
工具清单是否正确、完整	20			
材料清单是合正确、完整	20			
团结协作	10			
合　计				

学习活动3　现场施工

学习目标

1. 能正确选用元器件，并用万用表判断好坏。
2. 能根据电路原理图，按照工艺要求正确焊装计数器电路。
3. 能正确使用万用表进行线路检测，完成通电调试，交付验收。
4. 施工后能按照管理规定清理施工现场。

建议课时：12课时

学习过程

一、元器件好坏检测

根据前面所学的知识，正确选择元器件，并判断好坏，完成表7-6。

表7-6　元器件检测记录表

代号	名称	实物照片	规格	检测结果	是否可用
$VD_1 \sim VD_4$	发光二极管		LED	万用表量程为_____，正向电阻值为_____；反向电阻值为_____	
$R_1 \sim R_4$	碳膜电阻器		200Ω	万用表量程为_____ 电阻值为_____	
74LS120	计数器				
74LS48	译码器				

续表

代号	名称	实物照片	规格	检测结果	是否可用
546R	数码管				
74LS10	三输入与非门				

注意：在使用万用表电阻挡测量元器件两引脚电阻时，两只手不能同时触及元器件的两只引脚。

二、电路装接

1. 电路板元器件插装工艺要求。

（1）元器件在电路板上的分布应尽量均匀，疏密一致，排列整齐美观，不允许斜排、立体交叉和重叠排列。

（2）安装顺序一般为先低后高，先轻后重，先易后难，先一般元器件后特殊元器件。

（3）统一规格的元器件尽量安装在同一高度。

（4）元器件一般应布置在电路板的同一面，元器件的外壳或引线不得相碰。

2. 电路板上导线焊接工艺

（1）镀锡裸铜丝挺直，整个走线呈现直线状态，弯成90°。

（2）焊点均匀一致，导线与焊盘融为一体，无虚焊、假焊。

（3）镀锡裸铜丝紧贴电路板，不得拱起、弯曲。

（4）对于较长尺寸的镀锡裸铜丝在电路板上每隔20mm加焊一个焊点。

三、自检

电路安装完毕后，必须在不通电的情况下，对电路板进行认真细致的检查，首先检查电路有无漏焊、错焊、虚焊等问题。检查时可用尖嘴钳或镊子将每个元器件拉动一下，看有无松动，如果发现有松动现象，应重新焊接。检查中还应注意计数器、译码器、数码管引脚之间有无接反、短接，填写表7-7。

表7-7　自检情况记录表

自检项目	自检结果	出现问题的原因及解决办法
按照电路图正确接线	电路安装中存在_____处接线错误	
按照电路图检查元器件极性	电路安装中_____元器件极性接反	
元器件完好、无损伤	安装过程中损坏或碰伤元器件有_____	
焊点质量良好	安装过程中损坏或碰伤元器件有_____处	
布线美观、横平竖直，无交叉	布线不整齐、不美观有____处 有交叉现象_____处	
其他问题		

四、通电调试

断电检查无误后，经教师同意，通电调试，测量以下数据，若存在故障，及时处理。电路正确无误的情况下，通电测试电路的逻辑功能，并完成表 7-7 中的各项内容。具体操作如下。

1. 先让计数器初始状态为 0000，然后手控单次脉冲信号源的按钮，逐次输入 7 个 CP 脉冲，通过观察发光二极管的亮灭情况确定 $Q_0 \sim Q_3$ 的状态，（亮为 1 状态，灭为 0 状态），同时观察数码管显示的数字依次填入表 7-8 中。

表 7-8

计数脉冲 CP	Q_3	Q_2	Q_1	Q_0	七进制数
0					
1					
2					
3					
4					
5					
6					

2. 电路如果存在故障，进行分析找出故障点，填写表 7-9。

表 7-9　故障检修情况记录表

检修步骤	过程记录
1. 观察并记录故障现象	
2. 分析故障原因，确定故障范围（通电操作，注意观察故障现象，根据故障现象分析故障原因）	
3. 依据电路的工作原理和观察到的故障现象，在电路图上进行分析，确定电路的最小故障范围	
4. 在故障检查范围中，采用逻辑分析及正确的测量方法，迅速查找故障并排除	
5. 通电调试	

3. 通电调试过程中自己或其他同学还遇到了哪些问题？相互交流，作好记录，并分析原因，记录处理方法，填入表 7-10 中。

表 7-10　故障分析、检修记录表

故障现象	故障原因	处理方法

五、项目验收

1. 在验收阶段，各小组派出代表进行交叉验收，并填写详细验收记录，完成表 7-11。

表 7-11　验收过程问题记录表

验收问题	整改措施	完成时间	备注

2. 以小组为单位认真填写任务验收报告，并将学习活动 1 中的工作任务单填写完整。

六、评价

以小组为单位，展示本组安装成果。根据表 7-12 所示任务测评表进行评分。

表 7-12　任务测评表

评分内容		分值	评分		
			自我评分	小组评分	教师评分
元器件的定位及安装	元器件无损伤	20			
	元器件安装平整、对称				
	按电路图装配，器件位置、极性正确				
布线	按电路图正确接线	20			
	布线合理、紧凑、无拱线				
	布线横平竖直、转角成 90°，无交叉				
焊接质量	焊点光亮、清洁、焊料合适	20			
	无漏焊、虚焊、假焊、错焊				
	焊接后元器件引脚剪脚留头长度不少于 1mm				
通电调试	能正确使用仪表	30			
	按测试要求和步骤完成测量				
	出现故障正确排除				
安全文明生产	遵守安全文明生产规程	10			
	施工完成后认真清理现场				
施工额定用时_____实际用时_____超时扣分_____					
合　计					

学习活动 4　工作总结与评价

学习目标

1. 能以小组形式，对学习过程和实训成果进行汇报总结。
2. 完成对学习过程的综合评价。

建议课时：4 课时

学习过程

一、工作总结

以小组为单位，选择演示文稿、展板、海报、录像等形式中的一种或几种，向全班同学展示、汇报学习成果。

二、综合评价（表 7-13）

表 7-13　综合评价表

评价项目	评价内容	评价标准	评价方式		
			自我评价	小组评价	教师评价
职业素养	安全意识、责任意识	A. 作风严谨，自觉遵章守纪，出色地完成工作任务 B. 能够遵守规章制度、较好地完成工作任务 C. 遵守规章制度、没完成工作任务，或虽完成工作任务但未严格遵守或忽视规章制度 D. 不遵守规章制度，没完成工作任务			
	主动学习态度	A. 积极参与教学活动，全勤 B. 缺勤达本任务总学时的 10% C. 缺勤达本任务总学时的 20% D. 缺勤达本任务总学时的 30%			
	团队合作意识	A. 与同学协作融洽，团队合作意识强 B. 与同学沟通、协同工作能力较强 C. 与同学沟通、协同工作能力一般 D. 与同学沟通困难，协同工作能力较差			
专业能力	学习活动 1明确任务和勘查现场	A. 按时、完整地完成工作页，问题回答正确，数据记录、图纸绘制准确 B. 按时、完整地完成工作页，问题回答基本正确，数据记录、图纸绘制基本准确 C. 未能按时完成工作页，或内容遗漏、错误较多 D. 未完成工作页			
	学习活动 2施工前的准备	A. 学习活动评价成绩为 90～100 分 B. 学习活动评价成绩为 75～89 分 C. 学习活动评价成绩为 60～74 分 D. 学习活动评价成绩为 0～59 分			
	学习活动 3现场施工	A. 学习活动评价成绩为 90～100 分 B. 学习活动评价成绩为 75～89 分 C. 学习活动评价成绩为 60～74 分 D. 学习活动评价成绩为 0～59 分			
创新能力		学习过程中提出具有创新性、可行性的建议	加分奖励：		
学生姓名			综合评定等级		
指导教师			日　期		

学习任务 **8** 报警器的安装与调试

学习目标

1. 能通过阅读工作任务联系单，明确工作任务要求。
2. 能正确描述报警器电路的结构、工作原理；掌握相关元器件的特点、功能。
3. 能根据任务要求，列出所需工具、仪表和材料清单并做好准备，合理制订工作计划。
4. 能正确使用仪表对相关元器件进行检测。
5. 能正确识读电路原理图，设计电路的布局走线，并按照任务要求和相关工艺规范完成电路的装接，正确完成电路的通电测试。
6. 能按电工作业规程，作业完毕后能按照管理规定清理施工现场。

建议课时：30 课时

工作情景描述

学校实习工厂需要一批报警器。现需要电工电子班级学生根据电路原理图领取、核对、检测元器件，按工艺要求完成报警器电路的安装和调试，并交给相关人员验收。

工作流程与活动

1. 明确工作任务
2. 施工前的准备
3. 现场施工
4. 总结与评价

学习活动 1 明确工作任务

学习目标

1. 能通过阅读工作任务联系单，明确工作内容、工时等要求。
2. 能描述报警器电路的应用。
3. 能描述报警器电路的组成结构、作用。

建议课时：2 课时

 **学习过程**

一、阅读工作任务联系单

阅读工作任务联系单，说出本次任务的工作内容、时间要求及交接工作的相关负责人等信息，并根据实际情况补充完整。

工作任务联系单

制作项目	报警器的安装与调试			
制作时间	年 月 日	制作地点	学校电子实训室	
项目描述	学校实习工厂需要一批报警器。现需要根据电路原理图，按工艺要求完成报警器电路的安装和调试			
制作部门	学校实习工厂	承办人	王五	开始时间 年 月 日
		联系电话	3836931	
制作单位	电工电子班	责任人		承接时间 年 月 日
		联系电话		
制作人员			完成时间 年 月 日	
验收意见			验收人	
处室负责人签字		设备科负责人签字		

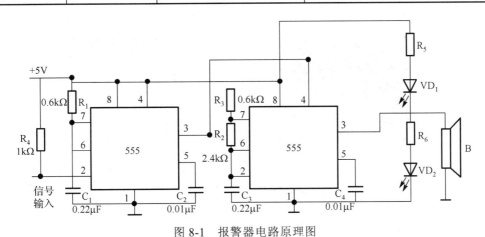

图 8-1 报警器电路原理图

二、报警器在我们生活中应用非常广泛，查阅资料，列举 2~3 个应用报警器的实例

三、对照以前所学知识，通过听教师讲解和查阅资料指出本电路使用的新元器件的名称

 学习活动 2 施工前的准备

学习目标

1. 认识 555 定时器的基本性质和主要功能。
2. 能正确识读报警器电路原理图。
3. 能正确绘制电路布置图和接线图。
4. 能根据任务要求和实际情况，合理制订工作计划。

建议课时：12 课时

学习过程

一、认识元器件

555 定时器的外形及引脚如图 8-2 所示。

(a) 外形

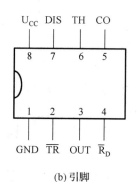

(b) 引脚

图 8-2 555 定时器的外形及引脚

（1）查阅相关资料，补全各引脚的功能，填写表 8-1。

表 8-1 555 定时器的引脚符号及功能

引脚符号	功能	引脚符号	功能
GND		CO	
$\overline{TR}$		TH	
OUT		DIS	
$\overline{R}_D$		U_{CC}	

（2）555 定时器的内部结构如图 8-3 所示，查阅资料补全 555 定时器的功能表，填写表 8-2。

（3）555 定时器构成单稳态触发器电路原理图如图 8-4 所示，查阅资料，将电路的波形图补全，完成图 8-5。

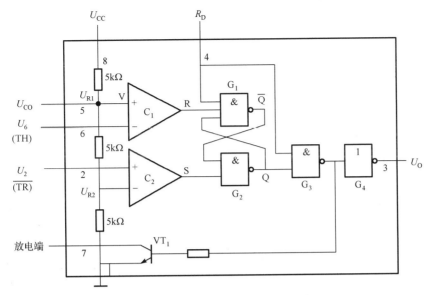

图 8-3 555 定时器的内部结构

表 8-2 555 定时器的功能表

R_D	U_6(TH)	U_2($\overline{TR}$)	U_O	7 脚
0	×	×		
1	$<2U_{CC}/3$	$<U_{CC}/3$		
1	$>2U_{CC}/3$	$>U_{CC}/3$		
1	$>2U_{CC}/3$	$>U_{CC}/3$		

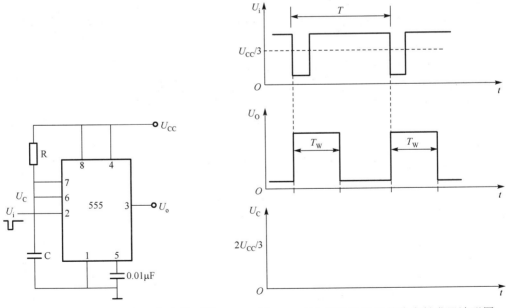

图 8-4 555 定时器构成单稳态触发器电路原理图   图 8-5 555 定时器构成单稳态触发器波形图

（4）555 定时器构成多谐振荡器电路原理图如图 8-6 所示，查阅资料，将电路的波形图补全，完成图 8-7。

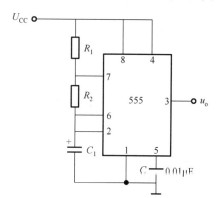

图 8-6　555 定时器构成多谐振荡器电路原理图

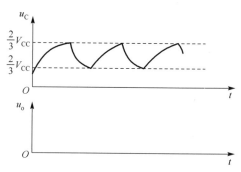

图 8-7　555 定时器构成多谐振荡器波形图

二、电路原理分析

1．根据相关理论计算，电路输出的矩形波的频率是多少？

2．电路工作的时候，VD$_1$、VD$_2$ 的工作情况如何？

三、绘制布置图和接线图

按照电路原理图和元器件的外形尺寸设计其在铆钉板上的安装位置和布线。

注意事项：

（1）元器件在电路板上的分布应尽量均匀，疏密一致，排列整齐美观，不允许斜排、立体交叉和重叠排列。

（2）电路布线挺直，整个走线呈现直线状态，弯成 90°，导线不能交叉，确实需要交叉的导线应在元器件下穿过，如有跳线必须接在元器件面。

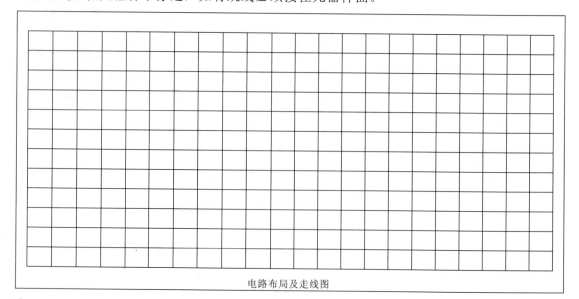

电路布局及走线图

四、制订工作计划

查阅相关资料，了解任务实施的基本步骤，结合实际情况，制订小组工作计划。

"报警器的安装与调试"工作计划

一、人员分工

1. 小组负责：_____

2. 小组成员及分工

姓　名	分　工

二、工具、仪表及材料清单

序号	工具、仪表或材料名称	单位	数量	备注

三、工序及工期安排

序号	工作内容	完成时间	备注

续表

序号	工作内容	完成时间	备注

四、完全防护措施

五、评价

以小组为单位，展示本组制订的工作计划。然后在教师点评的基础上对工作计划进行修改完善，并根据表 8-3 所示评分标准进行评分。

表 8-3　测评表

评价内容	分值	评分		
		自我评价	小组评价	教师评价
计划制订是否有条理	10			
计划是否全面、完善	10			
人员分工是否合理	10			
任务要求是否明确	20			
工具清单是否正确、完整	20			
材料清单是否正确、完整	20			
团结协作	10			
合　计				

 # 学习活动 3　现场施工

学习目标

1. 能正确选用元器件，并用万用表判断好坏。
2. 能根据电路原理图，按照工艺要求正确焊装报警器电路。
3. 能正确使用万用表进行线路检测，完成通电调试，交付验收。
4. 施工后能按照管理规定清理施工现场。

建议课时：**12 课时**

 ### 学习过程

一、元器件好坏检测

根据前面所学的知识，正确选择元器件，并判断好坏，完成表 8-4。

表 8-4　元器件检测记录表

代号	名称	实物照片	规格	检测结果	是否可用
VD₁、VD₂	发光二极管		LED	万用表量程为_____，正向电阻值为_____；反向电阻值为	
R₁、R₃	碳膜电阻器		0.6kΩ	万用表量程为_____电阻值为_____	
R₂	碳膜电阻器		2.4kΩ	万用表量程为_____电阻值为_____	
R₅、R₆	碳膜电阻器		200Ω	万用表量程为_____电阻值为_____	
C₁、C₃	涤纶电容		0.22μF	万用表量程为_____电阻值为_____	
C₂、C₄	涤纶电容		0.01μF	万用表量程为_____电阻值为_____	
B	扬声器		8Ω，0.5W	测量直流铜阻值为_____	

注意：在使用万用表电阻挡测量元器件两引脚电阻时，两只手不能同时触及元器件的两只引脚。

二、电路装接

1．电路板元器件插装工艺要求。

（1）元器件在电路板上的分布应尽量均匀，疏密一致，排列整齐美观，不允许斜排、立体交叉和重叠排列。

（2）安装顺序一般为先低后高，先轻后重，先易后难，先一般元器件后特殊元器件。

（3）统一规格的元器件尽量安装在同一高度。

（4）元器件一般应布置在电路板的同一面，元器件的外壳或引线不得相碰。

2．电路板上导线焊接工艺。

（1）镀锡裸铜丝挺直，整个走线呈现直线状态，弯成 90°。

（2）焊点均匀一致，导线与焊盘融为一体，无虚焊、假焊。

（3）镀锡裸铜丝紧贴电路板，不得拱起、弯曲。

（4）对于较长尺寸的镀锡裸铜丝在电路板上每隔 20mm 加焊一个焊点。

三、自检

电路完毕后，必须在不通电的情况下，对电路板进行认真细致的检查，首先检查电路有无漏焊、错焊、虚焊等问题。检查时可用尖嘴钳或镊子将每个元器件拉动一下，看有无松动，如果发现有松动现象，应重新焊接。检查中还应注意以下问题。

（1）发光二极管引脚有无接反。

（2）集成芯片引脚之间有无接反。

填写表 8-5。

表 8-5　自检情况记录表

自检项目	自检结果	出现问题的原因及解决办法
按照电路图正确接线	电路安装中存在_____处接线错误	
按照电路图检查元器件极性	电路安装中_____元器件极性接反	
元器件完好、无损伤	安装过程中损坏或碰伤元器件有_____	
焊点质量良好	安装过程中损坏或碰伤元器件有_____处	
布线美观、横平竖直，无交叉	布线不整齐、不美观有_____处 有交叉现象_____处	
其他问题		

四、通电调试

断电检查无误后，经教师同意，通电调试，测量以下数据，若存在故障，及时处理。

电路正确无误的情况下，通电测试电路的逻辑功能，并完成如下的各项内容。

1．接上电源，输入信号，用示波器观察 NE555 的 2 脚（或 6 脚）和 3 脚的波形，并记录下来。

2．电路如果存在故障，进行分析找出故障点，填写表 8-6。

表 8-6　故障检修情况记录表

检修步骤	过程记录
1．观察并记录故障现象	
2．分析故障原因，确定故障范围（通电操作，注意观察故障现象，根据故障现象分析故障原因）	
3．依据电路的工作原理和观察到的故障现象，在电路图上进行分析，确定电路的最小故障范围	
4．在故障检查范围中，采用逻辑分析及正确的测量方法，迅速查找故障并排除	
5．通电调试	

3．通电调试过程中自己或其他同学还遇到了哪些问题？相互交流，作好记录，并分析原因，记录处理方法，填入表 8-7 中。

表 8-7　故障分析、检修记录表

故障现象	故障原因	处理方法

五、项目验收

1. 在验收阶段，各小组派出代表进行交叉验收，并填写详细验收记录，完成表 8-8。

表 8-8　验收过程问题记录表

验收问题	整改措施	完成时间	备注

2. 以小组为单位认真填写任务验收报告，并将学习活动 1 中的工作任务单填写完整。

六、评价

以小组为单位，展示本组安装成果。根据表 8-9 所示任务测评表进行评分。

表 8-9　任务测评表

评分内容		分值	评分		
			自我评分	小组评分	教师评分
元器件的定位及安装	元器件无损伤	20			
	元器件安装平整、对称				
	按电路图装配，器件位置、极性正确				
布线	按电路图正确接线	20			
	布线合理、紧凑、无拱线				
	布线横平竖直、转角成 90°，无交叉				
焊接质量	焊点光亮、清洁、焊料合适	20			
	无漏焊、虚焊、假焊、错焊				
	焊接后元器件引脚剪脚留头长度不少于 1mm				
通电调试	能正确使用仪表	30			
	按测试要求和步骤完成测量				
	出现故障正确排除				
安全文明生产	遵守安全文明生产规程	10			
	施工完成后认真清理现场				
施工额定用时_____实际用时_____超时扣分_____					
合　计					

学习活动4　工作总结与评价

学习目标

1. 能以小组形式，对学习过程和实训成果进行汇报总结。
2. 完成对学习过程的综合评价。

建议课时：**4课时**

一、工作总结

以小组为单位，选择演示文稿、展板、海报、录像等形式中的一种或几种，向全班同学展示、汇报学习成果。

二、综合评价（表8-10）

表8-10　综合评价表

评价项目	评价内容	评价标准	评价方式		
			自我评价	小组评价	教师评价
职业素养	安全意识、责任意识	A. 作风严谨，自觉遵章守纪，出色地完成工作任务 B. 能够遵守规章制度、较好地完成工作任务 C. 遵守规章制度、没完成工作任务，或虽完成工作任务但未严格遵守或忽视规章制度 D. 不遵守规章制度，没完成工作任务			
	主动学习态度	A. 积极参与教学活动，全勤 B. 缺勤达本任务总学时的10% C. 缺勤达本任务总学时的20% D. 缺勤达本任务总学时的30%			
	团队合作意识	A. 与同学协作融洽、团队合作意识强 B. 与同学沟通、协同工作能力较强 C. 与同学沟通、协同工作能力一般 D. 与同学沟通困难，协同工作能力较差			
专业能力	学习活动1明确任务和勘查现场	A. 按时、完整地完成工作页，问题回答正确，数据记录、图纸绘制准确 B. 按时、完整地完成工作页，问题回答基本正确，数据记录、图纸绘制基本准确 C. 未能按时完成工作页，或内容遗漏、错误较多 D. 未完成工作页			
	学习活动2施工前的准备	A. 学习活动评价成绩为90～100分 B. 学习话动评价成绩为75～89分 C. 学习活动评价成绩为60～74分 D. 学习活动评价成绩为0～59分			
	学习活动3现场施工	A. 学习活动评价成绩为90～100分 B. 学习活动评价成绩为75～89分 C. 学习活动评价成绩为60～74分 D. 学习活动评价成绩为0～59分			
创新能力		学习过程中提出具有创新性、可行性的建议	加分奖励：		
学生姓名		综合评定等级			
指导教师		日　期			